现代数学丛书

激波反射的数学分析

陈恕行 著

上海科学技术出版社

图书在版编目(CIP)数据

激波反射的数学分析 / 陈恕行著. —上海：上海科学技术出版社，2018.11
(现代数学丛书)
ISBN 978 - 7 - 5478 - 4016 - 0

Ⅰ.①激… Ⅱ.①陈… Ⅲ.①激波反射－数学分析 Ⅳ.①O354.5

中国版本图书馆 CIP 数据核字(2018)第 103892 号

总 策 划　苏德敏　张　晨
丛书策划　包惠芳　田廷彦
责任编辑　田廷彦
封面设计　赵　军

激波反射的数学分析

陈恕行　著

上海世纪出版股份有限公司
上海科学技术出版社　出版
(上海钦州南路 71 号　邮政编码 200235)
上海世纪出版股份有限公司发行中心发行
200001　上海福建中路 193 号　www.ewen.co
上海中华商务联合印刷有限公司印刷
开本 787×1092　1/16　印张 13.5　插页 4
字数 230 千字
2018 年 11 月第 1 版　2018 年 11 月第 1 次印刷
ISBN 978 - 7 - 5478 - 4016 - 0/O·60
定价：118.00 元

本书如有缺页、错装或坏损等严重质量问题，请向工厂联系调换

《现代数学丛书》编委会

主　编

李大潜(LI Tatsien, LI Daqian)

复旦大学数学科学学院,上海 200433,中国

编　委

Philippe G. CIARLET

Department of Mathematics, City University of Hong Kong, Hong Kong, China

Jean-Michel CORON

Laboratoire Jaques-Louis Lions, Université Pierre et Marie Curie, 75252 Paris Cedex 05, France

鄂维南(E Weinan)

Department of Mathematics, Princeton University, Princeton, NJ08544, USA

北京大学数学科学学院,北京 100871,中国

励建书(LI Jianshu)

Department of Mathematics, The Hong Kong University of Science and Technology, Hong Kong, China

李骏(LI Jun)

Department of Mathematics, Stanford University, Stanford, CA 94305, USA

林芳华(LIN Fanghua)

Courant Institute of Mathematical Sciences, New York University, New York, NY 10012, USA

马志明(MA Zhiming)
中国科学院数学与系统科学研究院,北京 100190,中国

Andrew J. MAJDA
Courant Institute of Mathematical Sciences, New York University, New York, NY 10012, USA

Cédric VILLANI
Institut Herni Poincaré, 75231 Paris Cedex 05, France

袁亚湘(YUAN Yaxiang)
中国科学院数学与系统科学研究院,北京 100190,中国

张伟平(ZHANG Weiping)
南开大学陈省身数学研究所,天津 300071,中国

助　理

姚一隽(YAO Yijun)
复旦大学数学科学学院,上海 200433,中国

前　言

在连续介质 (如流体) 的运动中激波 (或称冲击波) 的产生与传播是一个普遍的物理现象. 例如, 在连续介质中的爆破通常会产生一个激波由爆破源往外传播. 在超过音速的高速飞行物体前方通常也总会有一个激波随之一起运动. 激波的特点是在一个很薄的运动介质薄层中介质的状态发生急剧变化, 从而在激波的前方与后方, 介质的物理参量例如速度、压力、密度、温度等均会有显著的变化. 激波的出现对其周围运动介质的物理状态将会产生极大的影响. 当激波运动遇上障碍物被反射时, 其反射会表现出巨大的威力或破坏力. 因此, 对于激波的生成、传播以及反射过程的深入了解极其重要, 它也往往是相关的工程技术的关键点, 受到特别的关注. 由于激波以及它可能遇到的障碍物类型各异, 所以由激波反射所导致的流场与非线性波结构可以十分复杂, 从而精确地了解激波反射的过程及其所导致的效应既十分重要又相当困难.

通常人们通过理论、实验以及计算三种方法对流体力学的各类问题包括激波运动展开研究. 理论研究提供研究对象的定性特征, 从而为实验与计算研究提供理论支持, 其成果广泛地应用于工程技术. 由于理论研究往往是在许多理想的假定下进行的, 实际问题往往比这些理想的假定条件要复杂得多, 随着科学技术的发展与研究的深入, 对理论研究的要求也越来越高. 例如, 在激波反射问题中当假设入射激波与作为障碍物的表面都是平面时, 现有的理论分析可以准确地给出反射激波的位置以及波后的流动状态. 但一般情形下入射激波与障碍物的表面不是平面, 那时就必须用更深入的数学工具, 将所研究的问题归结为偏微分方程的边值问题来处理. 这时, 关于相应问题解的存在性、稳定性等理论分析成果还是相当欠缺的. 可以说与实验和计算技术相比, 现有的理论研究还相对比较粗糙, 特别是用数学分析方法进行精确理论分析的研究是相对滞后的.

实验或数值计算虽然能提供发展工程技术所需要的数据, 但实验或数值计算正是在正确的理论指导下展开的. 由于近代工程技术的发展对数据的要求越来越高, 如果能用近代的数学工具提供精确的理论分析, 将能为实验与数值计算提供坚实的理论基础, 或有可能提供新的计算方法, 实质性地增强所获得成果的可靠性. 著名的数学家与力学家 R. Courant 在其名著《超音速流与激波》(*Supersonic Flow and Shock Waves*) [31] 中这样写: "工程师与物理学家对数学分析结果的信心最终应依赖于证明所得到的解是由问题的资料所唯一决定. 为将本书中所介绍的理论发展到这样一个层次, 使它满足应用的需要, 又符合自然科学发展的要求, 尚需做出巨大的努力." 这段话应该是对于用数学分析方法对诸多物理问题进行理论研究重要性的很好的诠释.

本书将以偏微分方程为主要工具对激波反射所涉及的数学问题做深入的分析. 我们知道, 激波反射一般是一个运动的过程, 因此它在流体力学问题的研究中属于与时间相关的非定常流问题. 然而, 在特定的条件下, 它可以关于时间是稳定不变的, 或者可以选取跟随质点运动的坐标系使得在此坐标系中激波及其周围流场参量与时间无关, 从而可以作为定常流问题进行讨论. 本书中将先后对定常流与非定常流中的激波反射现象进行讨论.

激波反射现象的一个特点是随着激波入射角的不同, 在反射点附近会出现完全不同的非线性波结构. 通常有类似于线性波反射的正则反射结构与完全不同于前者的含三叉交点的 Mach 结构. 含 Mach 结构的激波反射称为 Mach 反射, Mach 结构的出现, 使得对于激波反射的研究陡增了复杂性. 我们将在本书中对于正则反射与 Mach 反射局部解的存在性与稳定性给予证明, 它对于了解与建立激波反射完整的数学理论是基本的.

激波反射问题的求解不仅与反射点附近的给定条件有关, 它通常还依赖于远处的环境条件, 所以必须研究激波反射问题的整体解. 但由于大范围的条件往往十分复杂且不容易确定, 故整体解的研究也更为困难. 可喜的是, 现在对一些特定的问题的研究已有了一定的进展.

本书第一章先介绍流体力学方程组以及激波的一些基本事项, 它在后续讨论中被反复用到, 其主要内容可以在 [31]、[60] 中找到. 第二章集中讨论激波极线的性质, 这些性质对于研究激波运动的数学分析是必要的, 但以往这些性质的阐述或证明常散见于不同的文献中, 在本书中我们对此做了集中的归纳, 有些性质 (特别是关于位势流方程激波极线的性质) 是第一次明确地提出与证明. 第三章介绍定常激波正则反射的数学分析, 由于这个问题与超音速流对于具尖前缘楔形物体的绕流问题在数学处理上本质上一致, 故在讨论二维空间中定常激波反射问题时采用了 [48] 中发展的方法, 在讨论三维空间中定常激波反射问题时采用了 [17] 中发展的方法. 第四章介绍定常激波 Mach 反射的数学分析, 按物理问题的不同特性可分为 E–E 型的 Mach 反射与 E–H 型的 Mach 反射, 这一章的内容主要取自 [19] 与 [24]. 第五章讨论非定常激波反射的数学分析, 其各节内容分别取自 [15]、[10]、[20]. 第六章中列出了一些尚未解决而颇具挑战性的问题, 对激波反射问题的研究今后的发展做了展望. G. Ben-Dor 在其著作《激波反射现象》(*Shock Waves Reflection Phenomena*) 一书中详细地介绍与分析了激波反射中出现的各种现象与实验研究成果[5]. 从中更可以看到利用以偏微分方程为基础的数学理论对激波反射中诸多问题的研究还处于起步阶段, 很多问题有待研究与解决. 笔者希望本书的出版能引起读者的兴趣, 并为其进入这一研究领域作必要的准备, 更期待后续研究能有新的推进.

在本书的写作中笔者还参考了许多其他文献中的方法与成果, 均在引用时有所注明. 此外, 笔者还与学术界同行有过许多讨论, 得益匪浅, 在此一并表示感谢. 然而由于笔者能力与知识的局限, 在本书的取材与阐述上仍有很多不足之处. 恳切地盼望读者们能给予指正与帮助.

陈恕行

2018 年 2 月 1 日

目 录

第一章 绪论 1
  1.1 激波反射问题的物理背景 1
  1.2 方程与边界条件 4
    1.2.1 Euler 方程组与其简化模型 4
    1.2.2 激波、Rankine-Hugoniot 条件 10
    1.2.3 熵条件 16
    1.2.4 边界条件 22
  1.3 平面激波的反射 23
    1.3.1 平面激波的正反射 23
    1.3.2 平面激波的斜反射 26

第二章 激波极线分析 27
  2.1 Euler 方程组的激波极线 27
    2.1.1 在 (u,v) 平面上的激波极线 27
    2.1.2 在 (θ,p) 平面上的激波极线 33
  2.2 位势流方程的激波极线 35
  2.3 平面激波反射与 Mach 结构 43
    2.3.1 平面激波正则反射 43
    2.3.2 Mach 结构 48

第三章 激波正则反射的扰动 54
  3.1 二维空间中含超音速反射激波的正则反射 54
    3.1.1 角状区域中的边值问题 54
    3.1.2 关于具特征边界的自由边值问题的结论 58
    3.1.3 等熵无旋流激波反射问题局部解的存在性 59

		3.1.4 非等熵流激波反射问题局部解的存在性	61

- 3.2 三维空间中含超音速反射激波的正则反射 64
  - 3.2.1 预备事项 64
  - 3.2.2 线性化问题及有关的先验估计 72
  - 3.2.3 非线性问题第一近似解的构造 78
  - 3.2.4 Newton 迭代法与非线性问题解的存在性 85
- 3.3 含跨音速反射激波的正则反射 88

第四章 Mach 反射结构的稳定性 93

- 4.1 问题的归结与 Mach 结构的分类 93
  - 4.1.1 E–E 型与 E–H 型 Mach 结构 93
  - 4.1.2 方程与边界条件 95
- 4.2 Lagrange 变换与非线性方程的典则形式 98
  - 4.2.1 定常流的 Lagrange 变换 98
  - 4.2.2 激波边界的处理 101
  - 4.2.3 方程组的分解 103
- 4.3 E–E 型 Mach 结构导致的线性化问题的估计 105
  - 4.3.1 线性化问题 105
  - 4.3.2 椭圆子问题 106
  - 4.3.3 Sobolev 估计 108
  - 4.3.4 Hölder 估计 111
- 4.4 迭代过程的收敛性与 E–E 型 Mach 结构的稳定性 114
  - 4.4.1 解非线性问题 (NL) 的迭代过程 114
  - 4.4.2 迭代格式的收敛性 116
  - 4.4.3 自由边值问题解的存在性 117
- 4.5 E–H 型 Mach 结构的稳定性 120
  - 4.5.1 问题与结论 120
  - 4.5.2 非线性 Lavrentiev-Bitsadze 混合型方程 122
  - 4.5.3 问题的线性化处理 126
  - 4.5.4 线性 Lavrentiev-Bitsadze 方程广义 Tricomi 问题的求解 128
  - 4.5.5 关于非线性问题的结论 135

第五章　非定常流的激波反射 137
5.1　激波被光滑曲面的反射 137
5.1.1　问题的归结 137
5.1.2　化为具固定边界的 Goursat 问题 139
5.1.3　非线性边值问题的求解 141
5.2　平面激波被斜坡的正则反射 144
5.2.1　平面激波被斜坡正则反射问题表述 144
5.2.2　拟超音速区域中流场的确定 148
5.2.3　非线性退化椭圆型方程边值问题 153
5.2.4　椭圆截断 158
5.2.5　非线性迭代格式 159
5.2.6　椭圆正则化 162
5.2.7　非线性退化椭圆边值问题解的存在性 164
5.3　平面激波被斜坡的 Mach 反射 171
5.3.1　问题的陈述 171
5.3.2　平坦 Mach 结构的扰动 174
5.3.3　证明的主要步骤 176
5.3.4　定理 5.4 的证明 187

第六章　进一步研究的问题 188
6.1　完全 Euler 方程组的讨论 188
6.2　三维空间中的激波反射 189
6.2.1　平面激波被弯曲斜坡的反射 189
6.2.2　平面激波被圆锥体的反射 189
6.2.3　三维空间中的 Mach 结构稳定性 190
6.3　大扰动与整体解 191
6.3.1　大扰动问题 191
6.3.2　整体解问题 192
6.4　不同激波反射结构的转换 193

参考文献 195

索引 200

第一章
绪论

激波 (或称冲击波) 的产生与传播是连续介质运动中一个普遍的物理现象. 激波的特点是在一个很薄的薄层中介质的状态发生急剧变化. 如果不考虑介质的黏性, 激波可以被视为一个无厚度的曲面, 而描述介质状态的物理量在激波上发生间断. 如果用偏微分方程为工具来研究介质以及相应激波的运动, 就需要研究刻画介质运动方程的含有待定的间断面的解, 这个间断面将随着方程的解一起确定. 在偏微分方程理论中这种允许未知函数出现间断的解也称为广义解. 对物理现象研究的需求催生了相应的广义解的数学理论的发展. 至今, 描述含激波的连续介质运动的数学理论已成为十分深刻而内容丰富的学科分支.

尽管对激波反射的物理现象已有大量的实验研究与数值模拟, 但相应的数学分析理论研究尚很不够. 本书的主题就是用偏微分方程的理论与方法来研究激波反射问题. 在第一章我们介绍激波反射问题的物理背景, 将其归结为偏微分方程边值问题, 也包括对一些最简单情形的分析. 它们都是后面详细分析展开的基础.

1.1 激波反射问题的物理背景

激波的产生与传播是连续介质运动中一个普遍的物理现象. 例如, 在连续介质中的爆破通常会产生一个激波, 它由爆破源往外传播. 在超过音速的高速飞行物体前方通常也总会有一个激波随着此飞行体一起运动. 激波的特点是在一个很薄的薄层中介质的状态发生急剧的变化, 因而在激波的前方与后方, 介质的物理参量例如速度、压力、密度、温度等均会有显著的变化. 激波的作用或其破坏力常在激波越过物体的瞬间产生, 特别地, 当激波运动遇到障碍物时巨大能量的传递会对障碍物产生破坏作用, 同时激波本身也因为被障碍物反射而改变其运动状态. 所以, 在研究连续介质动力学有可能出现激波的运动中, 人们在考察激波的生成及其传播的同时, 对于激波反射的运动过程也总是加以特别的关注.

在本书中主要讨论气体中的激波运动. 我们将忽略气体的黏性, 一般不讨论激波内部的结构, 从而将激波视为一个无厚度的曲面. 由于在激波两侧气体的流动参量有明显的变化, 所以激波是各种流动参量的间断面. 如果用偏微分方程为工具来研究气体以及相应激波的运动, 就需要研究该方程的含有间断的解, 且解的间断面是未知的, 这个间断面将随着方程的解一起确定.

让我们先以一些典型的例子来了解激波反射的过程. 设在地平面上方有一个爆破源, 在某时刻 (设为 $t = 0$) 发生爆破. 如无特别的设计, 该爆破将产生一个均匀地扩张的球面激波. 不妨设在 $t = t_0$ 时刻该球面激波碰到地面, 并从这一时刻起激波被地面反射 (图 1.1). 在反射初期, 即 t 超过 t_0 不多时, 反射的图像与线性波反射图像相似 (图 1.2), 这种反射模式称为正则反射. 但由于激波是非线性波, 由激波所服从的规律及相关的计算可知, 反射激波与地面所成的反射角要大于入射角. 于是, 随时间增加, 到某一临界时刻 $t = t_1$ 以后, 类似于线性波反射的图像将不可能继续保持. 实际的反射图像将如图 1.3 所示. 这时, 入射球面激波与反射激波的交点将离开地面一段距离, 该交点与地面被另一个激波 (称为 Mach 激波或 Mach 杆) 连接, 且同时过此交点还会有其他的非线性波出现. 在图 1.3 中所出现的激波结构称为 Mach 结构, 这时出现的激波反射称为 Mach 反射. 这是为纪念 E. Mach 首次发现这种激波反射而命名的. 图 1.3 中出现的 Mach 结构已被理论分析与实验所证实. 它在更复杂的激波反射中还会以各种组合形式出现, 从而显著地增加了激波反射研究的困难.

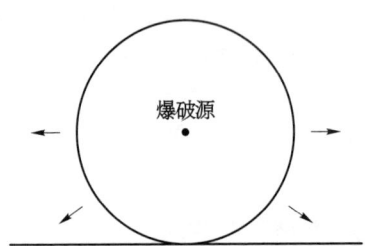

图 1.1　在 $t = t_0$ 时刻, 激波接触地面

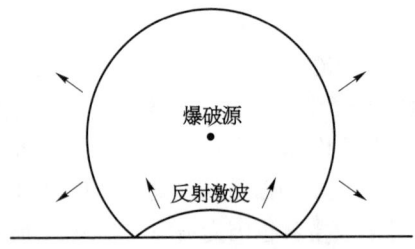

图 1.2　在 $t_0 < t < t_1$ 时的激波反射 (正则反射)

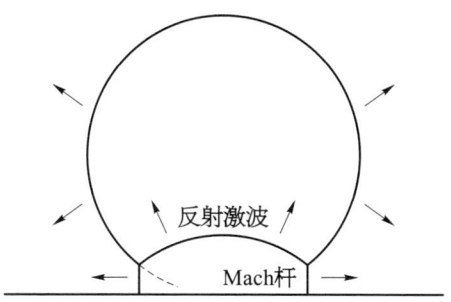

图 1.3 在 $t > t_1$ 时的激波反射 (Mach 反射)

一个高速飞行的飞行体,当速度超过音速时,在其前方会产生一个激波. 该激波将随着飞行体一起运动. 激波遇到地面也会反射. 我们设此飞行体处于稳定常速飞行的状态, 也暂不讨论在飞行体前方的激波的形状, 只集中注意于激波在地面的反射. 如限于激波与地面相交处某点附近来考察, 可以近似地将激波视为平面激波. 与前面一个例子的情况相仿, 当激波入射角较小时, 激波反射的图像与线性波反射的图像相似, 而反射角一般会大于入射角 (图 1.4). 但是, 当入射角大于一个临界角时, 就会出现 Mach 反射的反射模式: 入射波与反射波并不相遇在地面, 而是通过一个称为 Mach 杆的激波与地面相连接. 在上述三激波的相交点还会有一个接触间断, 它的特性以后会详细描述 (图 1.5).

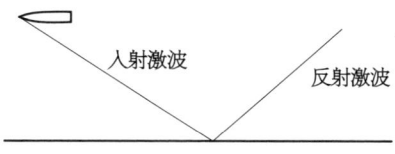

图 1.4 当入射角较小时的激波反射

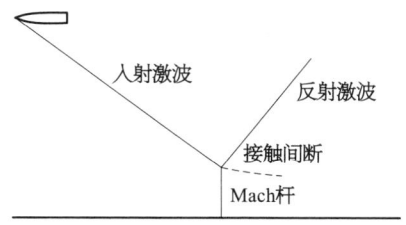

图 1.5 当入射角较大时的激波反射

上面两个例子中都描述了激波运动与反射的实际过程. 其中激波的位置是随时间变化的. 但在第二个例子中如果飞行体保持匀速飞行, 由于激波始终是平面激波, 若我们将坐标系取在激波上从而跟着激波一起运动, 则在这样的坐标系中激波就可视为静止的. 此外, 由于原先在激波前方的气体处于静止状态, 故在新的坐标系中来看，该区域的气体也处于等速运动的常态之中，所以在这一问题所涉及的运动激波反射问题化成一个不依赖时间的定常问题来讨论. 在激波研究的实验中，人们还能构造真正不依赖时间变化的激波. 这样的激波在遇到静止的障碍物时所引起的反射当然也不随时间而变化. 所以，与在一般情形对流体运动的研究分成定常运动与非定常运动一样，在激波反射的研究中也可分成定常激波反射与非定常激波反射的讨论，它们在本书中都会涉及.

1.2 方程与边界条件

1.2.1 Euler 方程组与其简化模型

前面已说到，在本书中讨论的气体运动一般都忽略黏性的作用. 无黏可压缩流体运动可以用 Euler 方程组来描述，该方程组的一般形式为

$$\begin{cases} \dfrac{\partial \rho}{\partial t} + \mathrm{div}(\rho \vec{v}) = 0, \\ \dfrac{\partial (\rho \vec{v})}{\partial t} + \mathrm{div}(\rho \vec{v} \otimes \vec{v}) + \nabla p = 0, \\ \dfrac{\partial (\rho E)}{\partial t} + \mathrm{div}(\rho \vec{v} E + p\vec{v}) = 0. \end{cases} \quad (1.1)$$

三维空间 (空间坐标为 x, y, z) 中的 Euler 方程组 (1.1) 是含 5 个方程的方程组, 其中 $\rho, \vec{v}, p, E$ 分别表示密度、速度、压力与能量. $\vec{v}$ 的三个分量为 (u, v, w). 由于这些物理量间还通过一个状态方程相连接，从而实质的未知函数个数也是 5 个.

能量 E 可以表示为单位质量所具备的内能与动能之和，即 $E = e(p, \rho) + \dfrac{1}{2}|\vec{v}|^2$. 其中内能 $e(p, \rho)$ 是一个给定的 p, ρ 的函数，它也称为状态方程.

在气体动力学很多问题的讨论中也常引入热力学函数熵 s 或焓 i, 焓与其他流动参数的关系为 $i = e + \dfrac{p}{\rho}$, 而熵与其他流动参数的关系通过一微分关系来确定:

$$\mathrm{d}e = T \mathrm{d}s - p \mathrm{d}\tau. \quad (1.2)$$

其中，T 表示温度，$\tau = \dfrac{1}{\rho}$ 表示比容，它是密度的倒数. 将 $E = e + \dfrac{1}{2}|\vec{v}|^2$ 代入 (1.1) 中最后一式，并与前两式相消，可以得到

$$\frac{\partial e}{\partial t} + \vec{v} \cdot \nabla e + \frac{p}{\rho} \mathrm{div}(\vec{v}) = 0. \quad (1.3)$$

而将 (1.1) 中的质量守恒律写成

$$\frac{\partial \rho}{\partial t} + \rho \mathrm{div}(\vec{v}) + \vec{v} \cdot \nabla \rho = 0,$$

并将 (1.2) 与 (1.3) 代入上式，就可以得到

$$T\left(\frac{\partial s}{\partial t} + \vec{v}\cdot\nabla s\right) = 0, \tag{1.4}$$

所以，当诸流动参量均为连续可微函数时，方程组 (1.1) 可以写成以下等价的形式

$$\begin{cases} \dfrac{\partial \rho}{\partial t} + u\dfrac{\partial \rho}{\partial x} + v\dfrac{\partial \rho}{\partial y} + w\dfrac{\partial \rho}{\partial z} + \rho\left(\dfrac{\partial u}{\partial x} + \dfrac{\partial v}{\partial y} + \dfrac{\partial w}{\partial z}\right) = 0, \\ \dfrac{\partial u}{\partial t} + u\dfrac{\partial u}{\partial x} + v\dfrac{\partial u}{\partial y} + w\dfrac{\partial u}{\partial z} + \dfrac{1}{\rho}\dfrac{\partial p}{\partial x} = 0, \\ \dfrac{\partial v}{\partial t} + u\dfrac{\partial v}{\partial x} + v\dfrac{\partial v}{\partial y} + w\dfrac{\partial v}{\partial z} + \dfrac{1}{\rho}\dfrac{\partial p}{\partial y} = 0, \\ \dfrac{\partial w}{\partial t} + u\dfrac{\partial w}{\partial x} + v\dfrac{\partial w}{\partial y} + w\dfrac{\partial w}{\partial z} + \dfrac{1}{\rho}\dfrac{\partial p}{\partial z} = 0, \\ \dfrac{\partial s}{\partial t} + u\dfrac{\partial s}{\partial x} + v\dfrac{\partial s}{\partial y} + w\dfrac{\partial s}{\partial z} = 0. \end{cases} \tag{1.5}$$

引进了热力学函数熵以后，气体的状态方程可以写成 $p = f(\rho, s)$，且一般有 $f_\rho > 0, f_{\rho\rho} \geqslant 0$. 例如，对于一类常见的**完全气体**，它的状态方程可以写成

$$p = A(s)\rho^\gamma, \tag{1.6}$$

其中 γ 称为绝热指数，对于通常的空气来说 $\gamma = 1.4$，而

$$A(s) = (\gamma - 1)\exp(c_v^{-1}(s - s_0)),$$

式中 c_v 为一个反映气体特性的常数，s_0 是该气体某个特定状态的熵. 实际上，熵的变化值 $s - s_0$ 才是影响气体运动的量，而 s_0 的取值对决定气体的运动并不产生影响[1]. 对于满足 (1.5) 的完全气体，又可在熵不变的条件下由 $de = -pd\tau$ 推得

$$e = \frac{p}{(\gamma - 1)\rho},$$

以及进而有

$$i = \frac{\gamma p}{(\gamma - 1)\rho},$$

从 (1.5) 的最后一式知，当流动参量为连续可微函数时 (简称为连续流)，熵沿流线为常数. 故如果在所考察的区域中所有流线都从一个熵取常值的区域发出，则在全区域中熵为常值. 这样的气流称为等熵流. 对于等熵的连续流来说，(1.5) 的最后一个方程自动满足，故此方程可以分离出去. 但是，当在所考察区域中出现激波等解

---

[1]关于热力学函数熵的概念与性质，可参见 [31] 或其他有关著作. 此处从略.

的间断面时，流体在越过激波时熵值可以变化，这时 (1.5) 的最后一个方程就不能分离，必须综合考虑 (1.5) 方程组的求解.

在一些特定的假定下，方程组 (1.5) 可以有各种简化. 如果压力 p 仅依赖于密度 ρ 单个变量，$p = p(\rho)$，这样的气体称为**正压气体** (barotropic gas). 在考察这类气体的运动时，(1.5) 中最后一个方程可以去掉.

一个重要的刻画气体运动特性的量是旋度 $\vec{\omega} = \nabla \times \vec{v}$，对于正压流或等熵流，$p = p(\rho)$，故 $\frac{1}{\rho}\nabla p$ 的旋度为零. 于是从 (1.5) 可导出

$$(\partial_t + \vec{v} \cdot \nabla)\vec{\omega} + (\mathrm{div}\,\vec{v})\vec{\omega} = (\vec{\omega} \cdot \nabla)\vec{v}. \tag{1.7}$$

这是一个关于 $\vec{\omega}$ 的线性方程组. 于是，如果某区域中连续的等熵流的所有流线均来自一个无旋区域，则该区域中的旋度就恒为零. 特别地，对于一个封闭区域 (可以是无界区域) 中的连续流动，如果初始时刻是无旋的，则以后就一直是无旋的. 旋度为零的气流称为**无旋流**.

注 1.1 注意，无旋流并非必定是等熵的. 反之，仅仅是等熵的条件也不足以推出流动是无旋的. 在上面的论述中可知，对于一个连续的等熵流，其所有流线均来自一个无旋区域是该流动为无旋必须满足的条件.

下面给出一个有旋的等熵流的反例. 考虑二维定常流

$$u = y,\ v = -x,\ \rho = x^2 + y^2, \tag{1.8}$$

气体的状态方程为 $p = \frac{1}{4}\rho^2$，则该气流满足

$$(\rho u)_x + (\rho v)_y = (x^2 y)_x + (-xy^2)_y = 0,$$
$$uu_x + vu_y + \frac{1}{\rho}p_x = -x + x = 0,$$
$$uv_x + vv_y + \frac{1}{\rho}p_y = -y + y = 0,$$

但 $u_y - v_x = 2 \neq 0$. 事实上，若在平面上画出 (1.8) 所表示的速度场可明显地看到该流体的运动包含有一个旋转.

对于等熵无旋流，由 $\mathrm{rot}\,\vec{v} = 0$ 知可以引进速度势 ϕ，使其满足 $\nabla \phi = \vec{v}$，此时，由方程组 (1.5) 的第 2, 3, 4 式可以沿流线积分得到

$$\phi_t + \frac{1}{2}(\phi_x^2 + \phi_y^2 + \phi_z^2) + i = C. \tag{1.9}$$

它称为 Bernoulli 关系式. 式中 C 是一个常数，它沿不同的流线可以是表示不同的常数，i 即前述的热力学函数焓，$i = e + \dfrac{p}{\rho}$. 在等熵的条件下 $p = p(\rho)$，则焓容易

由 $\dfrac{1}{\rho} \mathrm{d}p$ 的积分得到. 例如, 对完全气体, $p = A\rho^\gamma$, 则在 $\gamma > 1$ 时有 $i = \dfrac{A\gamma}{\gamma - 1}\rho^{\gamma-1}$. 若将熵不变时的 $\left(\dfrac{\mathrm{d}p}{\mathrm{d}\rho}\right)^{1/2}$ $\left(\text{也可写为}\left(\dfrac{\partial p}{\partial \rho}\right)_s^{1/2}\right)$ 记为音速 c, 可以将 (1.9) 写成

$$\phi_t + \frac{1}{2}(\phi_x^2 + \phi_y^2 + \phi_z^2) + \frac{c^2}{\gamma - 1} = C, \tag{1.10}$$

由此式将 ρ 表示为势函数及其导数的函数, 代入方程组 (1.5) 的第一式, 可以得到

$$(\rho(\nabla\phi))_t + \sum_{j=1}^{3}(\phi_{x_j}\rho(\nabla\phi))_{x_j} = 0, \tag{1.11}$$

它是函数 ϕ 的二阶拟线性双曲型方程, 称为**位势流方程**.

当考虑定常流即不依赖于时间变量 t 的流动时, 方程组 (1.5) 化成

$$\begin{cases} u\dfrac{\partial \rho}{\partial x} + v\dfrac{\partial \rho}{\partial y} + w\dfrac{\partial \rho}{\partial z} + \rho\left(\dfrac{\partial u}{\partial x} + \dfrac{\partial v}{\partial y} + \dfrac{\partial w}{\partial z}\right) = 0, \\ u\dfrac{\partial u}{\partial x} + v\dfrac{\partial u}{\partial y} + w\dfrac{\partial u}{\partial z} + \dfrac{1}{\rho}\dfrac{\partial p}{\partial x} = 0, \\ u\dfrac{\partial v}{\partial x} + v\dfrac{\partial v}{\partial y} + w\dfrac{\partial v}{\partial z} + \dfrac{1}{\rho}\dfrac{\partial p}{\partial y} = 0, \\ u\dfrac{\partial w}{\partial x} + v\dfrac{\partial w}{\partial y} + w\dfrac{\partial w}{\partial z} + \dfrac{1}{\rho}\dfrac{\partial p}{\partial z} = 0, \\ u\dfrac{\partial s}{\partial x} + v\dfrac{\partial s}{\partial y} + w\dfrac{\partial s}{\partial z} = 0. \end{cases} \tag{1.12}$$

对于等熵流, (1.12) 的最后一个方程可以去掉. 对于等熵无旋流, 在用 $\nabla\phi = \vec{v}$ 引入位势 ϕ 以后, 得到的二阶位势流方程是

$$\sum_{j=1}^{3}(\phi_{x_j}\rho(\nabla\phi))_{x_j} = 0. \tag{1.13}$$

将 ρ 的表达式 (由 Bernoulli 关系式 (1.10) 解出) 代入, 可得

$$(c^2 - \phi_x^2)\phi_{xx} + (c^2 - \phi_y^2)\phi_{yy} + (c^2 - \phi_z^2)\phi_{zz} - 2\phi_x\phi_y\phi_{xy} - 2\phi_x\phi_z\phi_{xz} - 2\phi_y\phi_z\phi_{yz} = 0. \tag{1.14}$$

另一种简化方程组 (1.5) 的途径是减少自变量的个数. 假定所考察问题中所有

的物理量都与 y, z 无关，那么 (1.1) 可化为

$$\begin{cases} \dfrac{\partial \rho}{\partial t} + \dfrac{\partial (\rho u)}{\partial x} = 0, \\ \dfrac{\partial (\rho u)}{\partial t} + \dfrac{\partial (p + \rho u^2)}{\partial x} = 0, \\ \dfrac{\partial (\rho E)}{\partial t} + \dfrac{\partial (\rho u E + pu)}{\partial x} = 0. \end{cases} \quad (1.15)$$

对于连续可微解，最后一式也可写成

$$\frac{\partial s}{\partial t} + u \frac{\partial s}{\partial x} = 0.$$

(1.15) 是一个具一个时间变量 t 与一个空间变量 x 的方程组. 它的研究往往是对更复杂的含多个空间变量情形的相应问题研究的先导.

对于定常流，若空间变量减少为一个，方程组就变成了常微分方程，其求解、分析与偏微分方程的处理有很大的不同，仅在做某些定性分析时用到. 当自变量个数减少为两个时，若流体又为等熵无旋流，则方程组 (1.5) 可化成

$$\begin{cases} \dfrac{\partial (\rho u)}{\partial x} + \dfrac{\partial (\rho v)}{\partial y} = 0, \\ \dfrac{\partial u}{\partial y} - \dfrac{\partial v}{\partial x} = 0. \end{cases} \quad (1.16)$$

这个方程组等价于位势函数 ϕ 满足的二阶偏微分方程

$$\sum_{j=1}^{2} (\phi_{x_j} \rho(\nabla \phi))_{x_j} = 0,$$

它也可如 (1.14) 那样写成

$$(c^2 - \phi_x^2)\phi_{xx} - 2\phi_x \phi_y \phi_{xy} + (c^2 - \phi_y^2)\phi_{yy} = 0. \quad (1.17)$$

以下讨论方程组 (1.5) 的类型. 以 $U = {}^t(p, u, v, w, s)$ 为未知函数，记 $c = \left(\dfrac{\partial p}{\partial \rho}\right)_s^{1/2}$ 为音速，将 (1.5) 中第一式写成 (利用该方程组的最后一个方程)

$$\frac{\partial p}{\partial t} + u\frac{\partial p}{\partial x} + v\frac{\partial p}{\partial y} + w\frac{\partial p}{\partial z} + c^2 \rho \left(\frac{\partial u}{\partial x} + \frac{\partial v}{\partial y} + \frac{\partial w}{\partial z}\right) = 0.$$

则方程组 (1.5) 可以简写为

$$\sum_{i=0}^{3} A_i \frac{\partial U}{\partial x_i} = 0, \quad (1.18)$$

其中 $(x_0, x_1, x_2, x_3) = (t, x, y, z)$,

$$A_0 = I, \quad A_1 = \begin{pmatrix} u & c^2\rho & & & \\ \rho^{-1} & u & & & \\ & & u & & \\ & & & u & \\ & & & & u \end{pmatrix},$$

$$A_2 = \begin{pmatrix} v & & c^2\rho & & \\ & v & & & \\ \rho^{-1} & & v & & \\ & & & v & \\ & & & & v \end{pmatrix}, A_3 = \begin{pmatrix} w & & & c^2\rho & \\ & w & & & \\ & & w & & \\ \rho^{-1} & & & w & \\ & & & & w \end{pmatrix}.$$

所以, 以 $(\tau, \xi_1, \xi_2, \xi_3)$ 记 (t, x, y, z) 的对偶变量, 方程组 (1.5) 的特征矩阵为

$$\tau A_0 + \sum_{i=1}^{3} \xi_i A_i = \begin{pmatrix} N & c^2\rho\xi_1 & c^2\rho\xi_2 & c^2\rho\xi_3 & 0 \\ \rho^{-1}\xi_1 & N & 0 & 0 & 0 \\ \rho^{-1}\xi_2 & 0 & N & 0 & 0 \\ \rho^{-1}\xi_3 & 0 & 0 & N & 0 \\ 0 & 0 & 0 & 0 & N \end{pmatrix}, \quad (1.19)$$

其中 $N = \tau + \xi_1 u + \xi_2 v + \xi_3 w$.

如果将 $D \triangleq \det|\tau A_0 + \sum_{i=1}^{3} \xi_i A_i| = N^3(N^2 - c^2(\xi_1^2 + \xi_2^2 + \xi_3^2))$ 视为 τ 的多项式, 它对于任意选取的 (ξ_1, ξ_2, ξ_3) 都有实根. 这些实根是

$$\tau_{1,2} = -(\xi_1 u + \xi_2 v + \xi_3 w) \pm c(\xi_1^2 + \xi_2^2 + \xi_3^2)^{1/2},$$

$$\tau_3 = \tau_4 = \tau_5 = -(\xi_1 u + \xi_2 v + \xi_3 w).$$

所以方程组 (1.1) 或 (1.5) 是 $t-$ 双曲型方程组, 它的特征多项式有重特征根.

由上面的推导易知, 在一个空间变量的情形, 方程组 (1.15) 的特征多项式的根为 $u - c, u, u + c$, 它们都是单根, 所以在一个空间变量的情形方程组 (1.15) 是严格双曲型方程组.

在定常流的情形, 刻画流体运动的 Euler 方程组的类型与流动速度有关. 方程组 (1.12) 的特征多项式是

$$D_1 \triangleq \det|\sum_{i=1}^{3} \xi_i A_i| = N_1^3(N_1^2 - c^2(\xi_1^2 + \xi_2^2 + \xi_3^2)),$$

其中 $N_1 = \xi_1 u + \xi_2 v + \xi_3 w$. 当 $\vec{v} = (u,v,w)$ 给定时，对于 (x,y,z) 空间中的方向 $\vec{n} = (\xi_1, \xi_2, \xi_3)$，记 $v_n = \xi_1 u + \xi_2 v + \xi_3 w$，则

$$D_1 = v_n^3(v_n^2 - c^2).$$

当流动速度为超音速时，$|\vec{v}| > c$，使 $D_1 = 0$ 的特征方向都是实的，其中使 $v_n = 0$ 的特征方向 (称为流特征) 是 3 重特征. 方程组 (1.10) 为双曲型的，而当流动速度为亚音速时，$|\vec{v}| < c$，使 $D_1 = 0$ 的特征方向中使 $v_n = 0$ 的特征方向是实特征，但对于任意实方向 $\vec{n}$，都有 $v_n^2 - c^2 < 0$. 所以，(1.10) 中含有椭圆的因素，在将流特征分离后可得到椭圆型方程.

对于位势流方程，容易验证 (1.11) 为二阶双曲型偏微分方程，而对于定常的等熵无旋流来说，方程 (1.14) 的特征多项式为

$$Q = (c^2 - u^2)\xi_1^2 + (c^2 - v^2)\xi_2^2 + (c^2 - w^2)\xi_3^2 - 2uv\xi_1\xi_2 - 2uw\xi_1\xi_3 - 2vw\xi_2\xi_3.$$

它对应的系数矩阵为

$$J = \begin{pmatrix} c^2 - u^2 & -uv & -uw \\ -uv & c^2 - v^2 & -vw \\ -uw & -vw & c^2 - w^2 \end{pmatrix}.$$

易见，在 $c > |\vec{v}|$ 时，Q 所对应的系数阵是正定阵，此时方程 (1.17) 是椭圆型方程. 而在 $c < |\vec{v}|$ 时，Q 所对应的系数阵的特征根符号为 2 正 1 负，此时方程 (1.17) 是双曲型方程.

1.2.2 激波、Rankine-Hugoniot 条件

如第一节中所述，在实际气体的流动中经常会出现流动参量剧烈变化的薄层，在无黏流中这样的薄层一般都用一个无厚度的曲面来描述 (在两个自变量的情形用一个无宽度的曲线描述)，而在曲面两边的流场参量有间断. 这种允许在所考察区域中出现间断的解称为**弱解**. 由于气体的流动服从质量、动量、能量守恒律，故弱解间断面的两侧的流动参量需满足特定的条件，称为 **Rankine-Hugoniot 条件**. 为叙述此条件，描述流体运动的方程需采用守恒律的形式，并且用积分形式来表达守恒律.

以质量守恒律

$$\frac{\partial \rho}{\partial t} + \text{div}(\rho \vec{v}) = 0$$

为例来导出流动参量在其间断面上所需满足的条件. 首先，我们注意到在 (1.1) 中所示的守恒律都是微分形式的守恒律，当流动参量不连续时，相应的守恒律应以

积分形式表示. 设 Ω 为 (t,x,y,z) 空间中一个具有光滑边界的闭区域, 边界记为 $\partial\Omega$, 其外法向为 $\vec{n} = (n_t, n_x, n_y, n_z)$, 则质量守恒律的积分形式为

$$\oint_{\partial\Omega} (\rho n_t + (\rho u)n_x + (\rho v)n_y + (\rho w)n_z)\mathrm{d}S = 0. \tag{1.20}$$

今若曲面 Σ 为流动参量的间断面, P 是 Σ 上一点. 取 P 点的邻域 ω, 其边界 $\partial\omega$ 光滑. Σ 将 ω 分成 ω_+ 与 ω_-. 在区域 ω_+, ω_- 中应用积分形式的质量守恒方程得

$$\left(\oint_{\partial\omega_+} + \oint_{\partial\omega_-}\right)(\rho n_t + (\rho u)n_x + (\rho v)n_y + (\rho w)n_z)\mathrm{d}S = 0, \tag{1.21}$$

将上式与在 $\partial\omega$ 上成立的 (1.20) 式相减, 仅留下在曲面 $\Sigma \cap \omega_\pm$ 上的积分. 由于 Σ 作为区域 ω_+ 与 ω_- 的边界时其外法向正好相反, 故若我们将 $\vec{n}$ 的方向取定, 曲面 Σ 在该两区域一侧分别记为 Σ_+ 与 Σ_-. 将 $\vec{n}$ 的方向指定为由 Σ_- 指向 Σ_+, 则有

$$\int_{\Sigma_- \cap \omega} (\rho n_t + (\rho u)n_x + (\rho v)n_y + (\rho w)n_z)\mathrm{d}S$$
$$- \int_{\Sigma_+ \cap \omega} (\rho n_t + (\rho u)n_x + (\rho v)n_y + (\rho w)n_z)\mathrm{d}S = 0, \tag{1.22}$$

即

$$\int_{\Sigma \cap \omega} ([\rho]n_t + [\rho u]n_x + [\rho v]n_y + [\rho w]n_z)\mathrm{d}S = 0, \tag{1.23}$$

其中 $[\cdot]$ 表示括号内的函数在 S 两侧取值之差. 由 ω 的任意性, 即可得在 Σ 上成立

$$[\rho]n_t + [\rho u]n_x + [\rho v]n_y + [\rho w]n_z = 0.$$

对其他诸守恒律也可作同样的讨论, 于是在非定常流的情形, 若运动方程组取形式 (1.1), 则在流场参量发生间断的曲面上应成立

$$\begin{bmatrix}\rho \\ \rho u \\ \rho v \\ \rho w \\ \rho E\end{bmatrix} n_t + \begin{bmatrix}\rho u \\ p + \rho u^2 \\ \rho uv \\ \rho uw \\ \rho uE + pu\end{bmatrix} n_x + \begin{bmatrix}\rho v \\ \rho uv \\ p + \rho v^2 \\ \rho vw \\ \rho vE + pv\end{bmatrix} n_y + \begin{bmatrix}\rho w \\ \rho uw \\ \rho vw \\ p + \rho w^2 \\ \rho wE + pw\end{bmatrix} n_z = 0, \tag{1.24}$$

式中 (n_t, n_x, n_y, n_z) 表示该曲面在 (t,x,y,z) 空间中的法向. 条件 (1.24) 称为 Rankine-Hugoniot 条件.

将 Σ 视为在 (x,y,z) 空间中随时间 t 运动的曲面 Γ, 它在 (x,y,z) 空间中的单位法向为 $\nu = (\alpha n_x, \alpha n_y, \alpha n_z)$, 其中 $\alpha = (n_x + n_y + n_z)^{-1/2}$. 在曲面上的特定点 P, 曲面沿法向的运动速度为 $-\alpha n_t$. 另一方面, 流体质点在 P 点沿 Γ 的

法向 ν 的运动速度为 $\alpha(un_x + vn_y + wn_z)$. 所以流体相对于曲面 Γ 的相对速度为 $\alpha(n_t+un_x+vn_y+wn_z)$. 当 $(n_t+un_x+vn_y+wn_z) \neq 0$ 时, 流体质点将穿越曲面 Γ, 这时使流场参量产生间断的曲面 Γ (或 Σ) 被称为**激波**. 当 $(n_t+un_x+vn_y+wn_z) = 0$ 时, 流体质点贴着曲面 Γ 与之一起运动, 这时曲面 Γ (或 Σ) 被称为**接触间断**. 由于激波比接触间断更频繁地出现在实际气体运动中, 故在不特别涉及接触间断的讨论时人们也常简单地将 Rankine-Hugoniot 条件称为激波条件. 在本书中也将更多研究激波的运动与反射.

注 1.2 Rankine-Hugoniot 条件也可以直接由广义函数 (distribution) 的运算推得. 注意到广义函数的运算就是通过对偶将其还原为基本空间的运算, 所以由广义函数运算导出 (1.24) 与用积分守恒律化约得到该式本质上是一致的, 只是沿用了广义函数基本理论的一些结果可以使运算简洁些.

在单个空间变量的情况下, 激波为 (t,x) 空间的一条曲线 $S(t)$. 在激波两侧的流动参量需满足的激波条件为

$$\begin{bmatrix} \rho \\ \rho u \\ \rho E \end{bmatrix} n_t + \begin{bmatrix} \rho u \\ p + \rho u^2 \\ \rho u E + pu \end{bmatrix} n_x = 0. \tag{1.25}$$

以 $U = S'(t)$ 记激波速度, 则 $U = -\dfrac{n_t}{n_x}$. 以下标 $0,1$ 分别记激波前后的状态, 则 (1.25) 又可写为

$$\begin{cases} \rho_0(u_0 - U) = \rho_1(u_1 - U) \ (= m\ ), \\ p_0 + \rho_0(u_0 - U)^2 = p_1 + \rho_1(u_1 - U)^2 \ (= P\ ), \\ \dfrac{1}{2}(u_0 - U)^2 + i_0 = \dfrac{1}{2}(u_1 - U)^2 + i_1. \end{cases} \tag{1.26}$$

式中 m 为单位时间中流过激波的质量. 若以 v_0, v_1 记流体质点相对于激波的相对速度, 则 (1.26) 可以写成

$$\begin{cases} \rho_0 v_0 = \rho_1 v_1, \\ p_0 + \rho_0 v_0^2 = p_1 + \rho_1 v_1^2, \\ \dfrac{1}{2}v_0^2 + i_0 = \dfrac{1}{2}v_1^2 + i_1. \end{cases} \tag{1.27}$$

当讨论不依赖于时间的定常流时, (1.24)、(1.25) 中关于变量 t 的导数项可略去, (1.26) 中的 U 等于 0. 又当讨论等熵无旋流时, 因为方程组 (1.1) 最后一式成为恒等式, 故该方程可略去. 相应地, 在激波条件 (1.24) 中的最后一个条件也可略

去. 因此, 对于定常等熵无旋流的激波来说, 它是 (x,y,z) 空间中的曲面, 其法向为 (n_x, n_y, n_z), 而相应的 Rankine-Hugoniot 条件为

$$\begin{bmatrix} \rho u \\ p+\rho u^2 \\ \rho uv \\ \rho uw \end{bmatrix} n_x + \begin{bmatrix} \rho v \\ \rho uv \\ p+\rho v^2 \\ \rho vw \end{bmatrix} n_y + \begin{bmatrix} \rho w \\ \rho uw \\ \rho vw \\ p+\rho w^2 \end{bmatrix} n_z = 0. \tag{1.28}$$

对于两个自变量的等熵无旋流方程组 (1.16), 其 Rankine-Hugoniot 条件为

$$\begin{bmatrix} \rho u \\ v \end{bmatrix} n_x + \begin{bmatrix} \rho v \\ -u \end{bmatrix} n_y = 0. \tag{1.29}$$

还可以将 n_x, n_y 消去, 得到仅含激波两侧流动参量的关系式

$$[\rho u][u] + [\rho v][v] = 0. \tag{1.30}$$

对于由 Euler 方程组简化而得到的位势流方程, 也可讨论其含有激波的解. 这时, 激波仍被考虑为一个无厚度的曲面, 但要求位势函数 ϕ 在激波上连续, 而在两边的流动参量 (用位势的一阶导数表示) 直到激波曲面连续, 但在激波上有间断并且满足间断条件, 它也称为 Rankine-Hugoniot 条件. 对于非定常流该条件的形式为

$$[\rho(\nabla\phi)]n_t + \sum_{j=1}^{3}[\phi_{x_j}\rho(\nabla\phi)]n_{x_j} = 0. \tag{1.31}$$

而对于非定常流该条件的形式则为

$$\sum_{j=1}^{3}[\phi_{x_j}\rho(\nabla\phi)]n_{x_j} = 0. \tag{1.32}$$

当空间变数个数为 2 时, 它就是 (1.29) 的第一式. 而若将 (1.29) 的第二式写成 $[\phi_y]n_x - [\phi_x]n_y = 0$, 它就是使位势函数越过激波保持连续的条件.

将激波关系式 (1.24) 中所涉及的速度分量消去, 可得到激波前后的压力、密度之间的关系式. 它在激波性质的研究中是很有用的. 为得到此关系式, 我们可旋转坐标系, 使其中一个坐标轴 (例如 x 轴) 与激波面的法向平行, 故可以采用一个空间变量情形的激波关系式 (1.25) 或 (1.26) 进行讨论. 由 (1.26) 消去相对速度 $u_0 - U, u_1 - U$, 并引入比容 $\tau = \dfrac{1}{\rho}$, 可以导出

$$\frac{p_1 - p_0}{\tau_0 - \tau_1} = m^2, \tag{1.33}$$

$$i_1 - i_0 = \frac{1}{2}m^2(\tau_0^2 - \tau_1^2). \tag{1.34}$$

由 $i = e + p\tau$，将 (τ_0, p_0) 视为 (τ, p) 平面上的固定点，(τ_1, p_1) 视为 (τ, p) 平面上的动点，记为 (τ, p)，则有

$$H(\tau, p) \triangleq e(\tau, p) - e(\tau_0, p_0) + \frac{1}{2}(p + p_0)(\tau - \tau_0) = 0. \tag{1.35}$$

(1.35) 在 (τ, p) 平面上的图像表示称为 **Hugoniot 曲线**. 它表示若激波前的状态为 (τ_0, p_0)，则在越过激波后以 (τ, p) 表达的可能状态必定落在此曲线上. 在完全气体的情形，$e(\tau, p) = \dfrac{1}{\gamma - 1} p\tau$，Hugoniot 曲线的图像如图 1.6 所示.

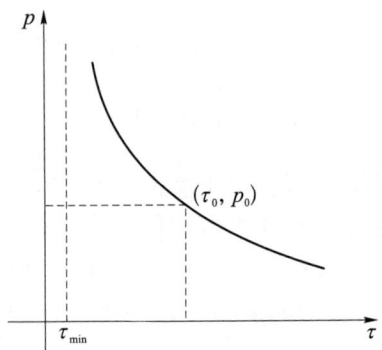

图 1.6 完全气体的 **Hugoniot** 曲线

令 $\mu^2 = \dfrac{\gamma - 1}{\gamma + 1}$，(1.35) 给出

$$(\tau - \mu^2\tau_0)p + (\mu^2\tau - \tau_0)p_0 = 0. \tag{1.36}$$

故完全气体的 Hugoniot 曲线为一双曲线，它以 $\tau = \mu^2\tau_0\ (=\tau_{\min})$ 为渐近线. 还容易从 (1.36) 知，$p_\tau < 0$，$p_{\tau\tau} > 0$，所以在有意义的 $\tau > \mu^2\tau_0$ 的区域中 Hugoniot 曲线为单调下降、严格下凸的曲线.

由 Rankine-Hugoniot 关系式可以导出激波前后流场参量关系的一些重要推论. 在 (1.26) 中记 v_0, v_1 为激波前后的相对速度，此时音速 $c = \sqrt{\dfrac{\gamma p}{\rho}}$，则由 $i = \dfrac{\gamma}{\gamma - 1}\dfrac{p}{\rho} = \dfrac{1 - \mu^2}{2\mu^2}c^2$ 以及 (1.26) 第三式有

$$\mu^2 v_0^2 + (1 - \mu^2)c_0^2 = \mu^2 v_1^2 + (1 - \mu^2)c_1^2 = c_*^2. \tag{1.37}$$

上式中 c_*^2 称为**临界音速**.

由 (1.37) 知,
$$\rho_0 c_*^2 = \mu^2 \rho_0 v_0^2 + (1-\mu^2)\rho_0 c_0^2 = \mu^2 \rho_0 v_0^2 + (1+\mu^2)p_0 = p_0 + \mu^2 P,$$
同样有
$$\rho_1 c_*^2 = \mu^2 \rho_1 v_1^2 + (1-\mu^2)\rho_1 c_1^2 = p_1 + \mu^2 P,$$
故有
$$\frac{p_1 - p_0}{\rho_1 - \rho_0} = c_*^2.$$
另一方面, 由 (1.26) 前两式知,
$$\frac{p_1 - p_0}{\rho_1 - \rho_0} = m^2 \tau_1 \tau_0 = v_1 v_0.$$
比较以上两式可得到
$$v_1 v_0 = c_*^2. \tag{1.38}$$

此式称为 **Prandtl 关系式**.

由 (1.37) 可知, $v_1 > c_*$ 可推出 $v_1 > c_1$ (或 $v_0 > c_*$ 可推出 $v_0 > c_0$), 而由 (1.38) 知, 当流动的相对速度发生间断时, v_0, v_1 必有一个大于 c_*, 另一个小于 c_*. 于是在激波前后的相对速度中必有一侧是超音速 (密度、压力较小的一侧), 另一侧是亚音速的 (密度、压力较大的一侧). 对于在二维或三维空间中的激波, 上述结论将改为在密度、压力较小的一侧, 相对法向速度是超音速的, 而在密度、压力较大的一侧, 相对法向速度是亚音速的.

利用图 1.6 中的 Hugoniot 曲线可以得到一个重要的结论:

定理 1.1 弱激波前后熵的变化是激波强度的三阶小量.

证明 若激波为弱激波, 我们可以用激波前后的压力差来衡量激波强度. 由 (1.33) 易知激波前后的密度差或速度差是压力差的同阶小量, 故也可以用它们作为激波强度的衡量.

在 (τ, p) 平面上, 过 (τ_0, p_0) 点的 Hugoniot 曲线为 (1.35):
$$H(\tau, p) \triangleq e(\tau, p) - e(\tau_0, p_0) + \frac{1}{2}(p + p_0)(\tau - \tau_0) = 0.$$
将 τ 视为自变量, p 为 τ 的函数, 求一次微分得到
$$2de + (p + p_0)d\tau + (\tau - \tau_0)dp = 0,$$
由 (1.2) 可得
$$2Tds - (p - p_0)d\tau + (\tau - \tau_0)dp = 0, \tag{1.39}$$
所以在 (τ_0, p_0) 点有 $ds = 0$.

又对 (1.39) 再求一次微分，可得

$$2\mathrm{d}(T\mathrm{d}s) + (\tau - \tau_0)\mathrm{d}^2 p = 0, \tag{1.40}$$

从而在 (τ_0, p_0) 点有

$$\mathrm{d}T\mathrm{d}s + T\mathrm{d}^2 s = 0,$$

故有 $\mathrm{d}^2 s = 0$.

对 (1.40) 再求一次微分，得到

$$2\mathrm{d}^2(T\mathrm{d}s) + \mathrm{d}\tau\mathrm{d}^2 p + (\tau - \tau_0)\mathrm{d}^3 p = 0,$$

利用前面已得到的结论可知，在 (τ_0, p_0) 点

$$2T\mathrm{d}^3 s + \mathrm{d}\tau\mathrm{d}^2 p = 0.$$

由于 $p_{\tau\tau} > 0$，故在 $\mathrm{d}\tau < 0$ ($\mathrm{d}\tau > 0$) 时，$\mathrm{d}^3 s > 0$ ($\mathrm{d}^3 s < 0$). 所以，当密度增加 (减小) 时，熵也增加 (减少)，且熵的变化是三阶小量. 证毕.

注 1.3 由定理 1.1 知，如果在所讨论的气体运动中，如气体仅含弱激波，且所有气体均来自一个等熵的区域，那么在整个区域中熵的变化仅为激波强度的三阶小量，所以将该气体视为等熵流所带来的误差很小，这就是等压流方程组或位势流方程与完全欧拉方程组能有较好的近似程度的原因，从而使得在仅出现弱激波的场合仍然能用位势流方程来考察含激波的流动.

1.2.3 熵条件

Rankine-Hugoniot 条件给出了流场中间断曲面两侧流动参量必须满足的条件，若流体在流动时越过该曲面，则该曲面为激波. 对于激波曲面来说，Rankine-Hugoniot 条件只告诉我们在一个流场中不同的状态可以通过激波相连接的必要条件. 但实际流动中满足此条件的两个状态能否实现连接还与流动的方向有关. 根据热力学第二定律，一个系统的自然物理过程总是沿着熵增加的方向进行. 于是，迎着流体流动的方向来看，在激波后面的熵应该大于激波前面的熵. 也就是说，若以 s_1, s_0 分别表示激波后与激波前的熵，该条件可以写成

$$s_1 > s_0. \tag{1.41}$$

它应作为条件 (1.24) 的补充.

对更一般的拟线性守恒律方程组也可以讨论其含有间断的解，从讨论此方程组对应的积分守恒律可以得知这个含间断的解在间断面的两侧也需要满足 Rankine-Hugoniot 条件. 但是，为保证定解问题的解的唯一性，在 Rankine-Hugoniot 条件外也还需要加一个定向的条件. 以下的例子可以清楚地说明这一事实.

考察一阶拟线性方程

$$\frac{\partial u}{\partial t} + \frac{1}{2}\frac{\partial (u^2)}{\partial x} = 0. \tag{1.42}$$

具间断初始值得初值问题的解. 若取初值为

$$u(0,x) = \begin{cases} 1, & \text{若} \quad x < 0, \\ 0, & \text{若} \quad x > 0, \end{cases} \tag{1.43}$$

则可取解为

$$u(t,x) = \begin{cases} 1, & \text{若} \quad x < \frac{1}{2}t, \\ 0, & \text{若} \quad x > \frac{1}{2}t. \end{cases} \tag{1.44}$$

容易验证, 这个解是满足方程 (1.42)、初始条件 (1.43) 且在间断线 $x = t$ 上满足 Rankine-Hugoniot 条件的唯一解. 但若将初始条件改为

$$u(0,x) = \begin{cases} 0, & \text{若} \quad x < 0, \\ 1, & \text{若} \quad x > 0, \end{cases} \tag{1.45}$$

则函数

$$u_1(t,x) = \begin{cases} 0, & \text{若} \quad x < \frac{1}{2}t, \\ 1, & \text{若} \quad x > \frac{1}{2}t \end{cases} \tag{1.46}$$

满足方程、初始条件以及间断线上的 Rankine-Hugoniot 条件. 但人们另外还可以构造函数

$$u_2(t,x) = \begin{cases} 0, & \text{若} \quad x < -t, \\ \dfrac{x}{t}, & \text{若} \quad -t < x < t, \\ 1, & \text{若} \quad x > t, \end{cases} \tag{1.47}$$

它也满足方程 (1.42) 与初始条件 (1.45). 由于解 $u_2(t,x)$ 不出现强间断, 自然就不必考虑 Rankine-Hugoniot 条件. 由于 $u_1(t,x), u_2(t,x)$ 都满足方程 (1.42) 与初始条件 (1.45), 为了确保该初值问题解的唯一性, 就必须引入附加条件来排除掉其中的一个, 而这个条件又必须使其应用于方程 (1.42) 与初始条件 (1.43) 的求解时, 能将解 (1.43) 得以保留. 这个附加条件就是

$$u_- > u_+. \tag{1.48}$$

其中 u_-, u_+ 分别表示解 $u(t,x)$ 在间断线左侧与右侧的极限值. 容易检验, 条件 (1.48) 排除了函数 (1.46) 作为解的可能, 从而使问题 (1.42)、(1.45) 有唯一解. 而且它并不影响函数 (1.44) 是方程 (1.42) 满足初始条件 (1.43) 的解.

附加条件 $u_- > u_+$ 也被称为熵条件. 这个熵条件是如何导出的？它与实际流体力学问题中的物理熵增加的条件有什么联系？这是非线性双曲型守恒律方程组理论建立之初所遇到的最重要问题之一. 从 20 世纪 50 年代起人们从多个角度对"熵条件"进行了考察与分析, 得到了较完整的认识. 以下我们就其要点做些介绍[1].

将给定的守恒律方程组写成

$$\partial_t u_j + \operatorname{div} f_j(u_1, \cdots, u_N) = 0, \quad j = 1, \cdots, N. \tag{1.49}$$

或记 $U = (u_1, \cdots, u_N)$, $F(U) = (f_1, \cdots, f_N)$, 上式可以写成

$$\partial_t U + \operatorname{div} F(U) = 0. \tag{1.50}$$

如果有变量 $(u_1, \cdots, u_n)$ 的函数 $\eta(U)$ 与 $Q(U)$, 使得对任意满足 (1.50) 的连续可微解 $(u_1, \cdots, u_N)$ 成立

$$\partial_t \eta(U) + \operatorname{div} \partial Q(U) = 0, \tag{1.51}$$

且 $\eta(U)$ 是 $(u_1, \cdots, u_N)$ 的凸函数, 则称 $\eta(U)$ 为**凸熵**, $F(U)$ 为**熵流**. 在引入凸熵与熵流的概念后, 我们可以将用于确保弱解唯一性的熵条件写为

$$\frac{\partial \eta(U)}{\partial t} + \operatorname{div} Q(U) \leqslant 0 \tag{1.52}$$

对弱解 U 成立. 对于仅含一个未知函数 U 的单个守恒律方程, 采用积分 (1.52) 的方法 (与导出 Rankine-Hugoniot 条件的方法相同), 可以得到

$$Q(u_+) - Q(u_-) - s(\eta(u_+) - \eta(u_-)) \leqslant 0. \tag{1.53}$$

以方程 (1.42) 为例, 我们说明条件 (1.53) 与 (1.48) 是一致的. 事实上, 我们可以取 $\eta(u) = \dfrac{u^2}{2}$, $Q(u) = \dfrac{u^3}{3}$, 显见, 对 (1.42) 的任意可微解 (1.51) 成立, $\eta(u)$ 是凸函数. 当解 u 的值出现间断时, 由 Rankine-Hugoniot 条件知, 间断线 $x = x(t)$ 的斜率 $s = \dfrac{\mathrm{d}x}{\mathrm{d}t}$ 满足 $s = \dfrac{1}{2}(u_- + u_+)$. 于是, 对于 (1.43) 所表示的解, 可以验证它满足

$$Q(u_+) - Q(u_-) - s(\eta(u_+) - \eta(u_-)) = 0 - \frac{1}{3} - \frac{1}{2}\left(0 - \frac{1}{2}\right) < 0.$$

故它是可允许的弱解. 而对于 (1.46) 所表示的函数, 有

$$Q(u_+) - Q(u_-) - s(\eta(u_+) - \eta(u_-)) = \frac{1}{3} - 0 - \frac{1}{2}\left(\frac{1}{2} - 0\right) > 0.$$

所以它被熵条件 (1.53) 排除在可允许弱解之外. 于是, 只有 (1.47) 表示的函数才是问题 (1.42)、(1.45) 的解. 由此保证了解的唯一性.

---

[1]关于熵条件的意义及其引入, 可参见 [46]、[60] 或其他有关著作.

怎么会想到用形式为 (1.52) 的不等式作为熵条件来筛选出守恒律方程组合理的弱解呢？这可以用黏性消失法来解释. 今以单个空间变量的情形为例来说明这一点. 在单个空间变量为 x 的情形, 方程组 (1.50) 的形式为

$$\partial_t U + \partial_x F(U) = 0, \tag{1.54}$$

而熵条件 (1.52) 的形式为

$$\partial_t \eta(U) + \partial_x Q(U) \leqslant 0, \tag{1.55}$$

为使 (1.54) 的任意连续可微解均满足 (1.51), 应有

$$\eta'(U) F'(U) = Q'(U). \tag{1.56}$$

黏性消失法的想法是, 在方程组 (1.54) 的归结过程中往往是忽略了运动中实际存在的黏性而导出的, 故如果在方程组中添上含小参量的黏性项也能得到包含了黏性影响的解, 则在表达黏性的小参量趋于零时, 该解的极限 (如果存在的话) 应该是原方程组 (1.54) 的合理解. 基于这样的想法, 我们在 (1.54) 中加入黏性项 ϵU_{xx}, 给出含黏性的方程

$$\partial_t U + \partial_x F(U) = \epsilon U_{xx}, \tag{1.57}$$

其中 ϵ 为小参量. 在 (1.57) 两边同乘以 $\eta'(U)$, 可得

$$\partial_t \eta(U) + \partial_x Q(U) = \epsilon \eta'(U) U_{xx}. \tag{1.58}$$

显然

$$(\eta(U))_{xx} = \eta'(U) U_{xx} + \eta''_{UU} U_x \cdot U_x,$$

由 $\eta(U)$ 的凸性知 $\eta''_{UU} U_x \cdot U_x \geqslant 0$, 故有

$$\eta'(U) U_{xx} \leqslant (\eta(U))_{xx},$$

代入 (1.58), 得到

$$\partial_t \eta(U) + \partial_x Q(U) \leqslant \epsilon (\eta(U))_{xx}. \tag{1.59}$$

令 $\epsilon \to 0$, 即得 (1.55).

现在我们再来说明不仅对模型方程 (1.41) 的间断始值问题判别条件 (1.52) 与熵条件 (1.47) 一致, 而且对一般守恒律方程组而言, (1.52) 与物理上的熵增加条件也是一致的. 对于单个空间变数情形下完全气体满足的 Euler 方程组 (1.15), 由 (1.6) 知

$$p = \exp\left(\frac{s - s_0}{c_v}\right) \rho^\gamma, \quad p = (\gamma - 1) \rho e,$$

故
$$\frac{s-s_0}{c_v} = \log(\gamma-1) + \log e - (\gamma-1)\log\rho.$$
我们取 $\eta = -\rho s, Q = -\rho s u$，则由 (1.13) 知对可微解成立
$$\frac{\partial \eta}{\partial t} + \frac{\partial Q}{\partial x} = 0.$$
再取 $(\rho, m = \rho u, f = \rho E)$ 作为独立变量，可以有以下的事实.

引理 1.2　$\eta = -\rho s$ 作为 (ρ, m, f) 的函数是凸函数.

证明　由于 $m = \rho u$, 故 $f = \rho E = \rho e + \frac{1}{2}\rho v^2 = \rho e + \frac{m^2}{2\rho}, e = \frac{f}{\rho} - \frac{m^2}{2\rho^2}$,
$$s = s_0 + c_v \log(\gamma-1) + c_v(\log e - (\gamma-1)\log\rho).$$
注意到一个函数的凸性不受线性变换的影响，我们只需证明 $-\rho(\log e - (\gamma-1)\log\rho)$ 的凸性. 记
$$g = \frac{e}{\rho^{\gamma-1}} = \frac{f}{\rho^\gamma} - \frac{m^2}{2\rho^{\gamma+1}}, \quad h = \log g,$$
则 $(\eta_{ij}) \sim ((-\rho h)_{ij})$. 对 g, h 求导数，有
$$g_{11} = \gamma(\gamma+1)\frac{f}{\rho^{\gamma+2}} - \frac{(\gamma+1)(\gamma+2)}{2}\frac{m^2}{\rho^{\gamma+3}}, \quad g_{22} = -\frac{1}{\rho^{\gamma+1}}, \quad g_{33} = 0,$$
$$g_{12} = (\gamma+1)\frac{m}{\rho^{\gamma+2}}, g_{13} = -\frac{\gamma}{\rho^{\gamma+1}}, \quad g_{23} = 0.$$

$$h_1 = \frac{g_1}{g}, \ h_2 = \frac{g_2}{g}, \ h_3 = \frac{g_3}{g},$$
$$h_{11} = \frac{g_{11}}{g} - \frac{g_1^2}{g^2}, \ h_{12} = \frac{g_{12}}{g} - \frac{g_1 g_2}{g^2}, \ h_{13} = \frac{g_{13}}{g} - \frac{g_1 g_3}{g^2},$$
$$h_{21} = h_{12}, h_{22} = \frac{g_{22}}{g} - \frac{g_2^2}{g^2}, h_{23} = \frac{g_{23}}{g} - \frac{g_2 g_3}{g^2},$$
$$h_{31} = h_{13}, \ h_{32} = h_{23}, \ h_{33} = \frac{g_{33}}{g} - \frac{g_3^2}{g^2},$$

$$(\eta_{ij}) \sim -\begin{pmatrix} \frac{\rho g_{11}}{g} - \frac{\rho g_1^2}{g^2} + \frac{2g_1}{g} & \frac{\rho g_{12}}{g} - \frac{\rho g_1 g_2}{g^2} + \frac{g_2}{g} & \frac{\rho g_{13}}{g} - \frac{\rho g_1 g_3}{g^2} + \frac{g_3}{g} \\ \frac{\rho g_{12}}{g} - \frac{\rho g_1 g_2}{g^2} + \frac{g_2}{g} & \frac{\rho g_{22}}{g} - \frac{\rho g_2^2}{g^2} & -\frac{\rho g_2 g_3}{g^2} \\ \frac{\rho g_{13}}{g} - \frac{\rho g_1 g_3}{g^2} + \frac{2g_3}{g} & -\frac{\rho g_2 g_3}{g^2} & -\frac{\rho g_3^2}{g^2} \end{pmatrix}$$

$$\sim -\frac{1}{g^3}\begin{pmatrix} \rho g_{11} - \rho g_{13}\frac{g_1}{g_3} + g_1 & \rho g_{12} - \rho g_{13}\frac{g_2}{g_3} & \rho g_{13} - \frac{\rho g_1 g_3}{g} + g_3 \\ \rho g_{12} - \rho g_{13}\frac{g_2}{g_3} & \rho g_{22} & -\frac{\rho}{g}g_2 g_3 \\ \rho g_{13} + g_3 & 0 & -\frac{\rho}{g}g_3^2 \end{pmatrix}$$

$$\sim -\frac{1}{g^3} \begin{pmatrix} \rho g_{11} - 2\rho g_{13}\dfrac{g_1}{g_3} & \rho g_{12} - \rho g_{13}\dfrac{g_2}{g_3} & \rho g_{13} + g_3 \\ \rho g_{12} + g_2 & \rho g_{22} & 0 \\ \rho g_{13} + g_3 & 0 & -\dfrac{\rho}{g}g_3^2 \end{pmatrix}$$
$$= (\tilde{\eta}_{ij}).$$

至此容易验证 $(\tilde{\eta}_{ij})$ 与 (η_{ij}) 均为正定矩阵, 从而引理得证.

由引理 1.2 知 $-\rho s$ 可以取为凸熵, 相应地, 熵流为 $Q = -\rho s u$. 从而熵条件为

$$\partial_t(\rho s) + \partial_x(\rho s u) \geqslant 0. \tag{1.60}$$

若约定用记号 "$-$" 表示激波的左侧, 用 "$+$" 表示激波的右侧, 则通过对 (1.60) 积分的方法可知在激波面上成立

$$(\rho s)_- n_t - (\rho s)_+ n_t + (\rho u s)_- n_x - (\rho u s)_+ n_x \geqslant 0, \tag{1.61}$$

从而有

$$\frac{\mathrm{d}x}{\mathrm{d}t}((\rho s)_- - (\rho s)_+) - ((\rho u s)_- - (\rho u s)_+) \geqslant 0,$$

$$(\rho s)_+ \left(u_+ - \frac{\mathrm{d}x}{\mathrm{d}t}\right) \geqslant (\rho s)_- \left(u_- - \frac{\mathrm{d}x}{\mathrm{d}t}\right).$$

由质量守恒律可推知

$$(\rho)_+ \left(u_+ - \frac{\mathrm{d}x}{\mathrm{d}t}\right) = (\rho)_- \left(u_- - \frac{\mathrm{d}x}{\mathrm{d}t}\right).$$

故在 $u_- - \dfrac{\mathrm{d}x}{\mathrm{d}t} > 0$ 时, 即气体从激波左侧穿越激波时有 $s_+ \geqslant s_-$. 由于等号就对应流动无间断的情况, 故在流动有间断的情形必有 $s_+ > s_-$. 同样, 当 $u_- - \dfrac{\mathrm{d}x}{\mathrm{d}t} < 0$ 时, 即气体从激波右侧穿越激波时有 $s_+ < s_-$. 总之, 以 "0" 与 "1" 分别表示激波的前方与后方, 激波两侧的熵 s 应当满足条件

$$s_1 > s_0, \tag{1.62}$$

它与 (1.41) 完全一致.

定理 1.1 告诉我们, 由越过激波熵的增加可推知越过激波后压力增加, 密度增加, 进而由 (1.33) 知 $p_1 > p_0$. 故激波必定是压缩激波. 上一小节中也已指出, 越过激波后压力或密度的增加, 可以导得气体在越过激波后由相对超音速气流转变为相对亚音速气流. 于是, 对于气体动力学方程组来说, 熵条件的一个直观的且物理意义明确的表述是下列等价的三个不等式之一:

$$p_1 > p_0, \ \rho_1 > \rho_0, \ u_{1n} < u_{0n}. \tag{1.63}$$

当讨论定常气体运动的方程组 (1.12) 的含激波的解时, 在激波两侧, 除满足 Rankine-Hugoniot 条件 (1.28) 以外, 也得满足熵条件. 这个条件仍可用 (1.63) 表示. 由于所讨论的气体做定常运动, 故激波位置固定, 从而式中的速度也是相对于静止坐标系的速度. 对于位势流方程 (1.14) 或 (1.17), 其熵条件也具有 (1.63) 的形式.

注 1.4 对于方程组 (1.16) 的熵条件我们再作一点说明. 虽然我们在导出方程组 (1.16) 时采用了 "等熵" 的近似的假定, 但流动参量压力、密度、速度等可能在激波面上发生激烈变化这样一个特性仍然被保留下来. 当激波出现时, 在激波两侧的压力、密度、速度的变化仍然与流动方向关联. 它也以 (1.63) 的形式保留下来. 所以这时我们虽然仍称 (1.63) 为熵条件, 它已经与物理上 "熵" 的概念相分离了. 正如在方程 (1.42) 的解的激波上, 条件 $u_- > u_+$ 也称为激波条件, 但与物理 "熵" 并无直接联系.

1.2.4 边界条件

激波反射问题中必然会出现边界, 从而在边界上要给定流动参量所应当满足的边界条件. 所考察区域的边界一般是固定的. 在一些特殊的非定常问题中, 边界也可能与时间相关. 对每个固定的时刻 t, 边界在 (x,y,z) 空间中的位置就是它对于 (x,y,z) 空间的截口. 将边界在 (t,x,y,z) 空间中的法向记为 $\vec{\nu} = (\nu_t, \nu_x, \nu_y, \nu_z)$ ($|\vec{\nu}| = 1$). 又记 $\vec{n} = (\nu_x, \nu_y, \nu_z)$, 则边界在 (x,y,z) 空间中的截口的单位法向为 $\dfrac{\vec{n}}{|\vec{n}|}$. 在边界上每一点局部来看, 该边界截口在 (x,y,z) 空间中的运动速度为

$$-\frac{\nu_t}{|\vec{n}|} \cdot \frac{\vec{n}}{|\vec{n}|}.$$

对于所讨论的气体运动, 除了边界运动太快而可能产生真空的情形外, 我们一般总要求气体不与边界分离. 由于本书中讨论的气体运动中气体的黏性均被忽略, 故边界上气体关于边界的切向速度并无限制. 总之, 气体在边界应满足的边界条件为法向的速度与边界运动速度一致, 即

$$\vec{v} = -\frac{\nu_t}{|\vec{n}|^2} \cdot \vec{n}.$$

两边乘以 $\vec{n}$, 我们得到不定常流在运动边界上的边界条件应为

$$\nu_t + u\nu_x + v\nu_y + w\nu_z = 0. \tag{1.64}$$

当边界不随时间 t 运动时 $\nu_t = 0$, 以 $\vec{n}$ 记气体在边界的法向, 则边界条件可写成

$$\vec{v} \cdot \vec{n} = 0. \tag{1.65}$$

在讨论激波反射问题时, 还常需要求无界区域中的解. 此时涉及在无穷远处是否要对所求的解做一定的限制. 换句话说, 是否需要在无穷远处提出边界条件. 这时, 偏微分方程的理论分析就起了重要的作用. 我们知道, 双曲型方程是描述随时间变动的一个运动或发展过程的, 所以它具有过去决定未来的性质. 描述非定常流的方程 (1.1) 或 (1.13) 都是关于时间 t 的双曲型方程, 所以 t 趋于无穷大处的边界一般不必另加限制条件. 如果方程的整体解存在, 解在大时间处的值就由该时间以前的流动参量与边界条件决定.

对于定常流来说, 就将视流动的性质而定. 描写超音速定常流的方程是双曲型方程, 故超音速定常流的下游不影响上游, 而完全由上游所决定. 所以, 如果无穷远处是超音速流的下游, 就不需要提边界条件. 而如果无穷远处是亚音速流的下游, 就需要提边界条件. 这个边界条件就是对流动参量的渐近性态的限制. 它可以用某一个 (或一些) 流动参量的极限取值的方式给出, 也可以用这些流动参量所属的函数空间的方式给出. 有时由于无界区域中讨论问题的困难或指定边界条件不易实现, 我们也会人为地添加一个边界进行区域截断, 使得所考察的问题成为有界区域上的问题. 这时在所添加的边界上也需添加一定的边界条件, 其形式将视各具体情形而定.

1.3 平面激波的反射

1.3.1 平面激波的正反射

本节中讨论激波反射最简单的情形 —— 平面激波的反射. 由于激波前后的状态都是常态, 故无需应用偏微分方程的理论, 可以通过代数运算得到所需结果.

设有一个以均匀速度运动的平面激波, 其前方与后方均为常态. 当这个平面激波在运动前方遇上一个激波面平行的平面障碍物, 到某一时刻该激波就会和障碍物平面相遇, 接着就被该平面反射. 这一过程称为激波的正反射. 取一个和激波平面垂直的直线作为坐标轴, 激波的运动就可以用激波与该坐标轴的交点的运动来表示, 从而激波正反射即化成此激波的代表点在一维空间中的运动. 设激波在 $t < 0$ 时位于障碍物左方并向右运动, 在 $t = 0$ 时遇上障碍物, 到 $t > 0$ 时激波被反射而向左运动 (图 1.7). 利用激波条件可以对于这样的运动过程给以确切的定量描述.

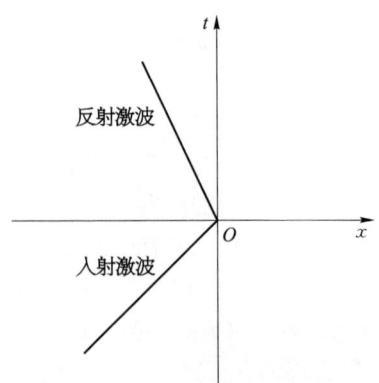

图 1.7 平面激波的正反射

以 $x(t)$ 记激波在时刻 t 的位置. 入射激波前方的状态用 (u_0, ρ_0, p_0) 表示，入射激波后方的状态用 (u_1, ρ_1, p_1) 表示，激波速度为 U. 这里，$u_0, u_1, \rho_0, \rho_1, p_0, p_1, U$ 均为常数. 因为这些参量受激波条件的约束，故它们不是完全独立的. 由 Rankine-Hugoniot 条件知

$$\begin{cases} \rho_0(u_0 - U) = \rho_1(u_1 - U), \\ p_0 + \rho_0(u_0 - U)^2 = p_1 + \rho_1(u_1 - U)^2, \\ \dfrac{1}{2}(u_0 - U)^2 + e_0 + \dfrac{p_0}{\rho_0} = \dfrac{1}{2}(u_1 - U)^2 + e_1 + \dfrac{p_1}{\rho_1} \end{cases} \tag{1.66}$$

(即 (1.26)). 考虑到状态方程 $e = e(p, \rho)$ 是已知的函数，所以这些参量中只有四个是独立的. 由于障碍物是静止的，故 $u_0 = 0$. 而且由激波熵条件知 $p_1 > 0, \rho_1 > \rho_0$.

在考虑反射激波的运动时，激波前方与后方反过来了. 将反射激波与障碍物面之间的状态以 (u_2, ρ_2, p_2) 记之，其 Rankine-Hugoniot 关系式与 (1.66) 的形式相同，即

$$\begin{cases} \rho_1(u_1 - \tilde{U}) = \rho_2(u_2 - \tilde{U}), \\ p_1 + \rho_1(u_1 - \tilde{U})^2 = p_2 + \rho_2(u_2 - \tilde{U})^2, \\ \dfrac{1}{2}(u_1 - \tilde{U})^2 + e_1 + \dfrac{p_1}{\rho_1} = \dfrac{1}{2}(u_2 - \tilde{U})^2 + e_2 + \dfrac{p_2}{\rho_2}, \end{cases} \tag{1.67}$$

其中 $\tilde{U}$ 为反射激波的速度，$u_2 = 0$. 此外，激波熵条件要求 $p_2 > p_1, \rho_2 > \rho_1$，所以 (ρ_2, p_2) 与 (ρ_0, p_0) 不会相同.

为计算激波正反射问题中反射激波速度以及激波后的流场，我们利用上节中导出的 Hugoniot 曲线 (1.35)

$$H(\tau, p; \tau_0, p_0) = 0.$$

它表示激波前状态为 (τ_0, p_0) 时, 激波后状态应当满足的方程 (图 1.8). 由此, 有

$$m^2 = -\frac{p_1 - p_0}{\tau_1 - \tau_0}. \tag{1.68}$$

所以 $-m^2$ 是曲线 $H(\tau, p; \tau_0, p_0) = 0$ 上两点 (τ_0, p_0) 与 (τ, p) 所连成的弦的斜率.

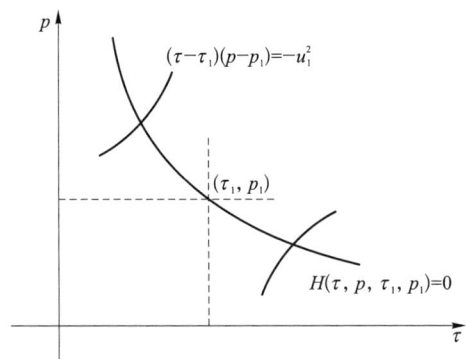

图 1.8 用 Hugoniot 曲线求激波正反射问题的解

于是, 如果知道了入射激波前气体状态 $(u_0 = 0, \rho_0, p_0)$ 以及入射激波速度 U, 则 $m = -\rho_0 U$ ($m < 0$ 说明气体从激波右侧进入激波左侧), 根据斜率 $-m^2$ 作出过 (τ_0, p_0) 的直线, 它与 $H(\tau, p; \tau_0, p_0) = 0$ 交点记为 (τ_1, p_1). 然后 $\rho_1 = \dfrac{1}{\tau_1}$, $u_1 = U + m\tau_1$ 可相继定出.

接着计算反射激波的位置以及反射激波后的气体状态. 对反射激波而言, 激波前的状态即刚才求得的 (u_1, ρ_1, p_1), 而激波后的 u_2 必须为零. 由 (1.67) 可得

$$\tau_1(p_2 - p_1) = v_1(v_1 - v_2),$$

同理有 $\tau_2(p_1 - p_2) = v_2(v_2 - v_1)$, 于是得

$$(\tau_1 - \tau_2)(p_2 - p_1) = (v_1 - v_2)^2. \tag{1.69}$$

今 $v_1 - v_2 = u_1 - u_2 = u_1$, 故 (τ_2, p_2) 位于曲线

$$(\tau - \tau_1)(p - p_1) = -u_1^2 \tag{1.70}$$

上. 另一方面, 已知 (τ_2, p_2) 位于曲线 $H(\tau, p; \tau_1, p_1)$ 上, 所以 (τ_2, p_2) 应当是该两曲线的交点. 注意到这两条曲线有两个交点. 究竟该选用哪一个交点就由激波熵条件决定. 由激波熵条件知, 激波后的压力必定大于激波前的压力, 即 $p_2 > p_1$. 所以在 (τ_1, p_1) 上方的交点就对应于激波后的状态.

有了 (τ_2, p_2), 就有 $\rho = \dfrac{1}{\tau_2}$, 并由 $\rho_1(u_1 - \tilde{U}) = -\rho_2 \tilde{U}$ 知

$$\tilde{U} = -\frac{\rho_1 u_1}{\rho_2 - \rho_1},$$

这里负号表示反射激波是从右向左传播的.

注 1.5 我们指出在激波前方流体的相对速度是超音速的, 而在激波后方的相对速度是亚音速的. 而状态 (u_1, ρ_1, p_1) 既是入射激波的波后状态, 又是反射激波的波前状态. 所以有 $U > c_1 > |\tilde{U}|$. 就此可得结论: 正激波反射中反射激波的速度 (绝对值) 将小于入射激波的速度 (绝对值).

1.3.2 平面激波的斜反射

现在讨论平面激波的斜反射. 仍设一平面激波前后的状态均为常状态, 该激波以等速运动并与障碍物平面成一交角, 则激波与物面的交线为一匀速运动的直线. 于是可以在与该直线垂直的平面上考察激波的运动及其反射, 从而所讨论问题的空间维数缩减为二维. 此外, 由于在障碍物面附近的气体流动方向必须与物面平行, 故我们又可以在物理平面上建立一个随着激波一起运动的坐标系来简化讨论. 由于坐标系随激波一起运动, 故在此坐标系中看来激波不随时间运动, 从而入射激波与反射激波均可视为定常激波, 所以在以下的讨论中还可以略去时间 t.

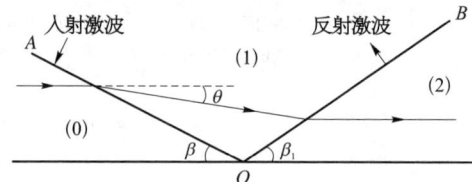

图 1.9 平面激波的斜反射

平面激波的斜反射图像见图 1.9. 在随激波运动的坐标系中入射激波 OA 与反射激波 OB 都可视为固定的. 入射激波与水平面成一个交角 β, 在入射激波前方 (区域 (0)) 气流平行于水平面 (物面) 冲向激波, 在越过激波时气流转向 θ 角, 进入区域 (1). 尔后遇上反射激波 OB, 越过反射激波时再次转向, 使越过反射激波后气体仍与水平面平行. 反射激波与水平面的夹角 β_1 是待定的, 利用越过激波后的气流要平行于水平面的要求, 可以将它确定, 进而可以决定波后区域 (2) 中所有流场参量.

上面所提及的角度 β_1 以及区域 (1)、(2) 中的流动参量可以利用 Rankine-Hugoniot 条件计算得到. 当激波前状态已知时, 所有激波后状态位于一特定的轨迹上, 称为**激波极线**. 它与非定常流中的 Hugoniot 曲线类似, 我们将在下一章中对激波极线的性质与应用作详细的介绍, 而平面激波的斜反射问题也将在那里解出.

第二章
激波极线分析

激波反射问题中最简单的情形就是平面激波的反射. 这时激波前后的状态都是常态, 对这类情形的讨论将主要依靠激波关系式, 而无需用到偏微分方程理论. 激波两侧的流动参量与激波的法向必须满足激波条件. 在一侧的流动参量给定的情形下, 受到激波条件约束的另一侧的流动参量就构成在该参量变动空间中的特定轨迹, 这个轨迹就称为激波极线. 本章中将对激波极线做仔细的分析, 并用它求出一些特定问题的解. 当激波非平面激波, 其波前波后的状态非常态时, 激波极线的分析仍然能用于激波面上逐点的分析, 故激波极线分析也是应用偏微分方程理论求解复杂问题所必须做的准备.

2.1 Euler 方程组的激波极线

2.1.1 在 (u,v) 平面上的激波极线

今在物理空间的某个激波上选定一点, 考察该点附近流动参量与激波位置的关系. 由于在激波条件中出现的只是流动参量本身 (不含其导数) 以及激波的法向, 故可局部地将所考察的激波视为平面激波, 而设在激波两侧的流动参量均分别为常量. 又如果激波是随时间运动的, 我们可在跟随着激波运动的坐标系上来考察问题, 则所有的速度减去激波在该点的运动速度, 从而非定常情形就可以化为定常情形来考虑. 所以, 以下我们就只讨论定常情形下的激波关系式. 此时的 Rankine-Hugoniot 条件仍可写成 (1.24), 但含因子 n_t 那一项可以去掉.

为便于讨论, 通常将激波上所考察的点选定为坐标原点 O, 将来流的方向选定为 x 轴的方向, 将来流方向与激波法向决定的平面选定为 xOy 平面. 于是, 激波的法向为 $(n_x, n_y, 0)$, 且在激波前 $u \neq 0, v = w = 0$. 这样, (1.24) 中最后一式自

动满足, 且容易得到激波后的 w 速度分量也为零. 于是 (1.24) 就简化为

$$\begin{bmatrix} \rho u \\ p + \rho u^2 \\ \rho uv \\ \rho uE + pu \end{bmatrix} n_x + \begin{bmatrix} \rho v \\ \rho uv \\ p + \rho v^2 \\ \rho vE + pv \end{bmatrix} n_y = 0. \tag{2.1}$$

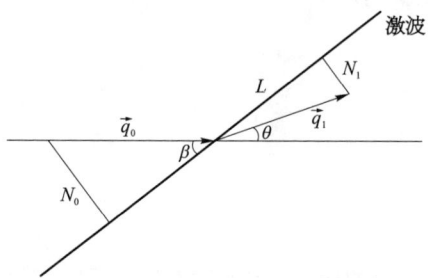

图 2.1 气流越过激波后转向

当平面激波方向与流动速度方向垂直 (即激波法向与速度方向一致) 时, 该激波为正激波. 一般情形下, 平面激波方向与流动方向成一角度 β. 对于一般倾角为 $\beta\left(\beta < \dfrac{\pi}{2}\right)$ 的激波, 记气体在激波法向的速度为 N, 在激波切向的速度为 L, 则 $N = un_x + vn_y$, $L = -un_y + vn_x$ (图 2.1). 从而由 (2.1) 的诸式组合可得

$$N_0 \rho_0 = N_1 \rho_1 \ (= m), \tag{2.2}$$

$$\rho_0 N_0^2 + p_0 = \rho_1 N_1^2 + p_1 \ (= P), \tag{2.3}$$

$$L_0 = L_1 \ (= L), \tag{2.4}$$

$$\frac{1}{2} q_0^2 + i_0 = \frac{1}{2} q_1^2 + i_1, \tag{2.5}$$

其中 $q^2 = N^2 + L^2 \ (= u^2 + v^2)$, 下标 0, 1 分别表示在激波前与激波后的状态. 在上面列出的最后一个关系式 (2.5) 表示 $\dfrac{1}{2} q^2 + i$ 越过激波不变, 它的值就是 Bernoulli 常数. 所以, 对于定常流来说, 即使流体穿过激波, 其 Bernoulli 常数仍然不变.

对于完全气体, $p = A\rho^\gamma$, 于是 (2.5) 可以写成

$$\frac{1}{2} q_0^2 + \frac{\gamma p_0}{(\gamma - 1)\rho_0} = \frac{1}{2} q_1^2 + \frac{\gamma p_1}{(\gamma - 1)\rho_1}, \tag{2.6}$$

记 $\mu^2 = \dfrac{\gamma - 1}{\gamma + 1}$, 在 $\gamma > 1$ 时有 $\mu \in (0, 1)$. 则 (2.6) 可写成

$$\mu^2 q_0^2 + (1 - \mu^2) c_0^2 = \mu^2 q_1^2 + (1 - \mu^2) c_1^2 = c_*^2. \tag{2.7}$$

由 Bernoulli 关系式知，当 $q = c$ 时，$c = c_*$，故 c_* 称为**临界音速**. 又将 c_* 记为 $\mu \hat{q}$，则当 $c = 0$ 时 $q = \hat{q}$，所以 $\hat{q}$ 表示在 Bernoulli 规律限制下速度可能达到的极大值.

由 (2.2)、(2.3) 可得

$$p_1 - p_0 = \rho_0 N_0^2 - \rho_1 N_1^2 = m^2\left(\frac{1}{\rho_0} - \frac{1}{\rho_1}\right) = (\rho_1 - \rho_0) N_1 N_0. \tag{2.8}$$

所以

$$N_1 N_0 = \frac{p_1 - p_0}{\rho_1 - \rho_0}. \tag{2.9}$$

另一方面，由 (2.3)、(2.6) 可得

$$\begin{aligned}
\mu^2 P + p_1 &= (1 + \mu^2) p_1 + \mu^2 \rho_1 N_1^2 \\
&= (1 + \mu^2) p_1 + \mu^2 \rho_1 (q_1^2 - L^2) \\
&= (1 + \mu^2) p_1 + \rho_1 (c_*^2 - (1 - \mu^2) c_1^2 - \mu^2 L^2) \\
&= \rho_1 (c_*^2 - \mu^2 L^2),
\end{aligned}$$

同理有

$$\mu^2 P + p_0 = \rho_0 (c_*^2 - \mu^2 L^2).$$

两式相减，并利用 (2.8) 即得

$$\frac{p_1 - p_0}{\rho_1 - \rho_0} = c_*^2 - \mu^2 L^2.$$

结合 (2.9) 可得

$$N_1 N_0 = c_*^2 - \mu^2 L^2. \tag{2.10}$$

它也称为 **Prandtl 关系式**. 当 $L = 0$ 时，(2.10) 化成 $q_0 q_1 = c_*^2$，即单个变量情形的 (1.38).

现在将激波与水平线的交角 β 取为决定激波位置的参量，则有

$$\begin{cases}
u_0 = q_0, \ v_0 = 0, \\
u_1 = L \cos\beta + N_1 \sin\beta, \ v_1 = L \sin\beta - N_1 \cos\beta, \\
L = q_0 \cos\beta, \ N_0 = q_0 \sin\beta.
\end{cases} \tag{2.11}$$

将它代入 (2.10)，得到

$$N_1 \sin\beta = \frac{c_*^2 - \mu^2 q_0^2 \cos^2\beta}{q_0}.$$

进而可得

$$u_1 = (1 - \mu^2) q_0 \cos^2\beta + \frac{c_*^2}{q_0}. \tag{2.12}$$

用 $M = \dfrac{c}{q}$ 定义 **Mach 数**, 用 $\sin A = M$ 定义 **Mach 角**, 即流体的速度方向与特征线方向的夹角, 注意到 (2.7), 则可以得到 (u_1, v_1) 所满足的关系

$$\begin{cases} u_1 = q_0 - (1-\mu^2)(\sin^2 \beta - \sin^2 A_0) q_0, \\ v_1 = (q_0 - u_1) \cot \beta. \end{cases} \quad (2.13)$$

此式给出了当来流速度为 q_0 时, 激波后的速度 (u_1, v_1) 所必须满足的条件. 以激波与来流方向的夹角 β 为参量. 在 (u, v) 平面上 (2.13) 式所表示的图像为一条曲线, 称为**激波极线** (shock polar), 见图 2.2[1]. 在图中 $\overrightarrow{OP}$ 表示激波前的流体速度, $\overrightarrow{OB}$ 表示激波后的流体速度, $AP = N_0$, $AB = N_1$, $\angle PBD = \angle AOP = \beta$. 根据熵条件, 激波后的速度必须小于激波前的速度, 故通常激波极线应只包含 (2.13) 中满足 $u_1^2 + v_1^2 \leqslant q_0^2$ 的点.

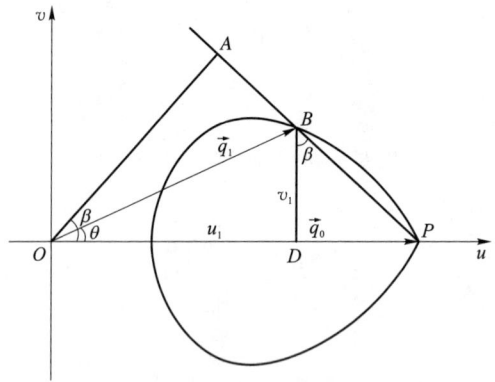

图 2.2 Euler 方程组在 (u, v) 平面上的激波极线 Γ

现在来分析激波极线 (简称为 Γ) 的性质. 以下为简单起见, 记 (u_1, v_1) 为 (u, v), 并将速度值为 q_0 的流体越过正激波后的速度值记为 $\tilde{u}$, 即 $\tilde{u} = \dfrac{c_*^2}{q_0}$.

性质 1. (u, v) 平面上激波极线 Γ 关于 u 轴对称.

这个性质容易由 $\sin^2 \beta$ 为偶函数, 而 $\cot \beta$ 为奇函数推出. 以后将 Γ 在上半平面 (下半平面) 部分的曲线记为 Γ_+ (Γ_-). 并只需讨论 Γ 在上半平面的性质.

性质 2. 激波极线 Γ 是介于直线 $u = q_0, u = \tilde{u}$ 之间的有界闭曲线, 它与 u 轴有两个交点: $(q_0, 0)$, $(\tilde{u}, 0)$. 对于任意满足 $\tilde{u} < \hat{u} < q_0$ 的 $\hat{u}$, 过 $(\hat{u}, 0)$ 而垂直于 u 轴的直线必与 Γ 有且仅有两个交点. 当 $q_0 \to c_*$ 时, Γ 收缩为一点 $(c_*, 0)$.

证明: 由熵条件知 $u \leqslant q_1 \leqslant q_0$, 又由 (2.12) 知 $u \geqslant \tilde{u} \left(= \dfrac{c_*^2}{q_0} \right)$, 故 Γ 介于直

---

[1] 关于激波极线方程 (2.13) 的导出, 可参见 [31].

线 $u = q_0, u = \tilde{u}$ 之间. 从 $u \leqslant q_0$ 又可知 $\beta \geqslant A_0$, 则 (2.13) 第二式即表示 v 也是有界的.

$(q_0, 0)$ 位于 Γ 上是显然的. 又当 $\beta = \dfrac{\pi}{2}$ 时, $v = 0$. 而此时, $L = 0, u = \tilde{u}$.

若 $\hat{u}$ 满足 $\tilde{u} < \hat{u} < q_0$, 则从 (2.12) 可得 $\cos \beta$ 之值, 从而由 (2.13) 得 $\hat{v}$. 由于 $|\cos \beta|$ 被唯一确定, 而 $\cos \beta$ 是偶函数, 故过 $(\hat{u}, 0)$ 而垂直于 u 轴的直线必与 Γ 有且仅有两个交点.

当 $q_0 \to c_*$ 时, 由 $q_1 < q_0$, $\dfrac{c_*^2}{q_0} < q_1 < q_0$ 可得 $q_1 \to c_*$. 此外, $A_0 \to \dfrac{\pi}{2}$, 从而对激波极线上所有点均有 $\beta \to \dfrac{\pi}{2}$, 故对激波极线上所有点均有 $(u, v) \to (c_*, 0)$. 即整个激波极线 Γ 收缩到 $(c_*, 0)$ 点.

性质 3. 当激波极线 Γ 上的点 (u, v) 从 $(\tilde{u}, 0)$ 移动到 $(q_0, 0)$ 时, 对应的激波倾角 β 从 $\dfrac{\pi}{2}$ 减少至 Mach 角 A_0. Γ 在 $(q_0, 0)$ 点与 u 轴的夹角为 $\dfrac{\pi}{2} - A_0$. 除 $(q_0, 0)$ 外, 激波极线是解析的.

由 (2.13) 第一式知, 当 $u \to q_0$ 时, $\beta \to A_0$, 又由 (2.13) 第二式知, $\dfrac{v}{u - q_0} = -\cot \beta$. 而当 $u \to q_0$ 时, 上式左边的极限正是激波极线的斜率.

Γ 以 β 为参量定义在 $\beta \in \left(A_0, \dfrac{\pi}{2}\right)$ 中, 它的正则性可以由解析表达式直接得出. 在端点 $(q_0, 0)$ 处, 曲线位于上下半平面两部分的切线相交, 形成一个交角为 $\pi - 2A_0$ 的尖点, 它是激波极线的自交点, 同时对应于激波极线上的参量 $\beta = A_0$ 与 $\beta = -A_0$. 事实上, 在 $\dfrac{\pi}{2} \geqslant \beta > A_0$ 处的 Γ 曲线段还可以解析延拓到 $\beta < A_0$ 处 (同样, 在 $-\dfrac{\pi}{2} \leqslant \beta < -A_0$ 处的 Γ 曲线段还可以解析延拓到 $\beta > -A_0$ 处), 但那时 $|(u, v)| > q_0$, 熵条件不满足, 故我们不予讨论.

性质 4. 激波极线 Γ 为凸曲线.

证明: 将在上半平面的激波极线方程写成 $v = (q - u)\sqrt{\dfrac{u - \tilde{u}}{U - u}}$, 其中 $U = (1 - \mu^2)q_0 + \tilde{u}$, 则只需证明 $\dfrac{\mathrm{d}^2 v}{\mathrm{d} u^2} > 0$.

记 $Q = \sqrt{\dfrac{u - \tilde{u}}{U - u}}$, 则 $v = (q_0 - u)Q$,

$$Q_u = \dfrac{1}{2Q} \dfrac{U - \tilde{u}}{(U - u)^2},$$

$$\dfrac{\mathrm{d}v}{\mathrm{d}u} = -Q + (q_0 - u) \cdot \dfrac{1}{2Q} \dfrac{U - \tilde{u}}{(U - u)^2},$$

进而有

$$Q_{uu} = -\dfrac{(U - \tilde{u})^2}{4Q(u - \tilde{u})(U - u)^3} + \dfrac{U - \tilde{u}}{Q(U - u)^3},$$

$$\frac{\mathrm{d}^2 v}{\mathrm{d} u^2} = -2Q_u + (q_0 - u)Q_{uu}$$
$$= \frac{U - \tilde{u}}{Q(U-u)^2} \frac{q_0 - U}{U - u} - \frac{1}{4} \frac{(q_0 - u)(U - \tilde{u})^2}{Q(U-u)^3(u - \tilde{u})}.$$

注意到 $U > q_0 > u > \tilde{u}$, 即有 $\frac{\mathrm{d}^2 v}{\mathrm{d} u^2} < 0$. 故在 (u, v) 平面的上半平面激波极线上凸, 由对称性知, 在 (u, v) 平面的下半平面激波极线下凸, 整个激波极线为凸曲线.

性质 5. 存在一个临界角 θ_c, 当 $\theta < \theta_c$ 时, 直线 $\ell: v = u \tan \theta$ 与 Γ 有两个交点, 当 $\theta > \theta_c$ 时, ℓ 与 Γ 不相交, 当 $\theta = \theta_c$ 时, ℓ 与 Γ 相切, 且切点在音速圆之内.

证明: 将 $v = u \tan \theta$ 代入 (2.13), 得到
$$\tan \theta = \frac{q_0 - u}{u} \cot \beta. \tag{2.14}$$

由 (2.13) 以及 $u \leqslant q_0$ 知 $\sin \beta \geqslant \sin A_0$, 故 $\cot \beta$ 是有界量. 又由 $u \geqslant \tilde{u}$ 知 (2.14) 右边有界. 从而知 θ 必有一临界值 θ_c, 使得当 $\theta > \theta_c$ 时, (2.14) 不可能成立, 即直线 $\ell: v = u \tan \theta$ 与激波极线无交点.

对于 Γ 上的任意点 (u, v) 有 $\theta = \arctan \frac{v}{u}$. 现在考察 θ 与 β 的关系. 为此将 (2.14) 关于 β 求导得

$$\sec^2 \theta \frac{\mathrm{d} \theta}{\mathrm{d} \beta} = -\frac{q_0 \frac{\mathrm{d} u}{\mathrm{d} \beta}}{u^2} \cot \beta - \frac{q_0 - u}{u} \csc^2 \beta$$

从而
$$\frac{\mathrm{d} \theta}{\mathrm{d} \beta} = \frac{\cos^2 \theta}{u^2 \sin^2 \beta} \left(-q_0 \frac{\mathrm{d} u}{\mathrm{d} \beta} \cos \beta \sin \beta - u(q_0 - u) \right). \tag{2.15}$$

将 (2.13) 第一式对 β 求导, 得
$$\frac{\mathrm{d} u}{\mathrm{d} \beta} = -2(1 - \mu^2) q_0 \cos \beta \sin \beta. \tag{2.16}$$

又由 u 的表示式 (2.12) 知
$$u^2 = (1-\mu^2)^2 q_0^2 \cos^4 \beta + 2(1-\mu^2) c_*^2 \cos^2 \beta + \frac{c_*^4}{q_0^2},$$
$$q_0 u = (1-\mu^2) q_0^2 \cos^2 \beta + c_*^2.$$

代入 (2.15), 并将 (2.15) 写成 $\frac{\mathrm{d} \theta}{\mathrm{d} \beta} = \frac{\cos^2 \theta}{u^2 \sin^2 \beta} \cdot \Delta$, 则由直接运算可知

$$\Delta = q_0^2 \cos^2 \beta \sin^2 \beta + \mu^4 q_0^2 \cos^4 \beta - 2\mu^2 c_*^2 \cos^2 \beta + \frac{c_*^4}{q_0^2} - (\mu^2 q_0^2 - c_*^2) \cos^2 \beta - c_*^2 \sin^2 \beta.$$

又由图 2.2 知

$$q_1^2 = \overline{OA}^2 + \overline{AB}^2 = (q_0\cos\beta)^2 + \left(q_0\sin\beta - \frac{q_0-u}{\sin\beta}\right)^2.$$

利用 (2.12) 得到

$$q_1^2 = (q_0\cos\beta)^2 + \frac{1}{\sin^2\beta}\left(\mu^2 q_0 \cos^2\beta - \frac{c_*^2}{q_0}\right)^2.$$

所以有

$$\Delta = \sin^2\beta(q_1^2 - (\mu^2 q_0^2 - c_*^2)\cot^2\beta - c_*^2).$$

因为激波极线为凸曲线，故存在 β_c 使得 $\theta = \theta(\beta)$ 在 $\beta = \beta_c$ 时取极大值. 当 $\theta > \theta_c$ 时，直线 ℓ 不与 Γ 相交, 当 $\theta < \theta_c$ 时, ℓ 与 Γ 有两个交点. 当 $\theta = \theta_c$ 时, ℓ 与 Γ 相切.

当 $\theta = \theta_c$ 时 $\dfrac{d\theta}{d\beta} = 0$, 因此 $\Delta = 0$. 由于 $\dfrac{c_*}{\mu} = \hat{q}$ 是速度的可能最大值, 只要 $\rho > 0$ 就有 $q < \hat{q}$, 所以

$$q_1^2 = (\mu^2 q_0^2 - c_*^2)\cot^2\beta + c_*^2 = \mu^2(q_0^2 - \hat{q}^2)\cot^2\beta + c_*^2 < c_*^2.$$

它说明此时 ℓ 与 Γ 的切点在音速圆内.

2.1.2 在 (θ, p) 平面上的激波极线

如果将越过激波后速度方向的转角 $\theta = \arctan\dfrac{v}{u}$ 作为自变量, 可以导出激波极线的其他形式. 例如, 若取 θ 与压力 p 为变量, 可得

$$p_1 - p_0 = \rho_0 q_0 (q_0 - u_1),$$
$$\tan\theta = \frac{q_0 - u_1}{u_1}\cot\beta.$$

上式中 $\cot\beta$ 也可通过 (2.13) 用 u_1 的函数代替, 即

$$\tan\theta = \frac{q_0 - u_1}{u_1}\left(\frac{u_1 - c_*^2/q_0}{(1-\mu^2)q_0\sin^2 A_0 + q_0 - u_1}\right)^{1/2}. \tag{2.17}$$

省略下标 1, 将 $q_0 - u$ 写成 $\dfrac{p - p_0}{\rho_0 q_0}$, 则有

$$u = q_0 - (q_0 - u) = q_0 - \frac{p - p_0}{\rho_0 q_0}$$
$$= \frac{1}{\rho_0 q_0}(\rho_0 c_0^2 M_0^2 - p + p_0) = \frac{p_0}{\rho_0 q_0}\left(\gamma M_0^2 - \frac{p}{p_0} + 1\right),$$

$$u - \frac{c_*^2}{q_0} = q_0 - \frac{p - p_0}{\rho_0 q_0} - \mu^2 q_0 - (1 - \mu^2)\sin^2 A_0 q_0$$

$$= q_0(1 - \mu^2)(1 - \sin^2 A_0) - \frac{p - p_0}{\rho_0 q_0}$$

$$= \frac{1}{\rho_0 q_0}(\rho_0 q_0^2 (1 - \mu^2)(1 - \sin^2 A_0) - (p - p_0))$$

$$= \frac{p_0}{\rho_0 q_0}\left((1 + \mu^2)(M_0^2 - 1) - \left(\frac{p}{p_0} - 1\right)\right),$$

$$(1 - \mu^2)q_0 \sin^2 A_0 + q_0 - u = \frac{p_0}{\rho_0 q_0}\left(\frac{(1 - \mu^2)\sin^2 A_0 \cdot \rho_0 q_0^2}{p_0} + \frac{p}{p_0} - 1\right)$$

$$= \frac{p_0}{\rho_0 q_0}\left(1 + \mu^2 + \frac{p}{p_0} - 1\right).$$

从而得 θ 直接由 p 表示的函数表达式

$$\tan\theta = \frac{\frac{p}{p_0} - 1}{\gamma M_0^2 - \frac{p}{p_0} + 1}\sqrt{\frac{(1+\mu^2)(M_0^2-1) - (\frac{p}{p_0}-1)}{\frac{p}{p_0} + \mu^2}}. \tag{2.18}$$

(θ, p) 平面上该函数的图像 $\Gamma_{(\theta,p)}$ 也称为激波极线，或更确切地称为在 (θ, p) 平面上的激波极线 (图 2.3).

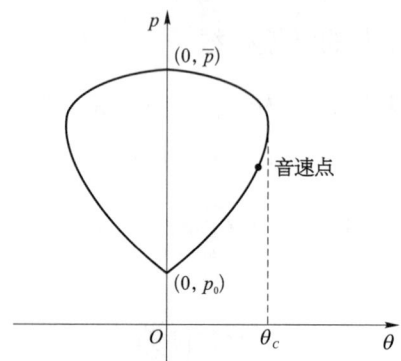

图 2.3 Euler 方程组在 (θ, p) 平面上的激波极线 $\Gamma_{(\theta,p)}$

利用在 (u, v) 平面上的激波极线 Γ 的性质可知，$\Gamma_{(\theta,p)}$ 也有以下的特性:

性质 1. $\Gamma_{(\theta,p)}$ 关于 p 轴是对称的.

性质 2. $\Gamma_{(\theta,p)}$ 是位于 $|\theta| \leqslant \theta_c, p_0 \leqslant p \leqslant \bar{p}$ 中的闭曲线. 当 $q_0 \to c_*$ 时，$\Gamma_{(\theta,p)}$ 收缩为一点 $(0, p_0)$.

性质 3. $\Gamma_{(\theta,p)}$ 以 $(0, p_0)$ 为自交点，除此点外，该曲线均在解析的意义下是正则的.

性质 4. $\Gamma_{(\theta,p)}$ 是 (θ,p) 平面上的凸曲线.

性质 5. 对于任意的 $-\theta_c < \theta_1 < \theta_c$, 与 p 轴平行的直线 $\theta = \theta_1$ 与 $\Gamma_{(\theta,p)}$ 有且仅有两个交点. 直线 $\theta = \pm\theta_1$ 与 $\Gamma_{(\theta,p)}$ 相切. 切点将 $\Gamma_{(\theta,p)}$ 分成上下两部分. 激波极线上的音速点必位于 $\Gamma_{(\theta,p)}$ 曲线的下半段.

这些性质容易从 (u,v) 平面上的激波极线 Γ 的性质推出, 我们将推导留给读者.

注 2.1 给定以 (θ_0, p_0) 为自交点的曲线 $\Gamma_{(\theta,p)}$, 对于其上任意一点 (θ, p), 只要 $\theta < \theta_c$ 就可以通过等式

$$\tan\theta = \frac{q_0 - u}{u}\cot\beta$$

来确定激波倾角 β. 于是将此值代入 (2.13), 可进一步得到 (u,v) 的值以及所有的波后流场参量, 并相应地得到它在 $\Gamma_{(u,v)}$ 上的对应点. 但这里需注意的是这一对应是与波前状态 (如参量 p_0, A_0 等) 有关的. 换言之, 若将 (θ,p) 平面上一固定点视为不同激波极线上的点时, 它在 (u,v) 平面上的对应点一般是不相同的.

2.2 位势流方程的激波极线

如第一章中所述, 两个空间变数的等熵无旋定常流的 Euler 方程组可简化为

$$\begin{cases} \dfrac{\partial(\rho u)}{\partial x} + \dfrac{\partial(\rho v)}{\partial y} = 0, \\ \dfrac{\partial u}{\partial y} - \dfrac{\partial v}{\partial x} = 0, \end{cases} \tag{2.19}$$

其中 ρ 作为 u, v 的函数由 Bernoulli 关系式

$$\frac{1}{2}(u^2 + v^2) + \frac{\gamma A \rho^{\gamma-1}}{\gamma - 1} = \text{const} \tag{2.20}$$

决定. 在适当的量纲选取下, 可使 $A = 1$. 记临界音速为 c_*, 上式中的常数即 $\dfrac{\gamma+1}{2(\gamma-1)}c_*^2$. 于是有

$$\rho = \left[\frac{\gamma-1}{\gamma}\left(\frac{\gamma+1}{2(\gamma-1)}c_*^2 - \frac{1}{2}q^2\right)\right]^{\frac{1}{\gamma-1}} \quad (\triangleq \rho(q)). \tag{2.21}$$

引入速度势 ϕ 满足 $\nabla\phi = (u, v)$, 则 (2.19) 等价于单个的二阶方程 (位势流方程)

$$\frac{\partial(\phi_x \rho(\nabla\phi))}{\partial x} + \frac{\partial(\phi_y \rho(\nabla\phi))}{\partial y} = 0. \tag{2.22}$$

对于方程组 (2.19) 或方程 (2.22), 其激波上的 Rankine-Hugoniot 关系为

$$\frac{\mathrm{d}y}{\mathrm{d}x} = \frac{[\rho v]}{[\rho u]}, \quad \frac{\mathrm{d}y}{\mathrm{d}x} = -\frac{[u]}{[v]}. \tag{2.23}$$

因此有
$$[\rho u][u] + [\rho v][v] = 0. \tag{2.24}$$
这就是位势流的**激波极线方程**. 若激波前方的状态为 $(q_0, 0)$, 则 (u,v) 平面上的激波极线的方程可以写成
$$(\rho_0 q_0 - \rho u)(q_0 - u) + \rho v^2 = 0. \tag{2.25}$$
其图像见图 2.4. 又如果引入 $\theta = \arctan \dfrac{v}{u}$, 即 $u = q\cos\theta$, $v = q\sin\theta$, 则有
$$\cos\theta = \frac{\rho_0 q_0^2 + \rho q^2}{(\rho + \rho_0) q q_0}. \tag{2.26}$$
这是位势流方程激波极线方程的另一形式, 其等式右边还可化为压力 p 的单变量函数. (2.26) 与上一节中关于 Euler 方程组的激波极线方程 (2.18) 相当.

以下讨论位势流方程激波极线 Γ 的图形. 记激波极线的自交点为 P, 它的坐标为 $(q_0, 0)$. 由于熵条件的限制, 激波后的速度 q 不能超过 q_0, 故我们只考虑方程 (2.25) 中满足 $q \leqslant q_0$ 的部分.

性质 1. (u, v) 平面上激波极线 Γ 关于 u 轴对称.

证明: 由于 (2.25) 式中变量 v 以 v^2 的形式出现, 故曲线 Γ 关于 u 轴对称. 以后我们仍将 Γ 在 u 轴的上下两部分分别记为 Γ_+ 与 Γ_-.

性质 2. 激波极线 Γ 构成 (u, v) 平面上的有界闭曲线, 与 u 轴交于 $(q_0, 0)$, $(\bar{q}, 0)$. Γ_+ (或 Γ_-) 在 $\bar{q} < \hat{u} < q_0$ 上单值地定义, 且在 $(\bar{q}, q_0)$ 上有唯一的极大值. 当 $q_0 \to c_*$ 时, 整个激波极线收缩到 $(c_*, 0)$ 点.

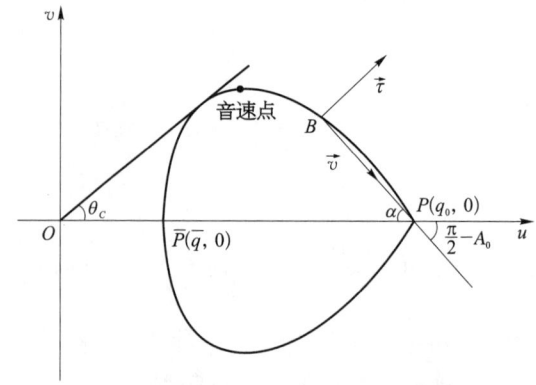

图 2.4 位势流方程在 (u, v) 平面上的激波极线 Γ

证明 由 Bernoulli 关系式 (2.20) 可知 q 有界. 当 $v = 0$ 时,
$$(\rho_0 q_0 - \rho q)(q_0 - u) = 0.$$

显然 $u = q_0$ 是一个解 (它实际上是一个二重解), 故 $(q_0, 0)$ 是 Γ 与 u 轴的一个交点. 为求另一个交点, 考察

$$F(u) \triangleq \rho u - \rho_0 q_0 = 0, \tag{2.27}$$

为求得 $F(u)$ 关于 u 的导数, 先将 Bernoulli 关系式 (2.20) 求导, 于是有

$$q + \gamma \rho^{\gamma-2} \rho'_q = 0.$$

从而

$$\rho'_q = -\frac{q}{\gamma \rho^{\gamma-2}} = -\frac{\rho q}{c^2}. \tag{2.28}$$

相应地

$$\rho'_u = -\frac{\rho u}{c^2}, \quad \rho'_v = -\frac{\rho v}{c^2}. \tag{2.29}$$

所以

$$F'(u) = -\frac{\rho u^2}{c^2} + \rho = \rho \left(1 - \frac{u^2}{c^2}\right). \tag{2.30}$$

由此表达式知, 当 $u > c$ 时 $F(u)$ 下降, 当 $u < c$ 时 $F(u)$ 上升. 由于 $F(q_0) = 0$, 故当 ϵ 很小时有 $F(q_0 - \epsilon) > 0$. 又易见 $F(0) < 0$, 所以必有 $\bar{q} \in (0, q_0 - \varepsilon)$ 存在, 使 $F(\bar{q}) = 0$. 这个 $\bar{q}$ 必须小于 c, 否则, 由 $F'(u)$ 在 $u > c$ 时为负与 $F(q_0 - \epsilon) > 0$ 将导致 $F(\bar{q}) > 0$ 的矛盾. 另一方面, 由 $u < \bar{q}$ 时 $F'(u) > 0$ 可知, $u < \bar{q}$ 时不可能再有零点, 故 $\bar{q}$ 是 $F(u)$ 满足 $u < q_0$ 的唯一零点. 所以激波极线与 u 轴仅相交于 $(\bar{q}, 0), (q_0, 0)$ 两点.

记 (2.25) 左边为 $G(u, v)$, 则

$$\begin{cases} G_u = -(\rho_0 q_0 - \rho u) - (\rho'_u u + \rho)(q_0 - u) + \rho'_u v^2, \\ G_v = -\rho'_v u(q_0 - u) + \rho'_v v^2 + 2v\rho. \end{cases} \tag{2.31}$$

由于

$$G_v = -\rho'_v (v^2 - u(q_0 - u)) + 2\rho v = \frac{\rho v}{c^2} \frac{\rho_0 q_0}{\rho}(q_0 - u) + 2\rho v > 0.$$

故对每个 $u \in (\bar{q}, q_0)$, 极线 Γ_+ (或 Γ_-) 上有唯一的点 (u, v) 与之对应.

为指出 $q_0 \to c_*$ 时, 激波极线收缩到一点 $(c_*, 0)$, 只需证明此时也有 $\bar{q} \to c_*$. 事实上, 由于 $\bar{q}$ 满足

$$\bar{q} \rho(\bar{q}) = q_0 \rho(q_0), \ \bar{q} < q_0, \tag{2.32}$$

将此式视为函数 $\bar{q}(q_0)$ 的定义, 关于 q_0 求导, 得

$$\frac{\mathrm{d}\bar{q}}{\mathrm{d}q_0} \rho(\bar{q}) \left(1 - \frac{\bar{q}^2}{c^2}\right) = \rho(q_0) \left(1 - \frac{q_0^2}{c^2}\right). \tag{2.33}$$

由于 $q_0 > c > \bar{q}$，故 $\dfrac{\mathrm{d}\bar{q}}{\mathrm{d}q_0} < 0$，从而当 q_0 下降趋于 c_* 时，$\bar{q}$ 上升. 但 $\bar{q}$ 是上有界的，故 $\bar{q}$ 有极限 c^*. 在 (2.33) 两边取极限可得

$$c^*\rho(c^*) = c_*\rho(c_*).$$

注意到 $q = c_*$ 时

$$\frac{\mathrm{d}(\rho q)}{\mathrm{d}q} = \rho\left(1 - \frac{q^2}{c^2}\right) = 0.$$

$q < c_*$ 时 ρq 随 q 上升而上升，$q > c_*$ 时 ρq 随 q 上升而下降，故 ρq 在 $q = c_*$ 时取唯一极大，从而有 $c^* = c_*$. 于是，整个激波极线在 $q_0 \to c_*$ 时收缩至一点 $(c_*, 0)$.

性质 3. 对于在 Γ_+ 上任意点 B，记 BP 与 u 轴的交角 (绝对值) 为 α，则 α 与激波倾角 β 互为余角. 当 B 沿 Γ_+ 往 P 移动时，射线 PB 单调地按顺时针方向转动. Γ_+ 在 $(q_0, 0)$ 点的倾角为 $A_0 - \dfrac{\pi}{2}$. 除 $(q_0, 0)$ 外，曲线是解析的.

证明 α 与 β 互为余角是明显的. 以下证明 $\dfrac{\mathrm{d}u}{\mathrm{d}\alpha} > 0$.

记激波法向的速度分量为 N_0，N，记相应的法向 Mach 数为 $M_0 = \dfrac{N_0}{c_0}$，$M = \dfrac{N}{c}$. 由激波关系式与 Bernoulli 关系式可知

$$\frac{N^2}{2} + \frac{c^2}{\gamma - 1} = \frac{N_0^2}{2} + \frac{c_0^2}{\gamma - 1},$$

$$\rho^{\gamma - 1}\left(M^2 + \frac{2}{\gamma - 1}\right) = \rho_0^{\gamma - 1}\left(M_0^2 + \frac{2}{\gamma - 1}\right).$$

于是，利用 $\rho_0 N_0 = \rho N$ 可得

$$\rho_0^{\gamma - 1} M_0^{\frac{2(\gamma - 1)}{\gamma + 1}} = \rho^{\gamma - 1} M^{\frac{2(\gamma - 1)}{\gamma + 1}},$$

令

$$g(M) = M^{-\frac{2(\gamma - 1)}{\gamma + 1}}\left(M^2 + \frac{2}{\gamma - 1}\right),$$

即有 $g(M) = g(M_0)$. 对 $g(M)$ 求导，有

$$g'(M) = M^{-\frac{2(\gamma - 1)}{\gamma + 1}} \frac{4}{\gamma + 1}\left(M - \frac{1}{M}\right),$$

于是，由 $0 < M < 1 < M_0$ 知

$$\frac{\mathrm{d}M}{\mathrm{d}\alpha} = \frac{g'(M_0)}{g'(M)} \cdot \frac{\mathrm{d}M_0}{\mathrm{d}\alpha} = -\frac{g'(M_0)}{g'(M)} \cdot \frac{q_0}{c_0}\sin\alpha > 0,$$

仍由质量守恒律 $\rho_0 N_0 = \rho N$ 知

$$\rho^{\frac{\gamma + 1}{2}} M = \rho N = \rho_0 q_0 \cos\alpha,$$

从而有 $\dfrac{\mathrm{d}\rho}{\mathrm{d}\alpha} < 0$. 最后, 将 $\rho N = \rho_0 N_0$ 写成

$$\rho_0 q_0 \cos\alpha = \rho\left(q_0 \cos\alpha - \dfrac{(q_0-u)}{\cos\alpha}\right),$$

即有

$$u = q_0\left(1 - \cos^2\alpha + \dfrac{\rho_0}{\rho}\cos^2\alpha\right),$$

$$\dfrac{\mathrm{d}u}{\mathrm{d}\alpha} = q_0\left(2\cos\alpha\sin\alpha(1-\dfrac{\rho_0}{\rho}) - \dfrac{\rho_0}{\rho^2}\cos^2\alpha\dfrac{\mathrm{d}\rho}{\mathrm{d}\alpha}\right) > 0.$$

故当 B 沿 Γ_+ 往 P 移动时, α 随 N 增加而单调增加, 从而射线 PB 单调地按顺时针方向转动.

现计算 Γ_+ 在 $(q_0, 0)$ 点的倾角. 仍将 (2.25) 式左边记为 G, 由于在 $(q_0, 0)$ 点 $G_u = G_v = 0$ (G_u, G_v 的表达式见 (2.31)), 故为求该点的 $\dfrac{\mathrm{d}v}{\mathrm{d}u}$, 需计算 G 的二阶导数. 由 $G = 0$ 关于 u 二次求导有

$$G_{uu} + 2G_{uv}\dfrac{\mathrm{d}v}{\mathrm{d}u} + G_{vv}\left(\dfrac{\mathrm{d}v}{\mathrm{d}u}\right)^2 + G_v\dfrac{\mathrm{d}^2 v}{\mathrm{d}u^2} = 0. \tag{2.34}$$

将 $(u, v) = (q_0, 0)$ 代入, 并注意到 $G_{uv} = G_v = 0$, 得到

$$G_{uu} + G_{vv}\left(\dfrac{\mathrm{d}v}{\mathrm{d}u}\right)^2 = 0. \tag{2.35}$$

注意到在 $(q_0, 0)$ 点 $G_{uu} = 2(\rho + \rho'_u u) = 2\rho\left(1 - \dfrac{u^2}{c^2}\right)$, $G_{vv} = 2\rho$, 所以

$$\left.\dfrac{\mathrm{d}v}{\mathrm{d}u}\right|_{(q_0,0)} = -\left(-\dfrac{G_{uu}}{G_{vv}}\right)^{1/2} = -\left(\dfrac{q_0^2}{c_0^2} - 1\right)^{1/2} = -(M_0^2 - 1)^{1/2}. \tag{2.36}$$

故在 $(q_0, 0)$ 点 Γ_+ 的倾角为 $\left(A_0 - \dfrac{\pi}{2}\right)$ (注意, 这个倾角小于零), 它与非等熵流激波极线的倾角相同.

性质 4. 激波极线是凸曲线.

证明 这个证明取自 [36], 也参见 [11]. 为证明方便, 以下用向量形式写出位势流的激波极线方程. 以 $\vec{\nu}$ 记 BP 上的单位向量, 以 $\vec{\tau}$ 记与 $\vec{\nu}$ 正交方向的单位向量. 记 OB, OP 为 $\vec{v}, \vec{v}_0$, 则激波条件可写为

$$\rho\vec{v}\cdot\vec{\nu} = \rho_0 \vec{v}_0 \cdot \vec{\nu},$$
$$(\vec{v}_0 - \vec{v})\cdot\vec{\tau} = 0,$$

Bernoulli 关系式为

$$\dfrac{\gamma\rho^{\gamma-1}}{\gamma-1} + \dfrac{1}{2}(\vec{v}\cdot\vec{\nu})^2 = \dfrac{\gamma\rho_0^{\gamma-1}}{\gamma-1} + \dfrac{1}{2}(\vec{v}_0\cdot\vec{\nu})^2.$$

由此知
$$\rho_{\vec{v}} = (\rho_u, \rho_v) = \left(-\frac{\rho u}{c^2}, -\frac{\rho v}{c^2}\right).$$

激波极线方程可以写为
$$g(\vec{v}) \triangleq (\rho\vec{v} - \rho_0 \vec{v}_0) \cdot \vec{v} = 0. \tag{2.37}$$

在 Γ 上 $g_{\vec{v}} = (g_u, g_v)$ 为激波极线的法向，记其单位外法向量为 $\vec{n}$，顺时针方向的弧长参量为 s，则若 $\vec{n} \times \vec{n}_s < 0$ 即表示激波曲线为凸。由性质 3 知，表示曲线为凸的条件中的 $\vec{n}$ 也可换成任意的 $C(s)\vec{n}$。由于 $\vec{q} \triangleq \dfrac{g_{\vec{v}}}{g_{\vec{v}} \cdot \vec{\nu}}$ 与 $\vec{n}$ 平行，而 s 是 α 的单调增函数。故只需证明 $\vec{q} \times \vec{q}_\alpha < 0$ 就能得到 Γ 的凸性。

$\vec{q}$ 可写成
$$\vec{q} = \frac{(g_{\vec{v}} \cdot \vec{\nu})\vec{\nu} + (g_{\vec{v}} \cdot \vec{\tau})\vec{\tau}}{g_{\vec{v}} \cdot \vec{\nu}} = \vec{\nu} + \frac{g_{\vec{v}} \cdot \vec{\tau}}{g_{\vec{v}} \cdot \vec{\nu}} \cdot \vec{\tau} = \vec{\nu} - A\vec{\tau}. \tag{2.38}$$

现计算上式中 A 的值，由于
$$g_{\vec{v}} = ((\rho\vec{v} - \rho_0 \vec{v}_0) \cdot \vec{v})_{\vec{v}} = \left(\rho I - \frac{\rho}{c^2}(\vec{v} \otimes \vec{v})\right)\vec{v} + (\rho\vec{v} - \rho_0 \vec{v}_0)\vec{v}_{\vec{v}},$$

注意到 $\vec{v} \cdot \vec{\tau} = \vec{v}_0 \cdot \vec{\tau}$，$\vec{\nu} = \dfrac{\vec{v}_0 - \vec{v}}{|\vec{v}_0 - \vec{v}|}$，$\vec{v}_{\vec{v}} \cdot \vec{\tau} = -\dfrac{\vec{\tau}}{|\vec{v}_0 - \vec{v}|}$，我们有

$$g_{\vec{v}} \cdot \vec{\nu} = \rho - \frac{\rho}{c^2}(\vec{v} \cdot \vec{\nu})^2 = \rho(1 - M^2),$$

$$g_{\vec{v}} \cdot \vec{\tau} = -\frac{\rho}{c^2}(\vec{v} \cdot \vec{\nu})(\vec{v} \cdot \vec{\tau}) + (\rho\vec{v} - \rho_0 \vec{v}_0)\vec{v}_{\vec{v}} \cdot \vec{\tau}$$

$$= -(\vec{v}_0 \cdot \vec{\tau})\left(\frac{\rho M}{c} + \frac{\rho - \rho_0}{|\vec{v}_0 - \vec{v}|}\right)$$

$$= -\rho q_0 \sin\alpha \left(\frac{M}{c} + \frac{1}{\rho_0 \cos\alpha}\right).$$

从而在 (2.38) 中 $A = \dfrac{q_0 \sin\alpha}{1 - M^2}\left(\dfrac{M}{c} + \dfrac{1}{q_0 \cos\alpha}\right)$。今

$$\vec{q} \times \vec{q}_\alpha = (\vec{\nu} - A\vec{\tau}) \times (-\vec{\tau} - A_\alpha \vec{\tau} - A\vec{\nu}) = -(1 + A^2 + A_\alpha).$$

所以，为证明 Γ 为凸曲线只需证明 $A_\alpha > 0$。由直接计算知

$$A_\alpha = \frac{q_0 \cos\alpha}{1 - M^2}\left(\frac{M}{c} + \frac{1}{q_0 \cos\alpha}\right) + \frac{q_0 \cos\alpha}{1 - M^2} \cdot \frac{M}{c^2}(-c_\alpha)$$

$$+ \frac{q_0 \sin\alpha}{1 - M^2} \cdot \frac{\sin\alpha}{q_0 (\cos\alpha)^2} + \frac{q_0 \sin\alpha}{c} \cdot \frac{\mathrm{d}}{\mathrm{d}M}\left(\frac{M}{1 - M^2}\right) \cdot M_\alpha$$

$$+ \tan\alpha \cdot \frac{\mathrm{d}}{\mathrm{d}M}\left(\frac{1}{1 - M^2}\right) \cdot M_\alpha.$$

在性质 3 的证明中已导出 $c_\alpha < 0$, $M_\alpha > 0$, 故上式各项均为正，所以 $A_\alpha > 0$, 于是根据前面的说明知激波极线为凸.

性质 5. 存在一个临界角 θ_c, 当 $\theta < \theta_c$ 时, 直线 $\ell : v = u\tan\theta$ 与 Γ 有两个交点, 当 $\theta > \theta_c$ 时, ℓ 与 Γ 不相交, 当 $\theta = \theta_c$ 时, ℓ 与 Γ 相切, 且切点在音速圆之内.

性质 5 的前一半是激波曲线为凸曲线的推论. 其后一半将在对 (q,θ) 平面上的激波极线 $\Gamma_{(q,\theta)}$ 的性质的讨论中同时得出 (见性质 5' 的证明).

与对 Euler 方程组的激波极线的讨论相仿, 也可讨论位势流方程激波极线 Γ 在其他流动参数平面上的映像. 例如, 将 Γ 在 (q,θ) 平面上的映像记为 $\Gamma_{(q,\theta)}$ (图 2.5), 它有类似的性质:

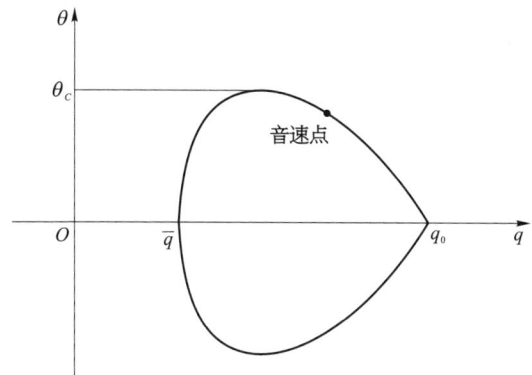

图 2.5 位势流方程在 (q,θ) 平面上的激波极线 $\Gamma_{(q,\theta)}$

性质 1'. $\Gamma_{(q,\theta)}$ 关于 q 轴是对称的.

性质 2'. $\Gamma_{(q,\theta)}$ 构成 (q,θ) 平面上的有界闭曲线, 与 q 轴交于 $(q_0,0)$, $(\bar q,0)$. $\Gamma_{(q,\theta)}$ 在上下半平面上对每个 $q \in (\bar q, q_0)$ 上单值地定义. 当 $q_0 \to c_*$ 时, 整个激波极线收缩到 $(c_*, 0)$ 点.

性质 3'. $\Gamma_{(q,\theta)}$ 除 $(q_0, 0)$ 外是解析的.

性质 4'. $\Gamma_{(q,\theta)}$ 是凸曲线.

以上诸性质容易由性质 1 至性质 4 推出.

性质 5'. 存在一个临界值 θ_c, 使得当 $\theta_0 < \theta_c$ 时, 直线 $\ell : \theta = \theta_0$ 与 $\Gamma_{(q,\theta)}$ 有两个交点, 当 $\theta_0 > \theta_c$ 时, ℓ 与 Γ 不相交, 当 $\theta_0 = \theta_c$ 时, ℓ 与 Γ 相切, 且切点在 $q = c_*$ 的左侧.

证明 性质 5 的前半部分是 $\Gamma_{(q,\theta)}$ 为凸曲线的推论. 我们也可以直接由 $\Gamma_{(q,\theta)}$ 的方程推得. 记 (2.26) 右边为 $H(q)$, 则

$$H'(q) = \frac{[(\rho q q_0 + \rho_0 q q_0)(\rho' q^2 + 2\rho q) - (\rho q^2 + \rho_0 q_0^2)(\rho q_0 + \rho_0 q_0 + \rho' q q_0)]}{((\rho + \rho_0) q q_0)^2}$$

$$= \frac{\rho^2 q^2 q_0 + \rho\rho_0 q^2 q_0 - \rho\rho_0 q_0^3 - \rho_0^2 q_0^3 - \dfrac{\rho q^2}{c^2}(\rho_0 q^2 q_0 - \rho_0 q_0^3)}{((\rho+\rho_0)qq_0)^2}$$

$$= \frac{\rho^2 q^2 + \rho\rho_0 q^2 - \rho\rho_0 q_0^2 - \rho_0^2 q_0^2 - \dfrac{\rho\rho_0 q^2}{c^2}(q^2 - q_0^2)}{(\rho+\rho_0)^2 q^2 q_0}$$

$$= \frac{(\rho^2 q^2 - \rho_0^2 q_0^2) + \rho\rho_0(q^2 - q_0^2)\left(1 - \dfrac{q^2}{c^2}\right)}{(\rho+\rho_0)^2 q^2 q_0}. \tag{2.39}$$

考察 $H'(q)$ 的符号，可只分析上式的分子部分. 注意到 $(\rho q)'_q = \rho\left(1 - \dfrac{q^2}{c^2}\right)$, 故 ρq 在 $q = c$ (此时也有 $q = c_*$) 取极大值. 所以在 $c \leqslant q \leqslant q_0$ 时, $\rho q \geqslant \rho_0 q_0$. 这样, 在 (2.39) 式右边两项均为非负, 从而当 q 从 q_0 下降到 c_* 时, $H(q)$ 是单调下降的.

为分析 $q < c_*$ 时激波极线 $\Gamma_{(q,\theta)}$ 的性质, 将 (2.39) 的分子记为 $D(q)$, 对它求导有

$$\begin{aligned}
D'(q) &= \frac{\mathrm{d}}{\mathrm{d}q}\left[(\rho^2 q^2 - \rho_0^2 q_0^2) + \rho\rho_0(q^2 - q_0^2)\left(1 - \frac{q^2}{c^2}\right)\right] \\
&= 2\rho q\rho\left(1 - \frac{q^2}{c^2}\right) + \left(-\frac{\rho q}{c^2}\right)\rho_0(q^2 - q_0^2)\left(1 - \frac{q^2}{c^2}\right) \\
&\quad + 2\rho q\rho_0\left(1 - \frac{q^2}{c^2}\right) + \rho\rho_0(q^2 - q_0^2)\left(-\frac{2q}{c^2} + q^2\frac{-(\gamma-1)q}{c^4}\right) \\
&= \left(1 - \frac{q^2}{c^2}\right)\left(2\rho^2 q + 2\rho q\rho_0 + \frac{\rho\rho_0 q}{c^2}(q_0^2 - q^2)\right) \\
&\quad + \rho\rho_0(q_0^2 - q^2)\frac{q}{c^2}\left(2 + (\gamma-1)\frac{q^2}{c^2}\right),
\end{aligned}$$

当 $q \leqslant c$ 时上式为正, 故 $D(q)$ 在 $q \leqslant c$ 时是 q 的增函数. 注意到 $H'(c_*) > 0$, 故 $D(c_*) > 0$. 又因为 $\theta = 0$ 时对应于正激波, 此时 $q = \tilde u = \dfrac{c_*^2}{q_0}$, $\rho q = \rho(\tilde u)\tilde u = \rho_0 q_0$, 所以 $q = \tilde u$ 时 $D(q)$ 表示式的第一项为零, 第二项为负, 即 $D(\tilde u) < 0$. 于是必有唯一的 $q_c \in (\tilde u, c_*)$, 使得 $H'(q_c) = D(q_c) = 0$. 这就得到性质 5' 后半的结论.

由 $c_* \in (q_c, q_0)$ 可知切点在 $q = c_*$ 的左侧.

根据 (u, v) 平面上的激波极线 $\Gamma_{(u,v)}$ 与 (q, θ) 平面上激波极线 $\Gamma_{(q,\theta)}$ 的对应关系, 即得 $\Gamma_{(u,v)}$ 的性质 5 中关于音速点位置的结论.

注 2.2 与 Euler 方程组相比, 位势流方程多了一层"等熵无旋"的近似. 由于越过激波熵会增加, 特别在出现弯曲激波的问题中, 等熵的条件就难以满足. 所以, 在对实际流动的刻画中, Euler 方程组比位势流方程的准确度更高. 但由于 Euler 方程组的复杂性, 有时就得先利用位势流方程讨论流动的性质, 以此作为进

一步了解流动特性的新起点. 幸亏当激波强度较弱时, 熵的变化是激波强度的三阶小量 (见第一章定理 1.1 或 [60]), 故在讨论仅出现弱激波的问题中, 利用位势流方程讨论流体的运动还是较有效的.

注 2.3 即使对于仅含平面激波的情形, 利用 Euler 方程组与利用位势流方程所导出的计算结果仍有差异. 考虑速度为 q_0, 密度为 ρ_0 的气流越过一个定常的正激波, 则在以 Euler 方程组描述的流动中, 波后的速度为 $\tilde{u} = \dfrac{c_*^2}{q_0}$ (见 (2.12)), 而在位势流方程的框架中, 波后的速度为 $\bar{q}$, 它由 $\rho_0 q_0 = \rho(\bar{q})\bar{q}$ 决定 (是该式于 q_0 以外的另一个根). 以下将指出, $\rho_0 q_0 - \rho(\tilde{u})\tilde{u} < 0$, 从而说明 $\tilde{u}$ 在 $\bar{q}$ 的右边.

为说明这一点, 我们考察表达式 $Q = c_*^2 q_0^{2\gamma} - \mu^2 q_0^{2\gamma+2} - (c_*^2 q_0^2 - \mu^2 c_*^{2\gamma+2})$. 由 Bernoulli 关系式得

$$\begin{aligned} Q &= q_0^{\gamma+1}((c_*^2 - \mu^2 q_0^2)q_0^{\gamma-1} - (c_*^2 - \mu^2 \tilde{u}^2)(\tilde{u}^{\gamma-1})) \\ &= (1-\mu^2)q_0^{\gamma+1}(c_0^2 q_0^{\gamma-1} - c(\tilde{u})^2 \tilde{u}^{\gamma-1}) \\ &= (1-\mu^2)q_0^{\gamma+1}((\rho_0 q_0)^{\gamma-1} - (\rho(\tilde{u})\tilde{u})^{\gamma-1}) \\ &= 2\mu^2 q_0^{\gamma+1}(\rho_0 q_0 - \rho(\tilde{u})\tilde{u})(\widehat{\rho u})^{\gamma-2}, \end{aligned}$$

其中 $\widehat{\rho u}$ 为 ρu 在 $(\tilde{u}, q_0)$ 中某点的取值, 它是恒正的. 故 $\rho_0 q_0 - \rho(\tilde{u})\tilde{u} < 0$ 与 $Q < 0$ 等价. 记 $\alpha = \dfrac{q_0}{c_*}$, 则

$$\begin{aligned} Q &= c_*^{2\gamma+2}(\alpha^{2\gamma} - \mu^2 \alpha^{2\gamma+2} - \alpha^2 + \mu^2) \\ &= c_*^{2\gamma+2}\left(\alpha^2 \int_1^\alpha \xi^{2\gamma-3}(2\gamma-2)\mathrm{d}\xi - \mu^2 \int_1^\alpha \xi^{2\gamma+1}(2\gamma+2)\mathrm{d}\xi\right) \\ &= 2(\gamma-1)c_*^{2\gamma+2}\int_1^\alpha \xi^{2\gamma-3}(\alpha^2 - \xi^4)\mathrm{d}\xi. \end{aligned}$$

记 $F(\alpha) = \int_1^\alpha \xi^{2\gamma-3}(\alpha^2 - \xi^4)\mathrm{d}\xi$, 直接计算给出 $F(1) = F'(1) = F''(1) = 0$, 而在 $\alpha > 1$ 时 $F'''(\alpha) < 0$, 故有 $\alpha > 1$ 时 $F(\alpha) < 0$, 从而 $Q < 0$, 即 $\tilde{u}$ 在 $\bar{q}$ 的右边.

注 2.4 以上运算说明讨论同样来流越过正激波的流动, 用位势流方程为模型计算所得到的流速将略小于用 Euler 方程组为模型计算所得到流速. 但这两者的差异为激波强度的三阶小量. 例如, 若 $\alpha = 1.1$, 即激波强度为 10^{-1} 数量级时, 经计算易得 $F(\alpha) = 0.0015$.

2.3 平面激波反射与 Mach 结构

2.3.1 平面激波正则反射

激波极线可用于构造平面激波反射问题的解. 在第一章中我们已指出, 当一个定常的平面激波与另一平直的固体相遇, 则会被该固体平面反射, 在激波面与反

射面的夹角较小时，反射图像与线性波的反射相仿，称为**正则反射**，如图 1.4 所示. 以下将利用激波极线来构造这样的正则反射. 如无特别说明，下面所采用的激波极线都是指 Euler 方程组的激波极线.

因为入射激波与其前后流体的状态是已知的，故只需讨论激波反射的影响. 设在入射激波前的速度、密度、压力为 $\vec{q}_-, \rho_-, p_-$，入射激波后并在反射激波前的流体速度、密度、压力为 $\vec{q}_0, \rho_0, p_0$，依照 $\vec{q}_0$ 建立坐标系，使 x 轴的方向与 $\vec{q}_0$ 一致，且坐标原点在入射激波与反射面的交点上. 这样反射激波后的状态就必须位于激波极线上 (图 2.6). 另一方面，因为反射面是固体，反射激波后流体速度必须与反射面平行. 这两个条件的结合就能确定反射激波的位置与反射激波后的流动参量.

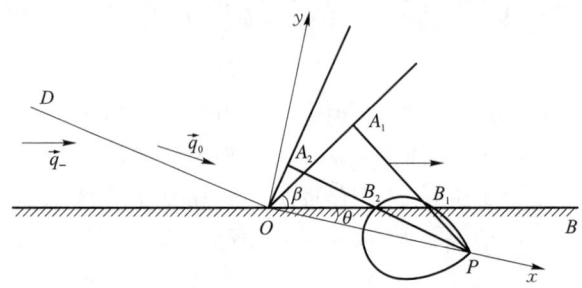

图 2.6 (u,v) 平面上正则反射激波位置的确定

以下我们利用 (u,v) 平面上的激波极线来构造反射激波，且此时能得到更为直观的速度方向变化与激波位置的信息. 如图 2.6 所示 (在图上主要显示了反射激波前后的流动状态变化)，来流 $\vec{q}_-$ 平行于固体表面 OB，它越过入射激波 OD 后，转向成为速度为 $\vec{q}_0$ 的流体 (同时伴随有密度与压力的变化). 依照 $\vec{q}_0$ 的方向建立坐标系 Oxy 后，在 x 轴上取 P 点，使 $OP = q_0$. 画出以 OP 为对称轴、以 P 为尖点的激波极线 Γ，该激波极线与 OB 相交于 B_1 (或相应的 B_2). 连接 PB_1 (或相应的 PB_2)，并过 O 作其垂直线 OA_1 (或相应的 OA_2)，就得到反射激波的位置.

由寻求反射激波的位置过程可知，在激波 OA_1 (或相应的 OA_2) 前方的流体的速度为 $\vec{q}_0$，越过激波后速度方向转到与固体表面 OB 平行. 它在激波法向的速度分量损失为 $|PB_1|$ (或相应的 $|PB_2|$)，在激波切向的速度分量不变.

我们也可以利用 (θ,p) 平面上的激波极线来构造平面激波的正则反射. 若来流 $\vec{q}_-$ 平行于固体表面 OB，它越过入射激波 OD 后，转向成为速度为 $\vec{q}_0$ 的流体 (同时伴随有密度与压力的变化). 如图 2.7，在 (θ,p) 平面上作出以 $(0,p_-)$ 为自交点的激波极线 $\Gamma_{(\theta,p)}$. 该曲线的方程如 (2.18) 所示 (其中 p_0 需改为 p_-). 在自交点 $(0,p_-)$，曲线关于 p 的斜率可按下式计算

$$\frac{1}{\cos^2\theta}\left(\left|\frac{\mathrm{d}\theta}{\mathrm{d}p}\right|\right)_{p=p_-} = \frac{\mathrm{d}}{\mathrm{d}t}\left(\frac{t-1}{\gamma M_-^2 - t + 1}\sqrt{\frac{(1+\mu^2)(M_-^2-1)-(t-1)}{t+\mu^2}}\right)_{t=1}\frac{1}{p_-}$$

$$= \frac{1}{\gamma M_-^2} \sqrt{\frac{(1+\mu^2)(M_-^2-1)}{1+\mu^2}} \cdot \frac{1}{p_-}. \tag{2.40}$$

由于流体在越过激波后转向激波, 故在物面上方的流体是从左往右且入射激波是从西北往东南方向的情形下, 激波前方的状态为 (θ_-, p_-), 其中 $\theta_- = 0$, 激波后方的状态为 (θ_0, p_0), 其中 $\theta_0 < 0$. 在激波极线 $\Gamma_{(\theta,p)}$ 上取 $P_0(\theta_0, p_0)$, 再以 P_0 为自交点作另一个激波极线 $\Gamma'_{(\theta,p)}$, 则在 $|p_- - p_0|$ 较小时, $\Gamma'_{(\theta,p)}$ 必与 p 轴相交. 事实上, 类似于 (2.40), 曲线 $\Gamma'_{(\theta,p)}$ 在 $P_0(\theta_0, p_0)$ 处关于 p 的斜率为

$$\frac{1}{\gamma M_0^2} \sqrt{\frac{(1+\mu^2)(M_0^2-1)}{1+\mu^2}} \cdot \frac{1}{p_0}.$$

在 P_0 与 P_- 接近时, $p_0 \sim p_-$, $M_0 \sim M_-$. 所以, 过 P_0 的激波极线 $\Gamma'_{(\theta,p)}$ 必与 p 轴相交于 P_1 与 P_2 两点. 利用这两点的 p 值, 可进一步计算出相应的速度 (u,v) 以及反射激波的倾角 β.

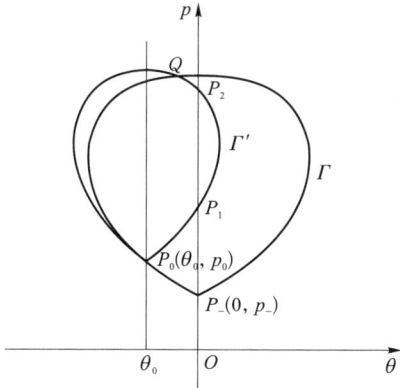

图 2.7 利用激波极线 $\Gamma_{(\theta,p)}$ 构造平面激波的正则反射

注 2.5 在上述构造激波正则反射图像的过程应注意到两个重要的事实.

1. 由激波极线的性质 5 可知, 当 $\theta < \theta_c$ 时, 图 2.7 中的 $\Gamma'_{(\theta,p)}$ 与 p 轴有两个交点 P_1 与 P_2 (相应地, 在图 2.6 中 OB 与 Γ 有两个交点 B_1 与 B_2). 它们对应于两个不同的激波位置. 这两个激波的强度是不一样的. 对于 P_1 点对应的激波, 其激波前后压力差较小, 即激波强度较弱. 从图 2.6 也可看到, 对于激波 OA_1 来说, 速度向量从 OP 变成 OB_1, 其变化较小. 相反, 对于激波 OA_2 来说, 流体的速度向量从 OP 变成 OB_2, 激波前后压力差较大, 即激波强度. 因此我们通常将激波 OA_1 称为弱激波, 而将激波 OA_2 称为强激波.

这样, 就产生了一个问题. 即在一个实际的具有给定入射激波的流体运动中, 究竟会产生哪个反射激波呢? 在 [31] 中将此列为一个问题. 并认为在实际流动中

会产生的是弱激波. 我们在下一章中将证明这里所给出的弱激波对于小扰动确实是稳定的, 从而它应该是实际发生的. 而强激波中只有在一定的外界限制条件下才能稳定.

2. 当 $\theta > \theta_c$ 时, OB 与激波极线 Γ 没有交点. 这时, 由图 2.6 或图 2.7 给出的构造反射激波的方法失效. 那么, 当入射激波的入射角较大, 从而使 $\vec{q}_0$ 与 OB 的夹角超过临界角时, 会发生什么现象呢? 实验告诉我们, 这时的激波反射图像出现了实质性的变化. 激波仍然会被物面反射, 但入射激波与反射激波的交点不再附在物面 OB, 而是悬在 OB 之上, 并通过一个新的激波与 OB 相连. 这种物理现象称为 Mach 激波反射, 对此我们将在下一小节中讨论.

如同第一章中所述, 上面关于定常激波正则反射的讨论可应用于运动的平面激波的反射. 当一个匀速运动的平面激波以一固定角度入射到一固定平面物面时, 在随着激波一起运动的坐标系中观察到的是定常激波的反射, 在固定于物面的坐标系中观察到的是运动平面激波的反射. 利用坐标系间的转换, 可以得到原始运动平面激波反射过程中诸流动参量的变化.

我们还可考察在固定坐标系中观察到的平面斜激波反射的变化. 此时成立以下的事实.

定理 2.1 若平面斜激波的波前状态与激波强度不变, 则当激波的入射角趋于零时, 该斜激波反射以激波的正反射为其极限状态.

证明 平面斜激波反射的图像见图 1.9. 其中入射激波为 OA, 入射激波前的区域 (0) 中的气体为静止气体, 其速度为零, 密度、压力为 ρ_0、p_0, 入射激波速度 U 也不变, 入射角为 β, 反射激波为 OB, 它的倾角为 β_1. 我们考察 $\beta \to 0$ 时激波反射图像的变化. 当入射激波保持倾角 $-\beta$ 以法向速度 U 往前运动时, 可以用第一章第 3 节中的讨论决定激波后的密度 ρ_1、压力 p_1 和波后法向速度 U_a, 它们满足

$$U(U - U_a) = \frac{p_1 - p_0}{\rho_1 - \rho_0}.$$

由于入射激波具有倾角 $-\beta$, 故激波与物面交点 O 的移动速度为 $-\dfrac{U}{\sin \beta}$, 而入射激波后的速度为 $\vec{v}_1 = (-U_a \sin \beta, -U_a \cos \beta)$, 这个速度也就是反射激波前的气体速度.

为进一步讨论的需要, 我们还建立随 O 点移动的坐标系. 在此坐标系中的入射激波、反射激波以及它们之间的区域都具有固定的位置, 而在诸区域中流体的运动速度都得加上 $\left(\dfrac{U}{\sin \beta}, 0\right)$. 我们将在随 O 点移动的坐标系中的速度均添加记号 "^" 以示区别.

先指出当 $\beta \to 0$ 时有 $\beta_1 \to 0$. 在运动坐标系中气体在区域 (1) 中的运动速度

为 $(\hat{q}_1\cos\theta, -\hat{q}_1\sin\theta)$，其中

$$\hat{q}_1 = \left[\left(\frac{U}{\sin\beta} - U_a\sin\beta\right)^2 + (U_a\cos\beta)^2\right]^{1/2}.$$

当 $\beta \to 0$ 时，由 $0 < |\theta| < \beta$ 知 $\theta \to 0$，且

$$\hat{q}_1 = \left(\frac{U^2}{\sin^2\beta} - 2UU_a + U_a^2\right)^{1/2} = \frac{U}{\sin\beta}(1 + o(1)) \to \infty.$$

而由于入射激波后的密度、压力不变，故音速 c_1 也不变，从而 Mach 角 $A_1 = \arcsin\dfrac{c_1}{\hat{q}_1}$ 趋于零.

另一方面，根据 Euler 方程组的 (u, v) 激波极线的性质 3 知，当激波极线上的点趋于自交点时 (此时 $\theta = \arctan\dfrac{v}{u} \to 0$)，相应的激波倾角 (绝对值) 趋于 Mach 角. 将此事实应用于现在讨论的平面激波的斜反射时，在入射激波后反射激波前的流速方向与物面夹角为 θ，越过反射激波后速度转至与物面平行，故速度的转向角为 θ，而激波与激波前气体速度的夹角为 $\theta + \beta_1$，它与 Mach 角 A_1 之差在 $\beta \to 0$ 时应趋于零. 而前已指出 $A_1 \to 0$，所以 $\beta_1 \to 0$.

进一步讨论反射激波后的流动参量的变化. 注意到气体在反射激波前的法向速度为

$$N_1 = \vec{v}_1 \cdot (\sin\beta_1, -\cos\beta_1)$$
$$= -U_a\sin\beta\sin\beta_1 + U_a\cos\beta\cos\beta_1 = -U_a\cos(\beta + \beta_1).$$

切向速度为

$$L_1 = L_2 = \vec{v}_1 \cdot (\cos\beta_1, \sin\beta_1)$$
$$= -U_a\sin\beta\cos\beta_1 - U_a\cos\beta\sin\beta_1 = -U_a\sin(\beta + \beta_1).$$

由于激波后的速度应平行于物面，故

$$N_2 = L_2\tan\beta_1,$$
$$\vec{v}_2 = \left(-\frac{L_2}{\cos\beta_1}, 0\right) = \left(-\frac{U_a\sin(\beta + \beta_1)}{\cos\beta_1}, 0\right),$$

如第一章中所述，可利用过 (p_1, τ_1) 的 Hugoniot 曲线来决定反射激波后的状态. 由于 p, ρ, τ 与坐标系是固定的还是运动的无关，故 Hugoniot 曲线对两个坐标系来说是一样的. 记过 (p_1, τ_1) 的 Hugoniot 曲线为 $H(p, \tau, p_1, \tau_1) = 0$，则 (1.69) 指出激波后的 (p_2, τ_2) 应满足

$$(\tau_1 - \tau_2)(p_2 - p_1) = (\hat{N}_2 - \hat{N}_1)^2, \tag{2.41}$$

注意到
$$\hat{N}_2 - \hat{N}_1 = N_2 - N_1 = -U_a \sin(\beta+\beta_1)\tan\beta_1 + U_a\cos(\beta+\beta_1).$$

当 $\beta \to 0$ 时，$\beta_1 \to 0$，$N_1 \to U_a$，则 (2.41) 的极限形式为
$$(\tau_1 - \tau_2)(p_2 - p_1) = U_a^2, \tag{2.42}$$

所以 p_2, τ_2 分别以正激波反射所对应的反射激波后的压力与比容为极限. 进而容易得到反射激波的法向速度 N_2 也以正激波反射所对应的反射激波法向速度为极限. 由此定理得证.

注 2.6 在固定坐标系中反射激波在自身法向的运动速度又有
$$U_1 = \frac{U}{\sin\beta} \cdot \sin\beta_1 \sim \frac{\beta_1}{\beta} \cdot U,$$

故 $\beta \to 0$ 时，反射激波速度与入射激波速度之比趋近于两者倾角 (绝对值) 之比.

2.3.2 Mach 结构

在上一小节所讨论的平面激波反射问题中，若固定激波前状态，改变入射角的值，使入射激波后的眼里 p_0 增加，致使 q_0 逐渐减少至 c_* 时，激波极线 $\Gamma_{\theta,p}$ 将缩小至一点，故 p_0 增加到一定值时，图 2.7 中所示的 $\Gamma'_{(\theta,p)}$ 与 p 轴的相交不可能出现，从而使正则反射的反射结构不可能存在. 物理实验告诉我们，此时的激波反射现象出现了实质性的变化，激波虽仍然会被物面反射，但入射激波与反射激波的交点不再附在于物面 OB，而是悬在 OB 之上. 并通过一个新的激波与 OB 相连. 这种物理现象称为 **Mach 激波反射**，连接交点与物面的激波称为 **Mach 激波** (或 **Mach 杆**). 对于实验中观察到的现象需要做出相应的理论分析. 为增加对这一激波反射现象的了解，我们先撇开物面，单独考虑三个激波相连在一个交点 (称为三叉激波) 的现象.

由于激波两侧的流动状态要能通过激波相连接是需要满足一定条件的，即一侧的状态位于依据另一侧状态所构造的激波极线上. 故我们可用激波关系中的 Rankine-Hugoniot 条件判定，是否确实存在由同一点发出的三个激波，且在每两个激波之间的状态是连续的？由于激波关系式中只涉及激波斜率以及激波两侧的流动参量而不涉及它们的导数，故我们不妨假定这里出现的激波都是平面激波，且在激波之间的状态为常状态. 在此可以用激波在公共交点处的切线代替此激波，并以各区域中流动参量视为常值而以其在原点处的极限值替代，再来考察三叉激波是否会出现. 记三叉激波的公共交点为 O，记三个激波为 S_i，其斜率为 k_i ($i=0,1,2$)，记在 S_i, S_{i+1} 之间的区域为 Ω_i，其流动参量为 (u_i, v_i, p_i, ρ_i) ($i=0,1,2$，下

标为 3 与下标为 0 同). 现在若将 Ω_0 中的流动参量给定, 则要确定一个平直的三叉激波, 就需要确定 k_0, k_1, k_2 以及 $u_1, v_1, p_1, \rho_1, u_2, v_2, p_2, \rho_2$ 共 11 个未知量, 另一方面, 这 11 个未知量在三个激波上共需要满足 12 个激波关系式. 显然这一组代数方程式是超定的, 从而一般来说我们不能期望它有解. 然而我们还有更确切的结论.

定理 2.2 对于服从于无黏 Euler 方程组的气体, 不存在一个三叉激波结构, 其流动参量在每两个激波间的区域中为连续的.

证明: 用反证法 (以下的证明参见 [58]).

如前所说, 不妨假定这里出现的激波都是平面激波, 在激波之间的状态为常状态. 我们首先利用守恒律 (2.2)、(2.3) 写出速度向量越过激波时的向量跃度的表示. 记 m 为流体越过激波的质量, $\vec{\nu}$ 为激波的单位法向[1], 则由定常激波的 Rankine-Hugoniot 关系可得

$$m[\vec{v}] + [p]\vec{\nu} = 0. \tag{2.43}$$

又利用 (2.8) 可得

$$[\vec{v}] = m\left[\frac{1}{\rho}\right]\vec{\nu}. \tag{2.44}$$

若以 $[\cdot]_i$ 记方括号内的量在激波 S_i 上的跳跃, 将 (2.43) 或 (2.44) 中的 $[\vec{v}]_i$ 关于下标 $i = 1, 2, 3$ 相加, 有

$$\sum_{i=1,2,3} [p]_i \frac{\vec{\nu}_i}{m_i} = 0, \tag{2.45}$$

$$\sum_{i=1,2,3} \left[\frac{1}{\rho}\right]_i m_i \vec{\nu}_i = 0, \tag{2.46}$$

另一方面, 显然成立

$$\sum_{i=1,2,3} [p]_i = 0, \quad \sum_{i=1,2,3} \left[\frac{1}{\rho}\right]_i = 0.$$

由于 $[p]_i, \left[\frac{1}{\rho}\right]_i$ 均不等于零, 故 (2.45) 说明当 i 取值 1, 2, 3 时, $P_i = \frac{\vec{\nu}_i}{m_i}$ 是三点共线的. 同理, $Q_i = m_i \vec{\nu}_i$ 也是三点共线的. 由于 $\vec{\nu}_1, \vec{\nu}_2, \vec{\nu}_3$ 三个向量不能共线, 故过 P_1, P_2, P_3 的直线 L 不能过原点. 于是, 作 L 关于单位圆的反演变换, 其像为过原点的一个圆. 注意到 P_i 的像正是 Q_i. 于是 Q_1, Q_2, Q_3 三点既要共圆, 又要共线, 它们至少有两点需重合, 例如 $m_1 \vec{\nu}_1 = m_2 \vec{\nu}_2$. 则因 $\vec{\nu}_i$ 互不相等, 故有 $\vec{\nu}_1 = -\vec{\nu}_2$. 而这又会使 $\vec{\nu}_3$ 与 $\vec{\nu}_1, \vec{\nu}_2$ 中的一个相等, 从而导致矛盾.

---

[1] 由于所选定的激波法向未必与流体跨越激波的方向一致, 故在此我们允许 m 取负值. 当 $m > 0$ 时表示流体沿 $\vec{\nu}$ 的方向越过激波, 当 $m < 0$ 时则与之相反.

若所考察的气体为完全气体，[31] 利用 Bernoulli 关系式给出了更简单的一个证明如下.

由 Bernoulli 关系式知

$$\mu^2 N_0^2 + (1+\mu^2)\frac{p_0}{\rho_0} = \mu^2 N_1^2 + (1+\mu^2)\frac{p_1}{\rho_1},$$

所以

$$(N_0 - N_1)(N_0 + N_1) + \frac{1+\mu^2}{\mu^2}\left(\frac{p_0}{\rho_0} - \frac{p_1}{\rho_1}\right) = 0,$$

而由 (2.2)、(2.3) 知

$$N_0 - N_1 = \frac{1}{m}(p_1 - p_0),$$

$$N_0 + N_1 = m\left(\frac{1}{\rho_0} + \frac{1}{\rho_1}\right).$$

从而有

$$\left(\frac{1}{\rho_1} - \mu^2 \frac{1}{\rho_0}\right)p_1 - \left(\frac{1}{\rho_0} - \mu^2 \frac{1}{\rho_1}\right)p_0 = 0, \qquad (2.47)$$

即

$$\frac{p_1}{p_0} = \frac{\mu^2 \rho_0 - \rho_1}{\mu^2 \rho_1 - \rho_0}. \qquad (2.48)$$

循环地对 S_0, S_1, S_2 应用等式 (2.48)，并将相应的三式相乘，即得

$$\frac{\mu^2 \rho_0 - \rho_1}{\mu^2 \rho_1 - \rho_0} \cdot \frac{\mu^2 \rho_1 - \rho_2}{\mu^2 \rho_2 - \rho_1} \cdot \frac{\mu^2 \rho_2 - \rho_0}{\mu^2 \rho_0 - \rho_2} = 1. \qquad (2.49)$$

这说明，λ 的二次多项式

$$(\lambda\rho_0 - \rho_1)(\lambda\rho_1 - \rho_2)(\lambda\rho_2 - \rho_0) - (\lambda\rho_1 - \rho_0)(\lambda\rho_2 - \rho_1)(\lambda\rho_0 - \rho_2) = 0 \qquad (2.50)$$

有根 $\lambda = \mu^2$. 此外，$\lambda = 0, -1$ 也显然是上述多项式的根. 所以, 这个二次多项式有三个不同的根，从而多项式只能恒等于零. 故在 (2.50) 取 $\lambda = 1$, 即得

$$(\rho_0 - \rho_1)(\rho_1 - \rho_2)(\rho_2 - \rho_0) = 0. \qquad (2.51)$$

这样, ρ_i $(i = 0, 1, 2)$ 中必有两个相同，从而与前面所设的 3 个激波将交点周围分成三个状态各不相同的常态区域的假定矛盾.

既然定理 2.1 断定了使气体的流动参量在每两个激波间的区域中为连续的三叉激波结构不存在. 那么应该如何理解实验中看到的三叉激波结构呢？通过仔细的实验观察以及对激波关系的分析可得知，当出现三叉激波时，在反射激波和 Mach 激波的后方还会出现起于三叉激波交点的一个接触间断 (contact discontinuity)，它将反射激波和 Mach 激波后方的气体分成相邻的两部分，在相邻处压强相同，法向

速度相同,但切向速度不同. 这时, 如同有气体的微粒在沿此分界线流动, 故此分界线为流体的接触间断线, 也称为**滑行线** (slip line). 这种通过一点聚集有三个激波与一个接触间断的非线性波结构称为 **Mach 结构**. 它是研究 Mach 反射时经常遇到的基本结构.

从激波两侧流动参量所应满足的激波条件来分析, 也可看到当允许在三叉激波的结构中插入一个接触间断后, 就有可能找到适当的激波斜率以及在各非线性波所夹区域中的流动参量, 使得诸激波条件得到满足. 事实上, 由于加入了一个接触间断, 4 个非线性波将交点周围的区域分成了 4 个角状子区域. 除了在来流的区域中流动参量是已知外还有 12 个参量未知, 再加上 4 个非线性波的斜率共计有 16 个未知量. 另一方面, 每个波线上的 Rankine-Hugoniot 条件给出 4 个代数关系式, 总共也是 16 个方程. 故这样的非线性代数方程组是有望可解的.

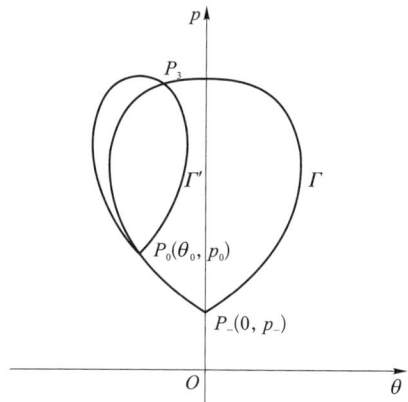

图 2.8 在 $|\theta_0| > |\theta_c|$ 时利用激波极线构造 Mach 结构

当然我们不会满足于 "有望可解" 的说法, 而希望知道什么时候该代数方程组确实有解以及怎么求解, 从而对 Mach 反射问题的可解性有一个明确的回答. 以下我们不从代数方程组的可解性来讨论如何求解这一组含有 16 个变量的 16 个方程的代数方程组, 而是利用激波极线通过几何作图来构造 Mach 结构. 这个构造过程可更直观地指出方程组何时可解, 且容易将此构造过程转变为数值求解的过程.

如图 2.8 所示, 在物理平面上取定一个坐标系, 使其 x 轴平行于来流速度方向, 在入射激波前的压力设为 p_-, 则可在 (θ, p) 平面上构造以 $P_-(0, p_-)$ 为自交点的激波极线 $\Gamma_{(\theta,p)}$. 在 $\Gamma_{(\theta,p)}$ 上取点 $P_0(\theta_0, p_0)$, 并作以 P_0 为自交点的激波极线 $\Gamma'_{(\theta,p)}$. 由激波极线的性质 2 知当 P_0 趋近于临界点时, $\Gamma'_{(\theta,p)}$ 将收缩至一点, 故在 $|\theta_0|$ 适当大时, $\Gamma'_{(\theta,p)}$ 不与 p 轴相交. 但 $\Gamma'_{(\theta,p)}$ 可以与 $\Gamma_{(\theta,p)}$ 相交于 P_0 以外的另一点, 记为 P_3.

利用 P_0, P_3 点对应的 $(\theta_0, p_0), (\theta_3, p_3)$ 可以构造一个反射激波与反射激波后的

流场参量. 另一方面, 如注 2.1 所述, 利用 P_-, P_3 点对应的 $(0, p_-)$ 与 (θ_3, p_3) 还可以构造另一个激波与此激波后的流场参量. 这两个激波的位置与激波后的状态一般是不一样的. 于是, 我们看到在物理平面中可以有 3 个激波聚在 O 点: 由 $(0, p_-)$ 与 (θ_0, p_0) 构造的入射激波、由 (θ_0, p_0) 与 (θ_3, p_3) 构造的反射激波以及由 $(0, p_-)$ 与 (θ_3, p_3) 构造的 Mach 激波. 从上游发出的来流有一部分将先后越过入射激波与反射激波到达下游, 另一部分将只通过 Mach 激波到达下游. 这两部分流体在下游相遇时有相同的流速方向与相同的压力 (对应于同一数组 (θ, p)), 但速度大小不同. 两部分气体被一条滑行线分开. 于是上述过程能使我们构造得在一点汇集有 3 个激波与一个接触间断的 Mach 结构.

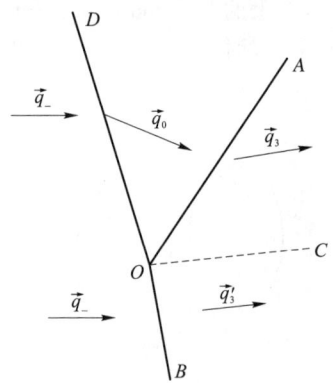

图 2.9 在物理平面上的平直 Mach 结构

在图 2.9 上显示了在物理平面上由平面激波产生 Mach 反射的现象以及相应的 Mach 结构. 图中 $\vec{q}_-$ 为来流速度向量, 它越过入射激波 OD 后变为 $\vec{q}_0$, 再越过反射激波 OA 后变为 $\vec{q}_3$. 另一方面, 按照前面所说的方法可以构造连接 (θ, p) 平面上 P_- 与 P_3 的 Mach 激波 OB, 越过该激波的流体速度变为 $\vec{q}_3'$, 它与 $\vec{q}_3$ 方向相同, 但大小不同.

注 2.7 注意到在图 2.9 所示的平直 Mach 结构中速度 $\vec{q}_3$ 的方向与速度 $\vec{q}_-$ 的方向不一定相同. 因此, 若来流速度 $\vec{q}_-$ 方向与物面平行, 则只有在 $\vec{q}_3$ 的方向也与物面平行, 这个平直的 Mach 结构方可给出一个实际的 Mach 反射. 否则由于 $\vec{q}_3$ 的方向与物面不平行, 越过 Mach 激波的流体的运动状态不能是均匀的, 它必须变化使得物面上的边界条件得以满足. 所以, 在这种情况下平直的 Mach 结构事实上也不可能出现. 也就是说, 入射激波、反射激波、Mach 激波都可能是弯曲的, 在被这些激波分隔的诸角状区域中的气体状态也不是常态. 这时, 整个 Mach 反射的确定必须通过求 Euler 方程组的整体解得到, 从而成为一个相当困难的问题.

注 2.8 细心的读者可能注意到在图 2.7 上以 P_- 为自交点的激波极线与以 P_0 为自交点的激波极线也有一个交点 Q, 于是按照图 2.8 的方法, 它也可能对应于一个 Mach 结构，从而在构造正则反射时也出现了构造一个 Mach 反射的可能性. 这一可能性从激波极线的分析来说是合理的，而物理实验的结果也告诉我们，在某些流动参量组合下，正则反射与 Mach 反射都有可能出现. 然而在实际运动中究竟出现哪种激波反射现象？它是否与其他的外界条件甚至流动的历史情况有关？对这种现象的彻底了解是个相当困难的问题，有兴趣的读者可参阅文献 [5].

第三章
激波正则反射的扰动

在上一章中我们讨论了平面激波反射的各种情形,并用激波极线方法给出了一些激波反射问题的解. 但在实际问题中入射激波不一定是平面激波, 反射物面也不一定是平面. 这时, 激波极线法只能给出在反射点附近的近似解. 为求得精确解, 即使是局部的精确解, 就必须应用偏微分方程的分析, 即寻求运动的气体所服从的偏微分方程的边值问题的解. 如前面的讨论中所指出的, 激波反射有正则反射与 Mach 反射两种截然不同的模式. 本章中我们将先讨论激波被弯曲物面的正则反射.

以下所研究的解多数是分片光滑的解, 它允许出现激波或其他类型的非线性波, 在波阵面上流动参量可能有间断, 但在各个波阵面之间解是连续可微的.

3.1 二维空间中含超音速反射激波的正则反射

在偏微分方程边值问题的求解中, 自变量的个数对所考察问题的复杂程度影响很大. 我们在这一节中先讨论两个空间变量的情形, 且局限于讨论仅含超音速反射激波的正则反射.

3.1.1 角状区域中的边值问题

在两个空间变量的情形, 定常流的方程为

$$\frac{\partial}{\partial x}\begin{pmatrix}\rho u \\ p+\rho u^2 \\ \rho uv\end{pmatrix} + \frac{\partial}{\partial y}\begin{pmatrix}\rho v \\ \rho uv \\ p+\rho v^2\end{pmatrix} = 0, \qquad (3.1)$$

其中流动参量满足

$$\frac{1}{2}(u^2+v^2) + \frac{\gamma p}{(\gamma-1)\rho} = \text{const}. \qquad (3.2)$$

现考察一般定常激波的正则反射 (见图 3.1)，其中入射激波 (OC)，反射激波 (OD) 与物面 (AOB) 均为 Oxy 平面上的曲线.

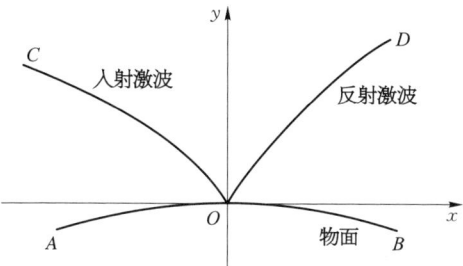

图 3.1 二维空间中弯曲激波的正则反射

在激波上的 Rankine-Hugoniot 条件为

$$\begin{bmatrix} \rho u \\ p + \rho u^2 \\ \rho uv \end{bmatrix} n_x + \begin{bmatrix} \rho v \\ \rho uv \\ p + \rho v^2 \end{bmatrix} n_y = 0. \tag{3.3}$$

熵条件仍为

$$p_1 > p_0, \tag{3.4}$$

它也可替换成 $\rho_1 > \rho_0$，$(u_n)_1 < (u_n)_0$ 等，其中下标 0, 1 分别标记激波前和激波后的状态.

我们设入射激波 OC 以及该激波两侧 (即 OA, OC 所夹的角状区域与 OC, OD 所夹的角状区域) 的流动状态是已知的. 记 OD 与 OB 之间的区域为 Ω，则所讨论的激波反射问题就归结为在区域 Ω 中求方程组 (3.1) 的解，使之满足

$$\begin{cases} U = (u, v, p) \text{ 满足 } (3.1), & \text{在 } \Omega \text{ 中,} \\ un_x + vn_y = 0, & \text{在 } OB \text{ 上,} \\ U = (u, v, p) \text{ 满足 } (3.3), (3.4), & \text{在 } OD \text{ 上,} \end{cases} \tag{3.5}$$

其中 OD 是未知的曲线，它需要和方程组 (3.1) 的解一起确定.

设物面 AOB 在 O 点的切线为水平线. OC 与地平线的夹角为 θ_a，流动参量从区域 AOC, COD, DOB 趋于 O 点的极限值分别为 U_-, U_0, U_1. 按冻结在 O 点的极限状态可应用图 2.7 中所示的激波极线方法来构造激波反射问题的近似解. 如果以状态 U_0 确定的自交点作出的激波极线 Γ 与水平线有交点，则可以得到反射激波 OD 在原点处的斜率. 当 Γ 与水平线有两个交点时，与原点较远的激波对应于弱反射激波，与原点较近的激波对应于强反射激波. 由第二章中关于激波极线上音速点位置的讨论可知，弱反射激波后一般是超音速流，仅在参量变化很窄的范围内可

能出现亚音速流. 而强反射激波后总是亚音速流. 我们将激波后出现超音速流的激波称为超音速激波, 而将激波前为超音速但激波后出现亚音速流所对应的激波称为跨音速激波.

本节中先讨论出现超音速激波情形下激波位置及激波后流场的确定, 它将导致一个拟线性双曲型方程组的不定边界问题. 而当激波是跨音速激波时, 由于激波后的流动为亚音速流, 相应的偏微分方程组中将出现椭圆的因素, 对此将留在第三节讨论.

将 (3.1) 展开, 得到

$$\begin{cases} u\dfrac{\partial u}{\partial x} + v\dfrac{\partial u}{\partial y} + \dfrac{1}{\rho}\dfrac{\partial p}{\partial x} = 0, \\ u\dfrac{\partial v}{\partial x} + v\dfrac{\partial v}{\partial y} + \dfrac{1}{\rho}\dfrac{\partial p}{\partial y} = 0, \\ u\dfrac{\partial \rho}{\partial x} + v\dfrac{\partial \rho}{\partial y} + \rho\left(\dfrac{\partial u}{\partial x} + \dfrac{\partial v}{\partial y}\right) = 0. \end{cases} \quad (3.6)$$

它还可以写成更对称的形式

$$A\dfrac{\partial U}{\partial x} + B\dfrac{\partial U}{\partial y} \triangleq \begin{pmatrix} \rho u & & 1 \\ & \rho u & \\ 1 & & c^{-2}\rho^{-1}u \end{pmatrix} \dfrac{\partial}{\partial x}\begin{pmatrix} u \\ v \\ p \end{pmatrix} + \begin{pmatrix} \rho v & & \\ & \rho v & 1 \\ & 1 & c^{-2}\rho^{-1}v \end{pmatrix} \dfrac{\partial}{\partial y}\begin{pmatrix} u \\ v \\ p \end{pmatrix} = 0. \quad (3.7)$$

(3.7) 的特征方程为

$$|B - \lambda A| \equiv \begin{vmatrix} \rho(v - \lambda u) & & -\lambda \\ & \rho(v - \lambda u) & 1 \\ -\lambda & 1 & c^{-2}\rho^{-1}(v - \lambda u) \end{vmatrix} = 0, \quad (3.8)$$

即

$$(v - \lambda u)(c^{-2}(v - \lambda u)^2 - 1 - \lambda^2) = 0,$$
$$(v - \lambda u)(\lambda^2(u^2 - c^2) - 2\lambda uv + (v^2 - c^2)) = 0.$$

其特征根为

$$\lambda_{1,2} = \dfrac{uv \pm c\sqrt{u^2 + v^2 - c^2}}{u^2 - c^2}, \quad \lambda_3 = \dfrac{v}{u}. \quad (3.9)$$

当 $u^2 + v^2 > c^2$, 即超音速时, 所有特征根为实根, 且两两相异. 记 θ 为速度方向的倾角, 并按 $\sin A = \dfrac{c}{q}$ 定义 Mach 角. 则由 (3.9) 可得

$$\begin{cases} \lambda_\pm = \dfrac{\cos\theta\sin\theta \pm \sin A\cos A}{\cos^2\theta - \sin^2 A} = \dfrac{\sin 2\theta \pm \sin 2A}{\cos 2\theta + \cos 2A} = \tan(\theta \pm A), \\ \lambda_0 = \tan\theta. \end{cases} \quad (3.10)$$

对于等熵无旋流，(3.6) 可以简化为

$$\begin{cases} (u^2 - c^2)u_x + uv(u_y + v_x) + (v^2 - c^2)v_y = 0, \\ u_y - v_x = 0. \end{cases} \quad (3.11)$$

它也可写成

$$A \begin{pmatrix} u \\ v \end{pmatrix}_x + B \begin{pmatrix} u \\ v \end{pmatrix}_y = 0, \quad (3.12)$$

其中 $A = \begin{pmatrix} u^2 - c^2 & uv \\ 0 & -1 \end{pmatrix}, B = \begin{pmatrix} uv & v^2 - c^2 \\ 1 & 0 \end{pmatrix}.$

(3.12) 的特征方程为 $|B - \lambda A| = 0$，其特征根为

$$\lambda_\pm = \frac{uv \pm c\sqrt{u^2 + v^2 - c^2}}{u^2 - c^2}. \quad (3.13)$$

如果在流场中出现激波，则激波上应当满足的 Rankine-Hugoniot 条件为

$$\begin{bmatrix} \rho u \\ -v \end{bmatrix} n_x + \begin{bmatrix} \rho v \\ u \end{bmatrix} n_y = 0. \quad (3.14)$$

熵条件为

$$\rho_1 > \rho_0, \quad (3.15)$$

或

$$q_1 < q_0, \quad (3.16)$$

其中 $q = (u^2 + v^2)^{1/2}$.

与 (3.9) 相仿，在超音速区域中 $\lambda_\pm$ 为实根，且 $\lambda = \tan(\theta \pm A)$. 于是在等熵无旋流的模型下激波反射问题可归结为在区域 Ω 中求下面问题的解 (图 3.1).

$$\begin{cases} U = (u,v) \quad 满足\ (3.11), & 在\ \Omega\ 中, \\ un_x + vn_y = 0, & 在\ OB\ 上, \\ U = (u,v)\ 满足\ (3.14), (3.16), & 在\ OD\ 上. \end{cases} \quad (3.17)$$

问题 (3.5)、(3.17) 都是 [48] 所详细研究过的典型边值问题，以下将应用其中的结论得到该问题局部解的存在性.

3.1.2 关于具特征边界的自由边值问题的结论

关于含两个自变量的拟线性双曲型方程组的边值问题在 [48] 中有详细的讨论. 该书作者归纳出这类方程组的一个典型边值问题, 进而证明了其局部解的存在性. 下面我们引述其中的结论 (为便于下面的应用在引述中对相应的记号略有改动), 其证明可参见该书.

将含两个自变量的拟线性严格双曲组化成下面的标准形式

$$\sum_{j=1}^{n}\zeta_{\ell j}(x,y,u)\left(\frac{\partial u_j}{\partial x}+\lambda_\ell(x,y,u)\frac{\partial u_j}{\partial y}\right)=\mu_\ell(x,y,u),\qquad \ell=1,\cdots,n. \quad (3.18)$$

考察它在角状区域 $R(\delta)=\{0\leqslant x\leqslant \delta, \beta(x)\leqslant y\leqslant\alpha(x)\}$ 上的边值问题, 其边界条件为

$$\begin{cases}\sum_{j=1}^{n}\zeta_{rj}^0 u_j=G_r(x,u), & r=1,\cdots,m,\ \ y=\alpha(x),\\ \sum_{j=1}^{n}\zeta_{sj}^0 u_j=G_s(x,u), & s=m+1,\cdots,n,\ \ y=\beta(x),\end{cases} \quad (3.19)$$

其中 $G_\ell(0,0)=0, \zeta_{\ell j}^0=\zeta_{\ell j}(0,0,0), \lambda_\ell^0=\lambda_\ell(0,0,0)$, 并满足

$$\det|\zeta_{\ell j}^0|\neq 0, \quad (3.20)$$

设 $u=u^0=(u_1^0,\cdots,u_n^0)=(0,\cdots,0)$ 是 (3.18) 在原点的唯一解. 又设

$$\lambda_r^0<\beta'(0)<\alpha'(0)<\lambda_s^0\quad (r=1,\cdots,m; s=m+1,\cdots,n). \quad (3.21)$$

定义

$$H\triangleq(h_{\ell k})\triangleq\left(\frac{\partial G_\ell}{\partial u_j}(0,0)\right)(\zeta^{jk}(0,0,0)), \quad (3.22)$$

其中 (ζ^{jk}) 为 $(\zeta_{\ell j})$ 的逆矩阵. 定义

$$\begin{cases}|H|=\max_{1\leqslant\ell\leqslant n}\sum_{k=1}^{n}|h_{\ell k}|,\\ |H|_{\min}=\inf_{\gamma}|\gamma H\gamma^{-1}|,\ (\gamma=\mathrm{diag}(\gamma_1,\cdots,\gamma_n),\ \text{所有}\ \gamma_i\neq 0),\end{cases} \quad (3.23)$$

称 $|H|_{\min}$ 为 H 的最小特征数. 则有

定理 3.1 若在 (3.18)、(3.19) 中出现的所有系数均为 C^1 函数, 条件 (3.20)、(3.21) 成立, $|H|_{\min}<1$, 则对充分小的 δ 问题 (3.18)、(3.19) 在区域 $R(\delta)$ 中存在 C^1 局部解.

显然, 在上面的诸条件中 $u^0=(0,\cdots,0)$ 不是本质的, 它可以用其他常值代替.

当角状区域的边界 (例如左边界) 是自由边界 $y = y_f(x)$ 时，该区域可写成 $y_f(x) \leqslant y \leqslant \alpha(x)$，相应的边界条件为

$$\begin{cases} \sum_{j=1}^{n} \zeta_{rj}^0 u_j = G_r(x, u), & r = 1, \cdots, m, \quad y = \alpha(x), \\ \sum_{j=1}^{n} \zeta_{sj}^0 u_j = G_s(x, u), & s = m+1, \cdots, n, \quad y = y_f(x), \\ \dfrac{dy}{dx} = F(x, y, u), \ y_f(0) = 0, & y = y_f(x). \end{cases} \quad (3.24)$$

条件 (3.20) 不变，条件 (3.21) 变成

$$\lambda_r^0 < F^0 < \alpha'(0) < \lambda_s^0, \qquad r = 1, \cdots, m, \ s = m+1, \cdots, n, \quad (3.25)$$

其中 $F^0 = F(0, 0, 0)$. 此时有

定理 3.2 若在 (3.18)、(3.24) 中出现的所有系数均为 C^1 函数，条件 (3.20)、(3.25) 成立，$|H|_{\min} < 1$，则对充分小的 δ 问题 (3.18)、(3.24) 在区域 $R(\delta)$ 中存在 C^1 局部解，且 $y_f(x) \in C^2$.

又如果角状区域的另一边界 $y = y_c(x)$ 是特征边界时，边界条件应改为

$$\begin{cases} \sum_{j=1}^{n} \zeta_{rj}^0 u_j = G_r(x, u) & r = 1, \cdots, m, \quad y = y_c(x), \\ \dfrac{dy}{dx} = \lambda_{m+1}(x, y, u), \ y_c(0) = 0, & y = y_c(x), \\ \sum_{j=1}^{n} \zeta_{sj}^0 u_j = G_s(x, u), & s = m+1, \cdots, n, \quad y = y_f(x), \\ \dfrac{dy}{dx} = F(x, y, u), \ y_f(0) = 0, & y = y_f(x). \end{cases} \quad (3.26)$$

条件 (3.20) 不变，条件 (3.21) 变成

$$\lambda_r^0 < F^0 = y_f'(0) < y_c'(0) = \lambda_{m+1}(0) < \lambda_s^0, \qquad r = 1, \cdots, m, \ s = m+2, \cdots, n, \quad (3.27)$$

其中 $F^0 = F(0, 0, 0)$. 此时有

定理 3.3 若在 (3.18)、(3.26) 中出现的所有系数均为 C^1 函数，条件 (3.20)、(3.27) 成立，$|H|_{\min} < 1$，则对充分小的 δ，问题 (3.18)、(3.26) 在区域 $R(\delta)$ 中存在 C^1 局部解，且 $y_f(x), y_c(x) \in C^2$.

3.1.3 等熵无旋流激波反射问题局部解的存在性

现在我们应用上一节引述的定理于激波反射问题. 先讨论等熵无旋流的情形. 为此先将方程组 (3.11) 化成 (3.18) 的形式. 事实上，当 (3.11) 为严格双曲组时，

对应于特征值 $\lambda_\pm$ (见 (3.13)) 的左特征向量为

$$(1, \pm c\sqrt{u^2 + v^2 - c^2}),$$

将左特征向量乘以方程组 (3.11), 可得

$$\begin{cases} (u_x + \zeta^- u_y) + \zeta^+(v_x + \zeta^- v_y) = 0, \\ (u_x + \zeta^+ u_y) + \zeta^-(v_x + \zeta^+ v_y) = 0, \end{cases} \tag{3.28}$$

其中

$$\zeta^\pm = \frac{uv \mp c\sqrt{u^2 + v^2 - c^2}}{u^2 - c^2} = \lambda_\mp.$$

令 $U = u + \zeta^+ v$, $V = u + \zeta^- v$, 上式就化为 (3.18) 的表示.

再看边界条件, 在物面上的边界条件为 $v = 0$, 在激波上的边界条件为

$$(\rho_0 q_0 - \rho u)(q_0 - u) + \rho v^2 = 0, \tag{3.29}$$

即第二章中讨论过的激波极线方程.

用未知函数 U, V 来写出在角点附近的边界条件. 物面为当 x 减小时诸 ℓ_+ 特征线与之相交的边界, 其上的边界条件 $v = 0$ 可写成

$$U = V, \tag{3.30}$$

激波为当 x 减小时诸 ℓ_- 特征线与之相交的边界, 其上的边界条件可写成

$$V = G(U) \tag{3.31}$$

的形式. 它即

$$u + \zeta^- v = G(u + \zeta^+ v),$$

关于 u 求导, 有

$$1 + \zeta^- \frac{dv}{du} + \zeta_u^- v = G'\left(1 + \zeta^+ \frac{dv}{du} + \zeta_u^+ v\right).$$

并注意到在角点有 $v = 0$, 故有

$$G' = \frac{1 + \zeta^- \dfrac{dv}{du}}{1 + \zeta^+ \dfrac{dv}{du}}. \tag{3.32}$$

式中 $\zeta^\pm$ 是特征线的斜率 $\mp \tan A$, 而 $\dfrac{dv}{du}$ 是激波极线的斜率. 若入射激波后反射激波前的速度为 $\vec{q}_0$, 则激波极线是 (u, v) 平面上以 $\vec{q}_0$ 的终点 P 为尖点的曲线 (见图 2.6). 它与 $v = 0$ 直线交点为 B_1, B_2, 其中 B_1 对应于波后为超音速流的激波反射.

显然有 $\dfrac{\mathrm{d}v}{\mathrm{d}u}(B_1) < 0$，因此由 $\zeta^- > 0, \zeta^+ < 0$ 可得 $|G'| < 1$. 于是按 (3.22) 构造矩阵 H 后有

$$H = \begin{pmatrix} 0 & 1 \\ G' & 0 \end{pmatrix}, \tag{3.33}$$

从而有 $|H|_{\max} < 1$ 的结论. 于是在以二维等熵无旋流方程描述定常激波反射问题的情形下可以得到下述定理.

定理 3.4 在激波反射问题中，若将入射激波与物面在交点处作系数冻结所得到的平面激波反射问题有正则反射激波解，波后流速仍为超音速，则原激波反射问题也存在局部的正则反射激波解.

3.1.4 非等熵流激波反射问题局部解的存在性

现在我们应用 3.1.2 节引述的定理于讨论非等熵流的激波反射问题. 首先，将方程组 (3.7) 化成 (3.18) 的形式. 事实上，当 (3.7) 为严格双曲组时，将矩阵 $(B - \lambda A)$ 的左特征向量乘以 (3.7) 即可将方程中的求导都转化到同一方向. 易见，$\lambda_\pm$ 对应的左特征向量为 $(\lambda_\pm, -1, \rho(v - \lambda_\pm u))$，$\lambda_0$ 对应的左特征向量为 $(1, \lambda_0, 0)$. 以矩阵

$$\begin{pmatrix} \lambda_- & -1 & \rho(v - \lambda_- u) \\ 1 & \lambda_0 & 0 \\ \lambda_+ & -1 & \rho(v - \lambda_+ u) \end{pmatrix}$$

乘以 (3.7)，并以 $\partial_\pm$ 记 $\dfrac{\partial}{\partial x} + \lambda_\pm \dfrac{\partial}{\partial y}$，以 ∂_0 记 $\dfrac{\partial}{\partial x} + \lambda_0 \dfrac{\partial}{\partial y}$，可得

$$\begin{cases} \rho v \partial_- u - \rho u \partial_- v + (\lambda_- + c^{-2} u(v - \lambda_- u)) \partial_- p = 0, \\ \rho u \partial_0 u + \rho v \partial_0 v + \partial_0 p = 0, \\ \rho v \partial_+ u - \rho u \partial_+ v + (\lambda_+ + c^{-2} u(v - \lambda_+ u)) \partial_+ p = 0. \end{cases} \tag{3.34}$$

下面我们还进一步做未知函数的变换，以使以后的运算更为简洁. 注意到

$$\lambda_\pm + c^{-2} u(v - \lambda_\pm u) = \lambda_\pm \left(1 - \dfrac{u^2}{c^2}\right) + \dfrac{uv}{c^2}$$

$$= \dfrac{-uv \mp c\sqrt{q^2 - c^2}}{c^2} + \dfrac{uv}{c^2} = \mp \dfrac{\sqrt{q^2 - c^2}}{c} = \mp \dfrac{1}{\tan A}.$$

我们有

$$\rho v \partial_\pm u - \rho u \partial_\pm v \mp \dfrac{1}{\tan A} \partial_\pm p = 0,$$

$$\partial_\pm \left(\dfrac{v}{u}\right) \pm \dfrac{1}{\rho u^2 \tan A} \partial_\pm p = 0, \tag{3.35}$$

$$\partial_{\pm}\theta \pm \frac{1}{\rho q^2 \tan A}\partial_{\pm}p = 0, \tag{3.36}$$

其中 $\theta = \arctan\dfrac{v}{u}$. 又由 (3.2) 沿流线求导, 可得

$$u\partial_0 u + v\partial_0 v + \frac{\gamma}{\gamma-1}\frac{\partial_0 p}{\rho} - \frac{p}{\rho^2}\partial_0 \rho = 0.$$

结合 (3.34) 的第二式, 有

$$\partial_0 p - \frac{\gamma p}{\rho}\partial_0 \rho = 0.$$

由 $p = A(s)\rho^\gamma$ 知, 可以用熵 s 作为未知函数, 而将该方程化成最简单的形式

$$\partial_0 s = 0. \tag{3.37}$$

因此, 将特征值 $\lambda_-, \lambda_0, \lambda_+$ 按其大小重新编号为 $\lambda_1, \lambda_2, \lambda_3$, 则 (3.36)、(3.37) 可写成

$$\begin{cases} K(p,\theta,s)\partial_1 p - \partial_1 \theta = 0, \\ \partial_2 s = 0, \\ K(p,\theta,s)\partial_3 p + \partial_3 \theta = 0, \end{cases} \tag{3.38}$$

其中 $K(p,\theta,s) = \dfrac{1}{\rho q^2 \tan A}$. 这是一个以 p, θ, s 为未知函数的方程组. 它的系数阵为

$$(\zeta_{\ell j}) = \begin{pmatrix} K & -1 & 0 \\ 0 & 0 & 1 \\ K & 1 & 0 \end{pmatrix}, \tag{3.39}$$

显然, 条件 (3.20) 成立.

在图 3.1 所示的角状区域 BOD 中求解 (3.38), 它对应于 3.1.2 节所述一般问题中 $n=3, m=1$ 的情形. OB 为特征边界 $y_c(x)$, 它满足

$$\frac{\mathrm{d}y_c}{\mathrm{d}x} = \frac{v}{u}, \quad y_c(0) = 0. \tag{3.40}$$

其上的边界条件为

$$un_x + vn_y = 0. \tag{3.41}$$

OD 为激波边界, 它满足

$$\frac{\mathrm{d}y_f}{\mathrm{d}x} = \frac{[\rho v]}{[\rho u]}, \quad y_f(0) = 0. \tag{3.42}$$

其上的边界条件如 (3.5) 所示. 在 O 点有 $v = 0$, 所以 $\lambda_1 = -\tan A$, $\lambda_2 = 0$, $\lambda_3 = \tan A$. 于是, 在物面边界上 $y_c'(0) = \lambda_2$. 在激波边界上由熵条件知激波后的速度

为亚音速，故 $un_x + vn_y < c$，即 $n_x < \dfrac{c}{u}$. 当激波方程式 $y = y_f(x) \ (<0)$ 时，$n_x = \dfrac{-y'_f}{\sqrt{1+(y'_f)^2}}$，由此可得

$$|y'_f| = \dfrac{|n_x|}{\sqrt{1-n_x^2}} < \dfrac{c}{\sqrt{u^2-c^2}} = \tan A,$$

从而 (3.27) 满足.

剩下就是要验证条件 $|H|_{\min} < 1$. 注意到对 $|H|_{\min}$ 的计算中只涉及原点的值，故以 K^0 记 $K(p,\theta,s)$ 在原点的值，又以 $U = K^0 p + \theta$, $V = s$, $W = K^0 p - \theta$ 代替原未知函数，可导致更简单的运算.

易见，在这样的变量代换下 $(\zeta_{\ell j}(0,0,0)) = I$，故也有 $(\zeta^{jk}(0,0,0)) = I$. 今写出边界条件，在物面上

$$U - W = 2\theta = 2\arctan y'(x),$$

此即 $U = W - 2\arctan y'(x)$，故可取 $G_1 = W$.

在 (θ, p) 平面上激波极线的方程记为 $\theta = \psi(p)$，则有 $U - W = 2\psi(p)$. 因此可以从隐函数关系式

$$U - W = 2\psi\left(\dfrac{1}{2K^0}(U+W)\right) \tag{3.43}$$

决定 $W = G(U)$. 事实上，将 $H(U,W) = U - W - 2\psi\left(\dfrac{1}{2K^0}(U+W)\right)$ 关于 W 求导，得 $H'(W) = -1 - \psi'(p)\dfrac{1}{K^0}$. 注意到在反射激波前方 $\theta_0 < 0$, 反射激波后方 $\theta_1 = 0$ (图 2.6). 所以在 $|\theta_0| < \theta_c$ 时, $\psi'(p) > 0$. 而 K^0 总是一个正数, 故 $H'(W) \neq 0$. 所以 (3.43) 决定了函数 $W = G(U)$，从而可取 $G_3 = G$. 此外，将激波上另一关系式写成 $s = F(U,W)$，可取 $G_2 = F(U,W)$ (以后的计算表明, 函数 F 的具体形式对决定 $|H|_{\min}$ 无关). 总之, 若按定理 3.2 的形式写出边值问题, 可以有

$$G_1 = W, \quad G_2 = F(U,W), \quad G_3 = G(U). \tag{3.44}$$

于是

$$H = \begin{pmatrix} 0 & 0 & 1 \\ F'_U & 0 & F'_W \\ G' & 0 & 0 \end{pmatrix}. \tag{3.45}$$

在 $|H|_{\min}$ 计算式中相当于在计算 H 的特征数时, 可以对矩阵 H 的第 i 行乘以常数 γ_i, 再对第 i 列乘以 γ_i^{-1}. 由于 $|H|$ 的第二列为 0, 故可取 γ_2 充分小, 从而使第二

列在计算 $|H|_{\min}$ 时不起作用. 同理, 通过选取适当的 γ_3, 可得

$$|H|_{\min} = \sqrt{|G'|}. \tag{3.46}$$

于是, 为证明最小特征数 $|H|_{\min} < 1$, 就只需证明 $|G'| < 1$. 将 (3.43) 中的 W 视为 U 的函数关于 U 求导, 得

$$1 - G'(U) = 2\psi' \cdot \frac{1}{2K^0}(G'(U) + 1),$$

从而

$$G' = \frac{1 - \dfrac{\psi'}{K^0}}{1 + \dfrac{\psi'}{K^0}}. \tag{3.47}$$

所以有 $G' < 1$. 这样, 我们就得到了 $|H|_{\min} < 1$ 的结论. 于是应用定理 3.3 就可知, 若以二维非等熵无旋流方程描述定常激波反射问题, 定理 3.4 仍然成立.

注 3.1 当超音速气流越过一楔形物体时, 在物体前方就会产生一个激波. 如果楔形物体具尖前缘, 且顶角较小, 这个激波就附着在前缘. 决定激波的位置以及激波与物面间的流场被称为超音速绕流问题. 有意思的是, 具有尖前缘的楔形物体的超音速绕流问题与这里讨论的激波正则反射问题十分相似. 关于两个空间变量的超音速越过楔形物体绕流问题的讨论可见 [48], 本小节的讨论就应用了该书中所述的方法. 关于三个空间变量的超音速越过楔形物体绕流问题的讨论可见 [16] 等, 在下面的小节中讨论三维空间中的激波反射时将用到 [16] 中所述的方法.

3.2 三维空间中含超音速反射激波的正则反射

3.2.1 预备事项

今讨论三维空间中超音速激波正则反射. 此时激波与物面都是 (x, y, z) 三维空间中的曲面. 设入射激波与物面的交线为 $x = h(z), y = g(z)$, 满足 $h(0) = h'(0) = g(0) = g'(0) = 0$. 物面方程为 $B : y = f(x, z)$, 它满足 $g(z) = f(h(z), z)$. 反射激波的方程为 $S : y = \phi(x, z)$, 后者是自由边界, 它必须与波后的流场一起确定. 在物面与反射激波面之间的区域中的流动参量 u, v, w, p, ρ 应满足方程

$$\frac{\partial}{\partial x}\begin{pmatrix} \rho u \\ p + \rho u^2 \\ \rho uv \\ \rho uw \end{pmatrix} + \frac{\partial}{\partial y}\begin{pmatrix} \rho v \\ \rho uv \\ p + \rho v^2 \\ \rho vw \end{pmatrix} + \frac{\partial}{\partial z}\begin{pmatrix} \rho w \\ \rho uw \\ \rho vw \\ p + \rho w^2 \end{pmatrix} = 0, \tag{3.48}$$

以及 Bernoulli 关系式
$$\frac{1}{2}(u^2+v^2+w^2)+\frac{\gamma p}{(\gamma-1)\rho}=\text{const.} \tag{3.49}$$

它们在边界 B 上应满足物面边界条件
$$u\frac{\partial f}{\partial x}-v+w\frac{\partial f}{\partial z}=0. \tag{3.50}$$

在边界 S 上满足激波边界条件
$$\begin{pmatrix}[\rho u]\\ [p+\rho u^2]\\ [\rho uv]\\ [\rho uw]\end{pmatrix}\phi_x-\begin{pmatrix}[\rho v]\\ [\rho uv]\\ [p+\rho v^2]\\ [\rho vw]\end{pmatrix}+\begin{pmatrix}[\rho w]\\ [\rho uw]\\ [\rho vw]\\ [p+\rho w^2]\end{pmatrix}\phi_z=0. \tag{3.51}$$

我们假定在反射激波前方的流动参量均是已知的连续可微函数. 当讨论激波反射问题在原点附近的局部解时, 我们将它看成是一个平面激波反射问题的扰动. 这个平面激波反射问题是这样构成的：由本节初的假定可知, 将坐标原点取定在入射激波、反射激波与物面的交线上, 该交线的切线取为 z 轴, 物面在原点的切平面取为 $y=0$. 于是我们将入射激波、反射激波与物面都用它们在原点的切平面替代. 入射激波与反射激波将物面上方分成三个角状区域, 在这三个区域中的流动参量均用各区域中到达原点的极限值替代. 从而导出一个平面激波的反射问题, 它也称为是原始问题的**冻结问题**. 与两个空间变量的情形相仿, 我们仍假设入射激波及其两侧的流动参量是已知的. 以下记反射激波前的流动参量在原点的值为 (u_0,v_0,w_0,p_0,ρ_0), 由于切向速度 w_0 对问题的讨论并无实质性影响, 故我们不妨设 $w_0=0$.

上面所导出的平面激波反射问题 (冻结问题) 可以用激波极线法求解. 设激波前速度为超音速, 速度方向角 $\theta_0=\arctan\left(\dfrac{v_0}{u_0}\right)$ 的绝对值不超过由原点处反射激波前状态定出的临界角 θ_{ext}, 则反射激波与平面 $y=0$ 的夹角 β_0 可按激波关系式确定, 它应当是原激波反射问题中反射激波与物面夹角的近似值. 于是为使原始的激波反射问题有解, 上面导出的冻结问题先应当有解, 所以下列的条件应成立:

(H_1): $h(0)=h'(0)=g(0)=g'(0)=0,\ h(z),g(z),f(x,z)\in H^{N+1}$,

(H_2): $w_0=0,\ u_0^2+v_0^2>\dfrac{\gamma p_0}{\rho_0}$,

(H_3): $\left|\arctan\left(\dfrac{v_0}{u_0}\right)\right|<\theta_{\text{ext}}$,

其中 N 为适当的正整数.

在此条件下将证明如下的结论:

定理 3.5 若条件 (H_1) – (H_3) 成立，且 $N \geqslant 5$，则在平面 xOz 原点的邻域 Ω 存在函数 $\phi(x, z) \in H^{N+1}(\Omega)$，满足 $\arctan \phi_x(0,0) = \beta_0$。并在区域 $G = \{(x, y, z) : (x, z) \in \Omega, f(x, z) < y < \phi(x, z)\}$ 上存在函数 (u, v, w, p, ρ) 满足 $(u, v, w, p, \rho)|_{(0,0,0)} = (u_0, v_0, 0, p_0, \rho_0)$，并使得 (3.48)—(3.51) 成立.

以下将逐步展开对这个定理的证明. 由于我们仅讨论局部解，在原点的邻域所研究的非线性问题是平面激波反射问题的小扰动，故可以用相应线性化问题的逼近来获得非线性问题的解. 为此，以后的证明步骤是先导出相应的线性化问题，然后导出对线性化问题的估计，再设法构造近似解序列，并利用线性化问题的估计证明这个近似解序列将收敛到非线性问题的解. 以上是一个典型的证明非线性问题解的存在性的步骤. 它将在本书中多次用到.

先在这一小节中作坐标变换等准备工作. 通过变换 $x' = x - h(z), y' = y - g(z), z' = z$，激波与物面的交线就变成 $x' = y' = 0$. 为简化以下运算，我们将 x', y', z' 仍记为 x, y, z，即相当于一开始就假定 $h(z) = g(z) = 0$.

激波边界 $y = \phi(x, z)$ 是未知的，它将与解 $U(x, y, z)$ 同时确定. 为处理含此未知边界的边值问题，我们作一个变量变换将它变成固定的边界. 故引入依赖于未知函数 $\phi(x, z)$ 的变换

$$\begin{cases} \alpha = x \cdot \dfrac{y - f(x, z)}{\phi(x, z) - f(x, z)}, \\ \beta = x \cdot \dfrac{\phi(x, z) - y}{\phi(x, z) - f(x, z)}, \\ z = z. \end{cases} \tag{3.52}$$

通过这个变换，物面与反射激波面分别变成 $\alpha = 0$ 与 $\beta = 0$. 易见，

$$\alpha_x = \frac{y - f - x f_x - \alpha(\phi_x - f_x)}{\phi - f}, \ \alpha_y = \frac{x}{\phi - f}, \ \alpha_z = \frac{-x f_z - \alpha(\phi_z - f_z)}{\phi - f}.$$

$$\beta_x = \frac{\phi - y + x\phi_x - \beta(\phi_x - f_x)}{\phi - f}, \ \beta_y = -\frac{x}{\phi - f}, \ \beta_z = \frac{x\phi_z - \beta(\phi_z - f_z)}{\phi - f}.$$

$$\left| \frac{\partial(\alpha, \beta)}{\partial(x, y)} \right| = -\frac{x}{\phi - f}.$$

由于在原点 $f'_x(0,0) = 0$, $\phi'_x(0,0) = \beta_0 > 0$，所以在 (x, y) 接近于 $(0, 0)$ 时

$$\left| \frac{\partial(\alpha, \beta)}{\partial(x, y)} \right| \neq 0. \tag{3.53}$$

由此可知变换 (3.52) 是一个同构，它将方程 (3.48) 变换成

$$A \frac{\partial U}{\partial \alpha} + B \frac{\partial U}{\partial \beta} + Q \frac{\partial U}{\partial z} = 0, \tag{3.54}$$

其中

$$A = \begin{pmatrix} \rho\vec{q}\cdot\nabla\alpha & & & \alpha_x \\ & \rho\vec{q}\cdot\nabla\alpha & & \alpha_y \\ & & \rho\vec{q}\cdot\nabla\alpha & \alpha_z \\ \alpha_x & \alpha_y & \alpha_z & c^{-2}\rho^{-1}\vec{q}\cdot\nabla\alpha \end{pmatrix},$$

$$B = \begin{pmatrix} \rho\vec{q}\cdot\nabla\beta & & & \beta_x \\ & \rho\vec{q}\cdot\nabla\beta & & \beta_y \\ & & \rho\vec{q}\cdot\nabla\beta & \beta_z \\ \beta_x & \beta_y & \beta_z & c^{-2}\rho^{-1}\vec{q}\cdot\nabla\beta \end{pmatrix},$$

$$Q = \begin{pmatrix} \rho w & & & \\ & \rho w & & \\ & & \rho w & 1 \\ & & 1 & c^{-2}\rho^{-1}w \end{pmatrix},$$

其中 $\vec{q} = (u,v,w)$ (这里，为了使 (3.54) 成为对称双曲组的形式，我们将 (3.48) 中的第一个方程移到了第四行). 边界条件给定在 $\alpha=0$ 与 $\beta=0$ 上. 故问题 (3.48)—(3.51) 转化为

$$L(U,\phi,\nabla\phi)U = 0, \quad \text{在 } \alpha>0, \beta>0 \text{ 中}, \tag{3.55}$$

$$\ell\gamma_1 U = 0, \quad \text{在 } \alpha=0 \text{ 上}, \tag{3.56}$$

$$\mathsf{F}(\alpha, z, \gamma_2 U, \phi, \nabla\phi) = 0, \quad \text{在 } \beta=0 \text{ 上 } \phi|_{\alpha=0} = 0, \tag{3.57}$$

其中 L 是依赖于 $U, \phi, \nabla\phi$ 的微分算子, $\gamma_1 U, \gamma_2 U$ 是 U 分别在 $\alpha=0, \beta=0$ 上的取值, 在 $\phi(x,z)$ 中的变量 x 需要用 $\alpha+\beta$ 代替.

由于我们只讨论上述问题在原点附近局部解的存在性, 故利用双曲型方程有限传播速度的特性, 不妨假定所有变量都是关于 z 的周期函数, 周期为 $\Delta = [-d,d]$. 这样我们无需考虑在 z 方向的边界条件, 且涉及变量 z 的积分时, 可在一个周期区间上进行. 此时只要被积函数是有界的, 就不必担心积分是否会发散.

由于在拟线性双曲型方程组含多个空间变量的问题中, 方程的特征流形不再是特征曲线, 因此沿特征线积分的方法通常不再适用. 这时最常用的方法是能量估计的方法. 人们通常在 Sobolev 空间中讨论解的存在性, 且进一步可利用 Sobolev 嵌入定理得到经典的连续可微解.

以下引入带权的 Sobolev 空间, 因为我们所讨论的区域是角状区域, 相关函数在角点处性质的权重应当大一些. 令

$$X = (\alpha,\beta,z), \quad \Omega = \{X: \alpha>0, \beta>0, z\in\Delta\}, \quad \Omega_T = \Omega\cap\{\alpha+\beta<T\},$$

$$\omega = \{(t,z) : t > 0, z \in \Delta\}, \quad \omega_T = \omega \cap \{0 < t < T\},$$
$$L^2_\lambda(\Omega_T) = \{u : (\alpha+\beta)^{-\lambda} u \in L^2(\Omega_T)\}, \quad L^2_\lambda(\omega_T) = \{f : t^{-\lambda} f \in L^2(\omega_T)\},$$
$$H^k_\lambda(\Omega_T) = \{u : \partial^\sigma u \in L^2_{\lambda-\sigma_\alpha-\sigma_\beta}, |\sigma| = \sigma_\alpha + \sigma_\beta + \sigma_z \leqslant k\},$$
$$\|u\|_{k,\lambda,T} = \|u\|_{H^k_\lambda(\Omega_T)} = \left(\sum_{|\sigma| \leqslant k} \lambda^{2(k-|\sigma|)} \|D^\sigma u\|^2_{L^2_{\lambda-\sigma_\alpha-\sigma_\beta}} \right)^{1/2},$$
$$H^k_\lambda(\omega_T) = \{f : \partial^\delta f \in L^2_{\lambda-\delta_1}\}, |\delta| = \delta_1 + \delta_2 \leqslant k,$$
$$\|f\|_{H^k_\lambda(\omega_T)} = \left(\sum_{|\sigma| \leqslant k} \lambda^{2(k-|\delta|)} \|D^\delta f\|^2_{L^2_{\lambda-\delta_1}} \right)^{1/2},$$

并令 $C^\infty_{\text{comp}}(\Omega_T), C^\infty_{\text{comp}}(\omega_T)$ 为 C^∞ 且在原点附近为零的函数, 则容易证明

引理 3.1 $C^\infty_{\text{comp}}(\Omega_T)$ 在 $H^k_\lambda(\Omega_T)$ 中稠密, $C^\infty_{\text{comp}}(\omega_T)$ 在 $H^k_\lambda(\omega_T)$ 中稠密.

引理 3.2 对任意整数 N, 存在常数 K, 使得对一切 $T > 0$, 有延拓算子

$$\begin{cases} E_T : H^k_\lambda(\Omega_T) \to H^k_\lambda(\Omega), \\ E'_T : H^k_\lambda(\omega_T) \to H^k_\lambda(\omega) \end{cases} \tag{3.58}$$

存在, 其算子模小于 K, 且 $E_T u \in \bar{\Omega}_{2T}, E'_T u \in \bar{\omega}_{2T}$.

引入坐标变换

$$j : \begin{cases} t = \alpha + \beta, \\ \theta = \dfrac{\alpha}{\alpha+\beta}, \\ z = z, \end{cases} \tag{3.59}$$

它将原点裂开 (或称爆破), 从而将 Ω_T 映射为 $\hat{\Omega}_T = (0, T) \times (0, 1) \times \Delta$, 由此可诱导出映射

$$J_\lambda : \begin{cases} u(\alpha,\beta,z) \mapsto J_\lambda u(t,\theta,z) = t^{-\lambda} u(\theta t, (1-\theta)t, z), \\ \phi(t,z) \mapsto J_\lambda \phi(t,z) = t^{-\lambda} \phi(t,z) \end{cases} \tag{3.60}$$

又记

$$\hat{H}^k_\lambda(\hat{\Omega}_T) = \{v : (t\partial_t)^j \partial^m_\theta \partial^\ell_z v \in L^2(\hat{\Omega}_T), j + m + \ell \leqslant k\},$$
$$\|v\|_{\hat{H}^k_\lambda(\hat{\Omega}_T)} = \left(\sum_{j+m+\ell \leqslant k} \lambda^{2(k-j-m-\ell)} \|(t\partial_t)^j \partial^m_\theta \partial^\ell_z v\|^2_{L^2(\Omega_T)} \right)^{1/2},$$
$$\hat{H}^k_\lambda(\omega_T) = \{\psi : (t\partial_t)^j \partial^\ell_z \psi \in L^2(\omega_T), j + \ell \leqslant k\},$$

$$\|\psi\|_{\hat{H}_\lambda^k(\omega_T)} = \left(\sum_{j+\ell \leqslant k} \lambda^{2(k-j-\ell)} \|(t\partial_t)^j \partial_z^\ell \psi\|_{L^2(\omega_T)}^2 \right)^{1/2}.$$

则有

引理 3.3 J_λ 是从 $H_{\lambda+1/2}^k(\Omega_T)$ 到 $\hat{H}_\lambda^k(\hat{\Omega}_T)$ 以及从 $H_\lambda^k(\omega_T)$ 到 $\hat{H}_\lambda^k(\omega_T)$ 的同构. 且存在常数 K 使得

$$K^{-1}\|u\|_{H_{\lambda+1/2}^k(\Omega_T)} \leqslant \|J_\lambda u\|_{\hat{H}_\lambda^k(\hat{\Omega}_T)} \leqslant K\|u\|_{H_{\lambda+1/2}^k(\Omega_T)}, \tag{3.61}$$

$$K^{-1}\|\psi\|_{H_\lambda^k(\omega_T)} \leqslant \|J_\lambda \psi\|_{\hat{H}_\lambda^k(\omega_T)} \leqslant K\|\psi\|_{H_\lambda^k(\omega_T)}. \tag{3.62}$$

证明 我们只证明 (3.61). 注意到 J_λ 是从 $L_{\lambda+1/2}^2(\Omega_T)$ 到 $L^2(\hat{\Omega}_T)$ 的同构映射, 我们有

$$\partial_t J_\lambda u = t^{-\lambda} \left(\frac{x}{t}\partial_x u + \frac{y}{t}\partial_y u \right) - \lambda t^{-\lambda-1} u,$$
$$t\partial_t J_\lambda u = t^{-\lambda}(x\partial_x u + y\partial_y u) - \lambda t^{-\lambda} u,$$
$$\partial_\theta J_\lambda u = t^{-\lambda+1}\partial_x u - t^{-\lambda+1}\partial_y u,$$
$$\partial_z J_\lambda u = t^{-\lambda}\partial_z u.$$

因此

$$|(t\partial_t)^j \partial_\theta^m \partial_z^\ell J_\lambda u| \leqslant C t^{-\lambda} \sum_{\sigma_x+\sigma_y \leqslant j+m} |\partial^\sigma u| \lambda^{j+m-\sigma_x-\sigma_y} t^{\sigma_x+\sigma_y},$$

这表明

$$\lambda^{k-j-m-\ell}|(t\partial_t)^i \partial_\theta^m \partial_z^\ell J_\lambda u| \leqslant C t^{-\lambda} \sum_{\sigma_x+\sigma_y \leqslant k} |\partial^\sigma u| \lambda^{k-\sigma_x-\sigma_y-\ell} t^{\sigma_x+\sigma_y}, \tag{3.63}$$

于是得 (3.61) 的右边.

另一方面, 由于

$$\partial_z u = t^\lambda \partial_z J_\lambda u, \qquad (t\partial_t - \theta\partial_\theta) J_\lambda u = t^{-\lambda+1}\partial_y u - \lambda t^{-\lambda} u,$$
$$\partial_y u = t^{\lambda-1}(t\partial_t - \theta\partial_\theta) J_\lambda u + \lambda t^{\lambda-1} J_\lambda u,$$
$$\partial_x u = t^{\lambda-1}\partial_\theta J_\lambda u + t^{\lambda-1}(t\partial_t - \theta\partial_\theta) J_\lambda u + \lambda t^{\lambda-1} J_\lambda u,$$

所以当 $|\sigma| \leqslant k$ 时,

$$|\lambda^{k-\sigma_x-\sigma_y-\ell}\partial^\sigma u|t^{-k+\sigma_x+\sigma_y}$$
$$\leqslant C \sum_{h+m+j \leqslant \sigma_x+\sigma_y} |\partial_\theta^m (t\partial_t)^j \lambda^h \partial_z^{\sigma_z} J_\lambda u| t^{\lambda-m-j+h} t^{-\lambda+\sigma_x+\sigma_y} \lambda^{k-\sigma_x-\sigma_y-\ell}$$

它不超过
$$C \sum_{j+m+\ell \leqslant k} |(t\partial_t)^j \partial_\theta^m \partial_z^\ell J_\lambda u| \lambda^{k-m-j-\ell},$$
于是得到 (3.61) 的左边.

当区域在经历将原点裂开的坐标变换后, 关于变量 t 的导数前都跟了一个因子 t, 故以下将作伸缩变换以去掉这个因子. 令 χ 是一个 $C_0^\infty(R^1)$ 函数, 满足 $\operatorname{supp} \chi \subset (\frac{1}{2}, 2)$ 以及
$$\sum_{j=-\infty}^{\infty} \chi(2^j \tau) = 1, \quad \tau > 0.$$
令
$$v_j(t, \theta, z) = \chi(2^j t) v(t, \theta, z), \quad \psi_j(t, z) = \chi(2^j t) \psi(t, z), \tag{3.64}$$
则 v, ψ 就分解成许多 v_j, ψ_j 之和. 再作以下的伸缩变换
$$\hat{v}_j(t, \theta, z) = 2^{-j/2} v_j(2^{-j} t, \theta, z), \quad \hat{\psi}_j(t, z) = 2^{-j/2} \psi(2^{-j} t, z), \tag{3.65}$$
就将所有 v_j, ψ_j 的定义区域变到相同的区域中. 对于固定的区域 $\hat{\Omega}, \omega$, 还定义
$$\hat{\|u\|}_{k,\lambda} = \left(\sum_{j+m+\ell \leqslant k} \lambda^{2(k-j-m-\ell)} \|\partial_t^j \partial_\theta^m \partial_z^\ell u\|_{L^2(\hat{\Omega})}^2 \right)^{1/2},$$
$$\hat{\|f\|}_{k,\lambda} = \left(\sum_{j+\ell \leqslant k} \lambda^{2(k-j-\ell)} \|\partial_t^j \partial_z^\ell u\|_{L^2(\omega)}^2 \right)^{1/2},$$
并令
$$T_j = \min(2, 2^{-j} T),$$
则有

引理 3.4 (1) 若 $v \in \hat{H}_\lambda^k(\hat{\Omega}_T)$, 则 $\hat{v}_j \in \hat{H}^k(\hat{\Omega}_{T_j})$, 且
$$\sum \hat{\|\hat{v}_j\|}_{k,\lambda}^2 \leqslant C \|v\|_{H_\lambda^k(\hat{\Omega}_T)}^2; \tag{3.66}$$

(2) 若有序列 $\{\hat{w}_j\}$ 满足 $\hat{w}_j \in H^k(\hat{\Omega}_{T_j})$, $\operatorname{supp} \hat{w}_j \in (0, T_j]$, $\sum \hat{\|\hat{w}_j\|}_{k,\lambda}^2 < \infty$, 则 $v = \sum_j 2^{j/2} \hat{w}_j(2^j t, \theta, z) \in \hat{H}_\lambda^k(\hat{\Omega}_T)$, 且
$$\|v\|_{\hat{H}_\lambda^k(\hat{\Omega}_T)} \leqslant C \left(\sum \hat{\|\hat{w}_j\|}_{k,\lambda}^2 \right)^{1/2}. \tag{3.67}$$

(3) 若 $\psi \in \hat{H}_\lambda^k(\omega_T)$, 则 $\hat{\psi}_j \in \hat{H}^k(\omega_{T_j})$, 且
$$\sum \hat{\|\hat{\psi}_j\|}_{k,\lambda}^2 \leqslant C \|\psi\|_{H_\lambda^k(\omega_T)}^2; \tag{3.68}$$

(4) 若有序列 $\{\hat{\psi}_j\}$ 满足 $\hat{\psi}_j \in H^k(\omega_{T_j})$, $\operatorname{supp}\hat{\psi}_j \in (0, T_j]$, $\sum \|\hat{\psi}_j\|_{k,\lambda}^2 < \infty$, 则 $\psi = \sum_j 2^{j/2}\hat{\psi}_j(2^j t, z) \in \hat{H}_\lambda^k(\omega_T)$, 且

$$\|\psi\|_{\hat{H}_\lambda^k(\omega_T)} \leqslant C \left(\sum \|\hat{\psi}_j\|_{k,\lambda}^2 \right)^{1/2}. \tag{3.69}$$

证明 定理表明了在二进分解以及伸缩变换下相应函数及其范数的变化规律. 我们证明前两个论断, 且因为二进分解以及伸缩变换是只对变量 t 进行的, 将只对涉及关于变量 t 的导数的范数估计给出推导. 由 (3.66) 知

$$\int_{\Omega_{T_j}} |\partial_t \hat{v}_j(t, \theta, z)|^2 \mathrm{d}t\mathrm{d}\theta\mathrm{d}z = \int_{\Omega_{T_j}} 2^{-j} 2^{-2j} |(\partial_t v_j)(2^{-j}t, \theta, z)|^2 \mathrm{d}t\mathrm{d}\theta\mathrm{d}z$$
$$= \int_{2^{-j}\Omega_{T_j}} 2^{-2j} |(\partial_{t_1} v_j)(t_1, \theta, z)|^2 \mathrm{d}t_1\mathrm{d}\theta\mathrm{d}z.$$

由于在 v_j 的支集内 $\dfrac{1}{2} < 2^j t < 2$, 则 $2^{-2j} < 4t^2$, 故

$$\int_{\Omega_{T_j}} |\partial_t \hat{v}_j(t, \theta, z)|^2 \mathrm{d}t\mathrm{d}\theta\mathrm{d}z \leqslant C \int_{2^{-(j+1)} < t < 2^{-j+1}} |(t\partial_t v_j)(t, \theta, z)|^2 \mathrm{d}t\mathrm{d}\theta\mathrm{d}z.$$
$$\sum \int_{\Omega_{T_j}} |\partial_t \hat{v}_j(t, \theta, z)|^2 \mathrm{d}t\mathrm{d}\theta\mathrm{d}z \leqslant C \int |(t\partial_t v_j)(t, \theta, z)|^2 \mathrm{d}t\mathrm{d}\theta\mathrm{d}z.$$

反之, 若 $\hat{w}_j$ 如前给定, 令 $v_j(t, \theta, z) = 2^{j/2}\hat{w}_j(2^j t, \theta, z)$, 则

$$\int_{\Omega_T} |t\partial_t v_j(t, \theta, z)|^2 \mathrm{d}t\mathrm{d}\theta\mathrm{d}z = \int_{2^j t \leqslant T_j} |t\partial_t(2^{j/2}\hat{w}_j(2^j t, \theta, z))|^2 \mathrm{d}t\mathrm{d}\theta\mathrm{d}z$$
$$\leqslant C \int_{\Omega_{T_j}} |(t^2 2^{2j}(\partial_{t_1}\hat{w}_j)(t_1, \theta, z)|^2 \mathrm{d}t_1\mathrm{d}\theta\mathrm{d}z$$
$$\leqslant C \int_{\Omega_{T_j}} |(\partial_t \hat{w}_j)(t_1, \theta, z)|^2 \mathrm{d}t_1\mathrm{d}\theta\mathrm{d}z.$$

所以

$$\int_{\Omega_T} |t\partial_t v|^2 \mathrm{d}t\mathrm{d}\theta\mathrm{d}z \leqslant \sum \int_{\Omega_{T_j}} |t\partial_t v_j(t, \theta, z)|^2 \mathrm{d}t\mathrm{d}\theta\mathrm{d}z$$
$$\leqslant C \sum_j \int_{\Omega_{T_j}} (\partial_t \hat{w}_j)(t, \theta, z)|^2 \mathrm{d}t\mathrm{d}\theta\mathrm{d}z.$$

对于 (3.68)、(3.69) 的证明是类似的.

引理 3.5 设 $f(s)$ 是 $\mathbf{R}^1$ 上的 C^∞ 函数, $f(0) = 0$, $T_0 > 0, K > 0, k \geqslant 2, \lambda \geqslant k+1$, $u \in H_\lambda^k(\Omega_{T_0})$, 且 $\|u\|_{H_\lambda^k(\Omega_{T_0})} \leqslant K$, 则

(1) $f(u) \in H_\lambda^k(\Omega_{T_0})$，且对于 $T \leqslant T_0$，

$$\|f(u)\|_{H_\lambda^k(\Omega_T)} \leqslant C(K)\|u\|_{H_\lambda^k(\Omega_T)}, \tag{3.70}$$

(2) 记 $v = f(u) - uf'(u)$，则 $v \in H_{2\lambda-1}^k(\Omega_{T_0})$，且对于 $T \leqslant T_0$，

$$\|v\|_{H_{2\lambda-1}^k(\Omega_T)} \leqslant C(K)\|u\|_{H_\lambda^k(\Omega_T)}. \tag{3.71}$$

引理 3.6 设 $f(s)$ 是 $\mathbb{R}^1$ 上的 C^∞ 函数，$f(0) = 0$，$T_0 > 0, K > 0, k \geqslant 2, \lambda \geqslant k+1$，$\phi \in H_\lambda^k(\omega_{T_0})$，且 $\|\phi\|_{H_\lambda^k(\omega_{T_0})} \leqslant K$，则

(1) $f(\phi) \in H_\lambda^k(\omega_{T_0})$，且对于 $T \leqslant T_0$，

$$\|f(\phi)\|_{H_\lambda^k(\omega_T)} \leqslant C(K)\|\phi\|_{H_\lambda^k(\omega_T)}, \tag{3.72}$$

(2) 记 $\psi = f(\phi) - \phi f'(\phi)$，则 $\psi \in H_{2\lambda-\frac{1}{2}}^k(\omega_{T_0})$，且对于 $T \leqslant T_0$，

$$\|\psi\|_{H_{2\lambda-\frac{1}{2}}^k(\omega_T)} \leqslant C(K)\|\phi\|_{H_\lambda^k(\omega_T)}. \tag{3.73}$$

其证明留给读者.

3.2.2 线性化问题及有关的先验估计

令 $(\delta U, \delta\phi)$ 为 (U, ϕ) 的扰动，可以将非线性问题 (3.55)—(3.57) 线性化为

$$L\delta U \triangleq A\frac{\partial \delta U}{\partial \alpha} + B\frac{\partial \delta U}{\partial \beta} + Q\frac{\partial \delta U}{\partial z} = f, \quad \text{在 } \alpha > 0, \beta > 0 \text{ 中}, \tag{3.74}$$

$$\ell\gamma_1\delta U = 0, \quad \text{在 } \alpha = 0 \text{ 上}, \tag{3.75}$$

$$F(\gamma_2\delta U, \delta\phi) \triangleq p\frac{\partial \delta\phi}{\partial t} + q\frac{\partial \delta\phi}{\partial z} + h\delta\phi + m\gamma_2\delta U = g, \quad \text{在 } \beta = 0 \text{ 上},$$

$$\delta\phi|_{t=0} = 0, \tag{3.76}$$

其中 $\gamma_1\delta U$，$\gamma_2\delta U$ 是 δU 在 $\alpha = 0$，$\beta = 0$ 上的迹，$\mathbf{F}$ 是非线性函数 $\mathbf{F}$ 的 Frechet 导数.

以下先建立此线性化问题解的先验估计，进而可利用标准的逼近方法得到非线性问题 (3.55)—(3.57) 解的存在性，为此先引入一些记号.

$\epsilon(L, F) = \max(\|A - A_0\|_{L^\infty(\Omega_{T_0})}, \cdots, \|m - m_0\|_{L^\infty(\omega_{T_0})})$,

$\|L, F\|_N = \|A\|_{H^N(\Omega_{T_0})} + \cdots + \|m\|_{H^N(\omega_{T_0})}$,

$W_{\lambda,T}^k = \{(u, \phi): u \in H_{\lambda+1/2}^k(\Omega_T), \ell\gamma_1 u = 0, \gamma_2 u \in H_\lambda^k(\omega_T), \phi \in H_{\lambda+1}^{k+1}(\omega_T)\}$,

$\|\|u, \phi\|\|_{k,\lambda,T} = \|(u, \phi)\|_{W_{\lambda,T}^k} = \left(\lambda\|u\|_{H_{\lambda+1/2}^k(\Omega_T)}^2 + \|\gamma_2 u\|_{H_\lambda^k(\omega_T)}^2 + \|\phi\|_{H_{\lambda+1}^{k+1}(\omega_T)}^2\right)^{1/2}$,

$$W'^k_{\lambda,T} = \{(f,g): f \in H^k_{\lambda-1/2}(\Omega_T),\ g \in H^k_\lambda(\omega_T),\},$$

$$\||f,g\||'_{k,\lambda,T} = \|(f,g)\|_{W'^k_{\lambda,T}} = \left(\lambda^{-1}\|f\|^2_{H^k_{\lambda-1/2}(\Omega_T)} + \|g\|^2_{H^k_\lambda(\omega_T)}\right)^{1/2}.$$

本节中欲建立的先验估计为

定理 3.6 设 $N \geqslant 5$, 则存在 $\epsilon_0 > 0$ 以及函数 $\lambda_0(K), C_0(K)$, 使得在条件

$$\epsilon(L,F) \leqslant \epsilon_0,\ \|L,F\|_N \leqslant K \tag{3.77}$$

成立时, 对于一切 $\lambda > \lambda_0(K)$, $T \leqslant T_0$, $(f,g) \in W'^k_{\lambda,T}$ ($k \leqslant N$), 问题 (3.74)—(3.76) 存在唯一解 $(\delta U, \delta\phi) \in W^k_{\lambda,T}$, 且满足

$$\||\delta U, \delta\phi\||_{k,\lambda,T} \leqslant C_0(K)\||f,g\||'_{k,\lambda,T}. \tag{3.78}$$

证明 我们在此仅证明先验估计式 (3.78), 由此即可导出解的存在唯一性. 而为证明 (3.78), 我们分为 $k=0$ 与 $k>0$ 两步进行. 对 $k=0$ 的证明, 可通过二进分解与伸缩变换等方法将问题化为 [49],[13] 已讨论过的初边值问题的情形, 而对 $k>0$ 情形的证明, 则还需对问题 (3.74)—(3.76) 进行求导, 并需根据激波边界与物面边界的不同特性处理边界上法向导数的表示.

$k=0$ 情形的讨论

如上节所做的导入变换 (3.59), (3.60), 记 $\widehat{\delta U} = J_\lambda \delta U, \widehat{\delta\phi} = J_{\lambda+1}\delta\phi, \hat{A}(t,\theta,z) = A(t\theta,(1-t)\theta,z)$ 等, 则 (3.74)—(3.76) 可以化为

$$\widehat{L_\lambda}\widehat{\delta U} \triangleq (\hat{A}+\hat{B})\left(t\frac{\partial \widehat{\delta U}}{\partial t} + \lambda\widehat{\delta U}\right) + [(1-\theta)\hat{A} - \theta\hat{B}]\frac{\partial \widehat{\delta U}}{\partial \theta} + tQ\frac{\partial \widehat{\delta U}}{\partial z}$$
$$= J_{\lambda-1}f, \tag{3.79}$$

$$\ell\gamma_1\widehat{\delta U} = 0, \tag{3.80}$$

$$\widehat{F_\lambda}\left(\gamma_2\widehat{\delta U}, \widehat{\delta\phi}\right) \triangleq \left(t\frac{\partial\widehat{\delta\phi}}{\partial t} + (\lambda+1)\widehat{\delta\phi}\right)h + t\left(p\frac{\partial\widehat{\delta\phi}}{\partial z} + q\widehat{\delta\phi} + m\gamma_2\widehat{\delta U}\right)$$
$$= J_\lambda g. \tag{3.81}$$

由引理 3.3 中的范数等价性知, 当 $k=0$ 时 (3.78), 即

$$\lambda\|J_\lambda\delta U\|^2_{L^2(\hat{\Omega}_T)} + \|\gamma_2 J_\lambda\delta U\|^2_{L^2(\omega_T)} + \|J_\lambda\delta\phi\|^2_{H^1(\omega_T)}$$
$$\leqslant \frac{1}{\lambda}\|J_{\lambda-1}(L\delta U)\|^2_{L^2(\hat{\Omega}_T)} + \|J_\lambda F(\gamma_2\delta U, \delta\phi)\|^2_{L^2(\omega_T)}. \tag{3.82}$$

利用 (3.79)—(3.82) 中引入的记号, (3.82) 右边即

$$\frac{1}{\lambda}\|\widehat{L_\lambda}\widehat{\delta U}\|^2_{L^2(\hat{\Omega}_T)} + \|\widehat{F_\lambda}(\gamma_2\widehat{\delta U}, \widehat{\delta\phi})\|^2_{L^2(\omega_T)}. \tag{3.83}$$

以 v, ψ 记 $\delta U, \delta \phi$, 相应地, $v_j, \psi_j, \hat{v}_j, \hat{\psi}_j$ 按 (3.64)、(3.65) 定义. 我们有

$$\widehat{L_\lambda v_j} = \chi(2^j t)\widehat{L_\lambda v} + w_j, \tag{3.84}$$

$$\widehat{F_\lambda}(\gamma_2 v_j, \psi_j) = \chi(2^j t)\widehat{F_\lambda}(\gamma_2 v, \psi) + g_j, \tag{3.85}$$

其中 $w_j = (\hat{A} + \hat{B})2^j t \chi'(2^j t)v$. 由于

$$\|w_j\|^2_{L^2(\hat{\Omega}_T)} \leqslant C \int_{2^{-j-i} < t < 2^{-j+1}} |v|^2 \mathrm{d}t \mathrm{d}\theta \mathrm{d}z,$$

$$\|g_j\|^2_{L^2(\omega_T)} \leqslant C \int_{2^{-j-i} < t < 2^{-j+1}} |\psi|^2 \mathrm{d}t \mathrm{d}z,$$

则当我们对 v_j, ψ_j 建立了 (3.82), 此估计就对 v, ψ 也成立.

利用 $\hat{v}_j, \hat{\phi}_j$, 可以将 $\widehat{L_\lambda v_j}$, $\widehat{F_\lambda}(\gamma_2 v_j, \psi_j)$ 写成 $\tilde{L}^j \hat{v}_j$, $\tilde{F}^j_\lambda(\gamma_2 \hat{v}_j, \hat{\psi}_j)$, 这里

$$\tilde{L}^j \hat{w} = (\tilde{A}_j + \tilde{B}_j)\left(t\frac{\partial w}{\partial t} + \lambda w\right) + ((1-\theta)\tilde{A}_j - \theta \tilde{B}_j)\frac{\partial w}{\partial \theta} + t\tilde{Q}_j \frac{\partial w}{\partial z},$$

$$\tilde{F}^j_\lambda(\gamma_2 w, \chi) = \left(t\frac{\partial \chi}{\partial t} + (\lambda+1)\chi\right)\tilde{h}_j + t\left(\frac{\partial \chi}{\partial t}\tilde{p}_j + \chi \tilde{q}_j + \tilde{m}_j \gamma_2 w\right),$$

而 $\tilde{A}_j(t,\theta,z) = \hat{A}(2^{-j}t,\theta,z)$, $\tilde{h}_j(t,z) = \hat{h}(2^{-j}t,z)$. 所以, 若我们证明了问题

$$\begin{cases} \tilde{L}^j_\lambda w = \tilde{f}, \\ \ell \gamma_1 w = 0, \\ \tilde{F}^j_\lambda(\gamma_2 w, \chi) = \tilde{g} \end{cases} \tag{3.86}$$

的解满足估计

$$\lambda \|w\|^2_{L^2(\hat{\Omega}_{T_j})} + \|\gamma_2 w\|^2_{L^2(\omega_{T_j})} + \|\chi\|^2_{H^1(\omega_{T_j})} + \lambda^2 \|\chi\|^2_{L^2(\omega_{T_j})}$$

$$\leqslant C\left(\frac{1}{\lambda}\|\tilde{L}^j_\lambda \hat{w}\|^2_{L^2(\hat{\Omega}_{T_j})} + \|\tilde{F}^j_\lambda(\gamma_2 w, \chi)\|^2_{L^2(\omega_{T_j})}\right), \tag{3.87}$$

则估计式 (3.82) 成立. 注意到在 (3.87) 中所出现的积分区域已消除了麻烦的角点, 而且被积函数中也没有 $t\partial_t$ 及由二进分解带来的 2^j 因子. 所以这个估计在常规尺度的区域中进行, 被积函数中也没有奇性或大因子, 对这个估计只需着重于考虑边界条件的处理. 于是以下将通过单位分解将两个边界分开来处理, 并应用已有文献中的结果.

令 $\eta(\theta)$ 是一个 $C^\infty([0,1])$ 函数, $\mathrm{supp}\,\eta \subset \left[0, \frac{1}{2}\right]$, 在 $0 \leqslant \theta \leqslant \frac{1}{3}$ 上恒等于 1, 则问题 (3.86) 可以化为关于 $w_1 = \eta w$ 与 $w_2 = (1-\eta)w$ 的两个边值问题. w_1、w_2 分别满足方程

$$\tilde{L}^j_\lambda w_1 = \eta f + [\tilde{L}^j_\lambda, \eta]w,$$

$$\tilde{L}_\lambda^j w_2 = (1-\eta)f - [\tilde{L}_\lambda^j, \eta]w,$$

而 w_1 除满足 (3.86) 中所示在 $\theta = 0$ 处的边界条件外, 在 $\theta = 1$ 上恒等于零, w_2 除满足 (3.86) 中所示在 $\theta = 1$ 处的边界条件外, 在 $\theta = 0$ 上恒等于零.

由算子 L 的特性知, w_1 是具有一致特征的正对称方程组初边值问题的解, 故估计式 (3.87) 可用于 $\lambda\|w_1\|^2$ 的估计 (参见 [13])

$$\lambda\|w_1\|^2_{L^2(\hat{\Omega}_{T_j})} \leqslant \frac{C}{\lambda}\|\tilde{L}_\lambda^j w_1\|^2_{L^2(\hat{\Omega}_{T_j})}.$$

而 (w_2, χ) 是一个双曲型方程耦合初边值问题的解. 它的边界非特征, 而边界条件满足按 [49] 意义下的一致 Lopatinski 条件, 从而利用 [49] 中的结果可以得到对 (w_2, χ) 如 (3.87) 所示的估计. 综合在 $\eta = 0, 1$ 两个边界附近的估计, 并取 λ 充分大即得 (3.87), 从而有 (3.82). 这里我们说明用较细致的分析可以将 [49] 中 $N \geqslant 2[n/2] + 7$ 的要求降低为 $N \geqslant [n/2] + 3$ (参见 [16]). 因此在定理 3.5、定理 3.6 的假设条件中均列有 $N \geqslant 5$ 的要求.

$k > 0$ 情形的讨论 以下主要说明如何得到 w_1 的高阶导数的估计. 我们将利用归纳法由指标 k 的估计式 (3.78) 成立推出该估计式对指标 $k+1$ 也成立. 为此需要对 $(\delta u, \delta\phi)$ 的导数进行估计. 对此又分为两步, 第一步对切向导数作估计, 主要通过对 (3.79)—(3.82) 求导, 并利用归纳法假设导出所需的估计. 第二步对法向导数作估计, 利用方程与边界条件的特点将法向导数用未知函数及其切向导数表出, 从而获得估计.

在 (t, θ, z) 坐标系中 $\partial_1 = \theta(1-\theta)\partial_\theta, \partial_2 = t\partial_t, \partial_3 = \partial_z$ 是关于边界 $t = 0, \theta = 0, 1$ 的切向算子. 将这些切向算子 ∂_i 作用于 (3.79)—(3.82), 得到

$$\begin{cases} \widehat{L_\lambda}(\partial_i\widehat{\delta U}) = \partial_i(J_{\lambda-1}f) + [\widehat{L_\lambda}, \partial_i]\widehat{\delta U}, \\ \ell\gamma_1\widehat{\delta U} = 0, \\ \widehat{F_\lambda}(\gamma_2\partial_i\widehat{\delta U}, \partial_i\widehat{\delta\phi}) = \partial_i J_\lambda g + (\widehat{F_\lambda}(\gamma_2\partial_i\widehat{\delta U}, \partial_i\widehat{\delta\phi}) - \partial_i\widehat{F_\lambda}(\gamma_2\widehat{\delta U}, \widehat{\delta\phi})), \end{cases} \quad (3.88)$$

其中方括号表示换位算子. 对于 (3.88) 的右端项, 通过直接运算可得

引理 3.7 设 $N \geqslant 5$, $\|L, F\|_N \leqslant K$, 则有估计式

$$\|[\widehat{L_\lambda}, \partial_i]\widehat{\delta U}\|^2_{\hat{H}_\lambda^k(\hat{\Omega}_T)} \leqslant C(K)\left(\|\widehat{\delta U}\|^2_{\hat{H}_\lambda^{k+1}(\hat{\Omega}_T)} + \|\widehat{L_\lambda\delta U}\|^2_{\hat{H}_\lambda^k(\hat{\Omega}_T)}\right), \quad (3.89)$$

$$\|(\widehat{F_\lambda}(\gamma_2\partial_i\widehat{\delta U}, \partial_i\widehat{\delta\phi}) - \partial_i\widehat{F_\lambda}(\gamma_2\widehat{\delta U}, \widehat{\delta\phi})\|^2_{\hat{H}_\lambda^k(\omega_T)}$$
$$\leqslant C(K)\left(\|\gamma_2\widehat{\delta U}\|^2_{\hat{H}_\lambda^k(\omega_T)} + \|\widehat{\delta\phi}\|^2_{\hat{H}_{\lambda+1}^{k+1}(\omega_T)}\right). \quad (3.90)$$

由归纳法假设并利用此引理可以得到

$$\lambda\|\partial_i\widehat{\delta U}\|^2_{\hat{H}_\lambda^k(\hat{\Omega}_T)} + \|\gamma_2\partial_i\widehat{\delta U}\|^2_{\hat{H}_\lambda^k(\omega_T)} + \|\partial_i\widehat{\delta\phi}\|^2_{\hat{H}_{\lambda+1}^{k+1}(\omega_T)}$$

$$\leqslant C\left(\frac{1}{\lambda}\|\partial_i(J_{\lambda-1}f)\|^2_{\hat{H}^k_{\lambda-1}(\hat{\Omega}_T)} + \frac{1}{\lambda}\|\widehat{\delta U}\|^2_{\hat{H}^{k+1}_\lambda(\Omega_T)} + \|\partial_i J_\lambda g\|^2_{\hat{H}^k(\omega_T)}\right.$$
$$\left. + \|\gamma_2 \widehat{\delta U}\|^2_{\hat{H}^k_\lambda(\omega_T)} + \|\widehat{\delta\phi}\|^2_{\hat{H}^{k+1}_{\lambda+1}(\omega_T)}\right).$$

回到区域 Ω_T，即得

$$\lambda\|V\delta U\|^2_{H^k_{\lambda-1/2}(\Omega_T)} + \|\gamma_2\delta U\|^2_{H^{k+1}_\lambda(\omega_T)} + \|\delta\phi\|^2_{H^{k+1}_{\lambda+1}(\omega_T)} \leqslant C_0(K)\,\|\!|\!| f,g \,\|\!|\!|'^2_{k+1,\lambda,T}, \tag{3.91}$$

其中 V 表示切向导数 $\alpha\partial_\alpha, \beta\partial_\beta, \partial_z$。

以下考虑未知函数 δU 法向导数的估计. 如果边界为非特征，则利用方程组本身就可以将未知函数法向导数的带权 H^k 模用函数本身及其切向导数的带权 H^k 模表示. 今边界 $\beta = 0$ 是非特征边界，故 δU 关于 β 导数的估计没有问题. 可是边界 $\alpha = 0$ 是特征边界，一般来说，其法向导数会有正则性损失（参见 [13]）. 好在流体力学 Euler 方程组及由此导出的线性化方程组有特殊的结构，利用此结构可以避免正则性损失. 现详细分析如下.

线性方程组 (3.74) 的系数阵 A, B, Q 即方程组 (3.55) 的系数阵，例如矩阵 A 的形式可见 (3.54) 的表示，即

$$A = \begin{pmatrix} \rho\vec{q}\cdot\nabla\alpha & & & \alpha_x \\ & \rho\vec{q}\cdot\nabla\alpha & & \alpha_y \\ & & \rho\vec{q}\cdot\nabla\alpha & \alpha_z \\ \alpha_x & \alpha_y & \alpha_z & c^{-2}\rho^{-1}\vec{q}\cdot\nabla\alpha, \end{pmatrix}.$$

注意到在矩阵 A 的元素中所出现的 $\vec{q}\cdot\nabla\alpha$ 在边界 $\alpha = 0$ 上为零，故在此边界上 A 的秩为 2，从而在边界上 $\dfrac{\partial\delta U}{\partial\alpha}$ 至少有两个分量能够解出. 由于 (3.74) 的第二式即

$$\alpha_y\frac{\partial\delta p}{\partial\alpha} = -\rho\vec{q}\cdot\nabla\alpha\frac{\partial\delta v}{\partial\alpha} - \rho\vec{q}\cdot\nabla\beta\frac{\partial\delta v}{\partial\beta} - \beta_y\frac{\partial\delta p}{\partial\beta} - \rho w\frac{\partial\delta v}{\partial z}, \tag{3.92}$$

注意到 $\alpha_y \neq 0$，由此式即可得到 $\dfrac{\partial\delta p}{\partial\alpha}$ 的估计. 以下为书写简单起见，将 (3.91) 的右端记为 M，

$$\left\|\frac{\partial\delta p}{\partial\alpha}\right\|_{H^k_\lambda(\Omega_T)} \leqslant C(M). \tag{3.93}$$

以下我们将凡能用 M 估计的项均简称为"已知项"，于是 (3.93) 就可写成

$$\frac{\partial\delta p}{\partial\alpha} = \text{已知项}. \tag{3.94}$$

将 (3.74) 第四式写成

$$\nabla\alpha\cdot\frac{\partial}{\partial\alpha}\delta\vec{q} + c^{-2}\rho^{-1}\delta\vec{q}\,\nabla\alpha\frac{\partial\delta p}{\partial\alpha} = \text{已知项}. \tag{3.95}$$

从而有
$$\left\|\nabla\alpha\cdot\frac{\partial}{\partial\alpha}\delta\vec{q}\right\|_{H^k_\lambda(\Omega_T)} \leqslant C(M). \tag{3.96}$$

至此我们直接利用方程组 (3.74) 本身得到了两个法向导数的估计, 另两个则还需通过沿边界的积分得到. 为此, 又将 (3.74) 的第一、第二式写成

$$\alpha_x\frac{\partial\delta p}{\partial\alpha}+\beta_x\frac{\partial\delta p}{\partial\beta}+\nu\cdot\tilde{\nabla}\delta u=0,$$

$$\alpha_y\frac{\partial\delta p}{\partial\alpha}+\beta_y\frac{\partial\delta p}{\partial\beta}+\nu\cdot\tilde{\nabla}\delta v=0,$$

其中 $\nu\cdot\tilde{\nabla}=\rho(\vec{q}\,\nabla\alpha)\frac{\partial}{\partial\alpha}+\rho(\vec{q}\,\nabla\beta)\frac{\partial}{\partial\beta}+\rho w\frac{\partial}{\partial z}$ 是关于边界为切向的微分算子, 于是有

$$\frac{\partial}{\partial\alpha}\delta p=J^{-1}\begin{vmatrix}\beta_x & \nu\cdot\tilde{\nabla}\delta u\\ \beta_y & \nu\cdot\tilde{\nabla}\delta v\end{vmatrix}, \tag{3.97}$$

$$\frac{\partial}{\partial\beta}\delta p=J^{-1}\begin{vmatrix}-\alpha_x & \nu\cdot\tilde{\nabla}\delta u\\ -\alpha_y & \nu\cdot\tilde{\nabla}\delta v\end{vmatrix}, \tag{3.98}$$

其中 $J=\dfrac{\partial(\alpha,\beta)}{\partial(x,y)}$.

将 (3.97) 关于 β 求导得到的表达式减去将 (3.98) 关于 α 求导得到的表达式可得

$$\frac{\partial}{\partial\beta}(J^{-1}(\beta_x\nu\cdot\tilde{\nabla}\delta v-\beta_y\nu\cdot\tilde{\nabla}\delta u))+\frac{\partial}{\partial\alpha}(J^{-1}(\alpha_x\nu\cdot\tilde{\nabla}\delta v-\alpha_y\nu\cdot\tilde{\nabla}\delta u))=0,$$

从而通过求导次序的交换可得

$$\nu\cdot\tilde{\nabla}\left(\alpha_x\frac{\partial\delta v}{\partial\alpha}-\alpha_y\frac{\partial\delta u}{\partial\alpha}+\beta_x\frac{\partial\delta v}{\partial\beta}-\beta_y\frac{\partial\delta u}{\partial\beta}\right)=\text{已知项}+O(\nabla\delta\vec{q}). \tag{3.99}$$

又将 (3.74) 的第三式写成

$$\alpha_z\frac{\partial\delta p}{\partial\alpha}+\beta_z\frac{\partial\delta p}{\partial\beta}+\frac{\partial\delta p}{\partial z}+\nu\cdot\tilde{\nabla}\delta w=0.$$

并将 (3.97)、(3.98) 中 $\dfrac{\partial\delta p}{\partial\alpha}$, $\dfrac{\partial\delta p}{\partial\beta}$ 的表达式代入, 即有

$$\frac{\partial}{\partial z}\delta p=-J^{-1}\left(\nu\cdot\nabla\delta u\frac{\partial(\alpha,\beta)}{\partial(y,z)}+\nu\cdot\tilde{\nabla}\delta v\frac{\partial(\alpha,\beta)}{\partial(z,x)}\right)-\nu\cdot\tilde{\nabla}\delta w. \tag{3.100}$$

再将 (3.97) 关于 z 求导得到的表达式减去将 (3.100) 关于 α 求导得到的表达式可得

$$\nu\cdot\tilde{\nabla}\left(\frac{\partial(\alpha,\beta)}{\partial(y,z)}\frac{\partial\delta u}{\partial\alpha}+\frac{\partial(\alpha,\beta)}{\partial(z,x)}\frac{\partial\delta v}{\partial\alpha}+J\frac{\partial\delta w}{\partial\alpha}+\beta_x\frac{\partial\delta v}{\partial z}-\beta_y\frac{\partial\delta u}{\partial z}\right)$$

$$= \text{已知项} + O(\nabla \delta \vec{q}). \tag{3.101}$$

将 (3.99)、(3.101) 视为由向量场 $\nu \cdot \tilde{\nabla}$ 导出的一阶方程组, 此两式左边圆括号内的量将分别记为 Q_1, Q_2. 考察在 (3.95) 左边 $\frac{\partial}{\partial \alpha} \delta \vec{q}$ 的系数与 Q_1, Q_2 中 $\frac{\partial}{\partial \alpha} \delta \vec{q}$ 的系数所构成的矩阵, 它是

$$\begin{pmatrix} \alpha_x & \alpha_y & \alpha_z \\ \alpha_y & -\alpha_x & 0 \\ \frac{\partial(\alpha,\beta)}{\partial(y,z)} & \frac{\partial(\alpha,\beta)}{\partial(z,x)} & \frac{\partial(\alpha,\beta)}{\partial(x,y)} \end{pmatrix}. \tag{3.102}$$

由于在边界 $\alpha = 0$ 上有 $\alpha_z = \beta_z = 0$, 且 $J \neq 0$, 所以上面的矩阵满秩. 于是, 利用已有的估计 (3.96) 可以将 (3.99)、(3.101) 右边的 $O(\nabla \delta \vec{q})$ 写成 $O(Q_1, Q_2)$+已知项, 则 (3.99)、(3.101) 具有

$$\nu \cdot \tilde{\nabla} Q_i = O(Q_1, Q_2) + \text{已知项}, \quad i = 1, 2 \tag{3.103}$$

的形式. 由于关于 Q_i 的求导算子与边界 $\alpha = 0$ 相切, 故通过沿特征线积分方法可将 Q_1、Q_2 用 (3.103) 右端以及其在 $\beta = 0$ 上的值估计. 再利用 Gronwall 不等式, 可得

$$\|Q_i\|_{H^k_\lambda(\Omega_T)} \leqslant C(M), \quad i = 1, 2.$$

进而得到 $\frac{\partial}{\partial \alpha} \delta \vec{q}$ 的 $H^k_\lambda(\Omega_T)$ 模估计. 结合已有的对 $\frac{\partial}{\partial \alpha} \delta P$ 的估计 (3.93), 即得

$$\|\delta U\|_{H^{k+1}_\lambda(\Omega_T)} \leqslant C(M). \tag{3.104}$$

总结以上的推理过程, 我们用归纳法证得了 $k > 0$ 时的估计 (3.78).

3.2.3 非线性问题第一近似解的构造

以下构造非线性问题 (3.55)—(3.57) 的解. 我们先构造一个近似解, 再利用 Newton 迭代格式结合上节中导出的对线性问题的估计不断修正近似解, 使之最终收敛于真解. 由于 Newton 迭代法要求第一近似解应该是与真解比较接近的, 从而不能太随意选取, 我们先寻求这样的解, 使得它代入 (3.55)—(3.57) 后得到关于 $\alpha + \beta$ 的高阶无穷小. 下面将利用两个空间变量拟线性双曲组边值问题的结论, 并且再引入一个辅助的迭代过程以获得这样的近似解.

重新将 (3.55)—(3.57) 中的变量 α, β 记为 x, y. 为应用第一节中关于两个自变量的拟线性双曲组的结果, 暂舍弃问题 (3.55)—(3.57) 中变量 z 与各函数关于 z 的依赖. 引入以下记号

$$\tilde{\phi}(x, y, z) = \phi(x + y, z),$$

$$Z\phi = \left(\tilde{\phi}, \frac{\tilde{\phi}}{t}, \nabla\phi, x\left(\nabla\frac{\tilde{\phi}}{t}\right), y\left(\nabla\frac{\tilde{\phi}}{t}\right)\right),$$
$$\mathsf{F}(\gamma_2 U, \phi) = \mathsf{F}(x, z, \gamma_2 U, \phi, \nabla\phi).$$

记 $\Omega^{(0)}$ 为 Oxy 平面上区域 $x > 0, y > 0$，令 $\Omega_T^{(0)} = \Omega^{(0)} \cap \{x + y < T\}$. 在 $\Omega^{(0)}$ 中考察双曲组的边值问题

$$(\mathbf{P}): \begin{cases} L_0 U \triangleq A\dfrac{\partial U}{\partial x} + B\dfrac{\partial U}{\partial y} + DU = f, \\ \ell\gamma_1 U = 0, \\ F_0(\gamma_2 U, \phi) \triangleq p\dfrac{\mathrm{d}\phi}{\mathrm{d}t} + q\phi + m\gamma_2 U = g, \quad \phi|_{t=0} = 0, \end{cases} \quad (3.105)$$

其中 $A, B \in C^1(\Omega_T^{(0)}), D \in C^0(\Omega_T^{(0)})$，$p, q, m, \ell$ 分别为 $N \times 1, N \times 1, N \times N, 1 \times N$ 的 C^1 矩阵函数. $\gamma_1 U, \gamma_2 U$ 分别为 U 在 $x = 0, y = 0$ 上的取值.

为讨论问题 ($\mathbf{P}$) 的解的存在性与其估计，可先将方程组化为对角型. 于是问题 ($\mathbf{P}$) 化为以下的问题

$$(\mathbf{P_1}): \begin{cases} L_1 U \triangleq A_1 \dfrac{\partial U}{\partial x} + \dfrac{\partial U}{\partial y} + D_1 U = f, \\ \gamma_1 u_N = \ell'\gamma_1 U', \\ \dfrac{\mathrm{d}\phi}{\mathrm{d}t} = a\gamma_2 u_N + g_0, \quad \phi|_{t=0} = 0, \\ \gamma_2 U' = b\gamma_2 u_N + g'. \end{cases} \quad (3.106)$$

其中 $f = (f_1, \cdots, f_N), g' = (g_1, \cdots, g_{N-1}), U = (u_1, \cdots, u_N) = (U', u_N)$，其系数满足条件

(C_1) $A_1 \in C^1(\Omega_T^{(0)}), D_1 \in C^0(\Omega_T^{(0)})$, $A_1 = \mathrm{diag}(\mu_1, \cdots, \mu_N), \mu_2 = \cdots = \mu_{N-1}$，在边界 $x = 0$ 上 $\mu_2 = 0$，在原点 $-1 < \mu_1 < 0, \mu_N < -1$,

(C_2) ℓ', a, b 分别为 $1 \times (N-1), 1 \times 1, (N-1) \times 1$ 的 C^1 矩阵函数，且满足条件

$$\sum_{i=1}^{N-1} |(\ell')_i b_i| < 1. \quad (3.107)$$

记 $A_1^*, D_1^*, \cdots$ 为 $A_1, D_1, \cdots$ 在原点之值，记

$$\epsilon(P_1) = \max_{\Omega_{T_0}}(|A_1^* - A^*|, |D_1 - D_1^*|, |a^* - a|, |b^* - b|, |(\ell')^* - \ell'|),$$

则成立

引理 3.8 设问题 ($\mathbf{P_1}$) 的系数满足条件 $(C_1), (C_2)$，对 $T \leqslant T_0$ 将问题 ($\mathbf{P_1}$) 的求解视为从 (f, g) 到 (u, ϕ) 的映射 L，则当 ϵ_0 充分小时，只要 $\epsilon(P_1) \leqslant \epsilon_0$,

(1) L 是 $C^0(\bar{\Omega}_T) \times C^0[0,T]$ 到 $C^0(\bar{\Omega}_T) \times C^1[0,T]$ 的线性映射，且

$$\|u\|_\tau + \left\|\frac{\mathrm{d}\phi}{\mathrm{d}t}\right\|_\tau + \tau\|\phi\|_\tau \leqslant C\left(\frac{1}{\tau}\|f\|_\tau + \|g\|_\tau\right). \tag{3.108}$$

(2) $\lambda \geqslant 1$ 时，L 是 $C^0_{\lambda-1}(\bar{\Omega}_T) \times C^0_\lambda[0,T]$ 到 $C^0_\lambda(\bar{\Omega}_T) \times C^1_{\lambda+1}[0,T]$ 的线性映射，且

$$\|u\|_{\tau,\lambda} + \left\|\frac{\mathrm{d}\phi}{\mathrm{d}t}\right\|_{\tau,\lambda} \leqslant C(\|(\lambda(x+y)^{\lambda-1} + \tau(x+y)^\lambda)^{-1}\mathrm{e}^{-\tau(x+y)}f\|_{L^\infty} + \|g\|_{\tau,\lambda}). \tag{3.109}$$

(3) 若 $(\mathbf{P_1})$ 的系数为 C^k 光滑，则当 $(f,g) \in C^k(\bar{\Omega}_T) \times C^k[0,T]$ 时有 $(u,\phi) \in C^k(\bar{\Omega}_T) \times C^{k+1}[0,T]$，且

$$\|\|u\|\|_{k,\tau} + \|\|\phi\|\|_{k+1,\tau} \leqslant C\left(\frac{1}{\tau}\|\|f\|\|_{k,\tau} + \|\|g\|\|_{k,\tau}\right). \tag{3.110}$$

以上诸范数的定义为

$$\|u\|_\tau = \|\mathrm{e}^{-\tau(x+y)}u\|_{L^\infty(\Omega_T)}, \quad \|\phi\|_\tau = \|\mathrm{e}^{-\tau t}\phi\|_{L^\infty([0,T])},$$

$$\|u\|_{\tau,\lambda} = \|(x+y)^{-\lambda}\mathrm{e}^{-\tau(x+y)}u\|_{L^\infty(\Omega_T)}, \quad \|\phi\|_{\tau,\lambda} = \|t^{-\lambda}\mathrm{e}^{-\tau t}\phi\|_{L^\infty([0,T])},$$

$$\|\|u\|\|_{k,\tau} = \sum_{|\alpha|\leqslant k} \tau^{k-|\alpha|}\|\partial^\alpha u\|_\tau, \quad \|\|\phi\|\|_{k,\tau} = \sum_{j=1}^k \tau^{k-j}\|\partial_t^j \phi\|_\tau.$$

证明 我们只证明结论 (1)，其余结论的证明是类似的. 因为在 (3.106) 中只涉及两个自变量，故可以用沿特征线积分的方法来证明解的存在性以及相应的估计.

以下为叙述简单起见设 $D_1 = 0$. 对 Ω_{T_0} 中的任一点 (x_0, y_0)，可以往下作特征线 ℓ_i 交 $y = 0$ 于 $(X_i(x_0, y_0), 0)$ $(i = 1, \cdots, N-1)$，又可往左作特征线 ℓ_N 交 $x = 0$ 于 $(0, Y(x_0, y_0))$. 由关于系数的假定知

$$x \leqslant X_1(x,y) \leqslant x+y,$$
$$x \leqslant X_i(x,y) \leqslant x + \epsilon_T y, \quad (i = 2, \cdots, N-1)$$
$$y \leqslant Y(x,y) \leqslant x+y.$$

其中 ϵ_T 是随 $T \to 0$ 而趋于零的常数.

将 (3.106) 沿特征线积分得

$$\begin{cases} u_i(x,y) = \displaystyle\int_{(X_i(x,y),0)}^{(x,y)} f_i \mathrm{d}\ell_i + \gamma_2 u_i(X_i(x,y),0), & (i=1,\cdots,N-1) \\ u_N(x,y) = \displaystyle\int_{(0,Y(x,y))}^{(x,y)} f_N \mathrm{d}\ell_N + \gamma_1 u_N(0,Y(x,y)), \end{cases} \tag{3.111}$$

对右边的积分可以有估计

$$\left\| \int_{(X_i(x,y),0)}^{(x,y)} f_i \mathrm{d}\ell_i, \int_{(0,Y(x,y))}^{(x,y)} f_N \mathrm{d}\ell_N, \right\|_\tau \leqslant \frac{C}{\tau} \|f\|_\tau. \tag{3.112}$$

这个估计容易利用引理条件中对特征线斜率的限制由积分表达式直接导出. 例如对 $i=1$ 的情形, 在特征线 ℓ_1 上, $\dfrac{\mathrm{d}}{\mathrm{d}s}(x_1(s)+s) = \mu_1(s)+1 \geqslant k > 0$, 所以

$$s + x_1(s) \leqslant x + y - k(y-s),$$

从而有

$$\begin{aligned}
\left| \mathrm{e}^{-\tau(x+y)} \int_{(X_1(x,y),s)}^{(x,y)} f_1 \mathrm{d}\ell_1 \right| &= \left| \mathrm{e}^{-\tau(x+y)} \int_0^y f_1(x_1(s),s) \mathrm{d}s \right| \\
&\leqslant \left| \int_0^y \mathrm{e}^{-\tau(x_1(s)+s) - \tau k(y-s)} f_1(x_1(s),s) \mathrm{d}s \right| \\
&\leqslant \|f_1\|_\tau \int_0^y \mathrm{e}^{-\tau k(y-s)} \mathrm{d}s \leqslant \frac{C}{\tau} \|f_1\|_\tau.
\end{aligned}$$

对其他诸式也可类似导出.

问题 ($\mathbf{P_1}$) 的求解可以通过一个收敛的迭代过程来建立. 对于给定在 $(0,T_0)$ 上的函数 $\alpha(t)$, 利用 ($\mathbf{P_1}$) 中给出的 f,g 以及系数 a,b,ℓ', 可以依次地得出

$$\begin{aligned}
v'(t) &= b\alpha(t) + g'(t), \quad (\text{其中 } v' = (v_1,\cdots,v_{N-1})) \\
\beta_i(t) &= \int_{(X_i(0,t),0)}^{(0,t)} f_i \mathrm{d}\ell_i + v_i(X_i(0,t)), \\
\beta_N(t) &= \ell' \beta'(t), \\
\tilde{\alpha}(t) &= \int_{(0,Y(t,0))}^{(t,0)} f_N \mathrm{d}\ell_N + \beta_N(Y(t,0)).
\end{aligned}$$

将从 $\alpha(t)$ 得到 $\tilde{\alpha}(t)$ 的过程视为从 $C^0[0,T_0]$ 到其自身的映射 S,

$$\tilde{\alpha}(t) = S\alpha(t) + h(t), \tag{3.113}$$

其中

$$h(t) = \int_{(0,Y(t,0))}^{(t,0)} f_N \mathrm{d}\ell_N + \sum_i \ell'_i \left(\int_{(X_i(0,t),0)}^{(0,t)} f_i \mathrm{d}\ell_i + g'_i(X_i(0,t)) \right).$$

当 f,g 均为零时, $h=0$. 则利用积分算子的性质易知 S 为压缩映射, 即存在 $0 < \rho < 1$ 使对一切 $T \leqslant T_0, \tau > 0$ 成立 $\|S\alpha\|_\tau \leqslant \rho \|\alpha\|_\tau$. 于是可知方程 (3.113) 存

在唯一解. 相应地可得 $v'(t), \beta(t)$ 等, 从而得到在 Ω_{T_0} 中定义的

$$\begin{cases} u_i(x,y) = \int_{(X_i(x,y),0)}^{(x,y)} f_i \mathrm{d}\ell_i + v_i(X_i(x,y)), \quad (i=1,\cdots,N-1) \\ u_N(x,y) = \int_{(0,Y(x,y))}^{(x,y)} f_N \mathrm{d}\ell_N + \beta_N(Y(x,y)), \end{cases} \tag{3.114}$$

以及在 $[0, T_0]$ 上定义的

$$\phi(t) = \int_0^t (a\alpha(t) + g_1(t))\mathrm{d}t. \tag{3.115}$$

从而得到问题 $(\mathbf{P_1})$ 的解.

现在给出解的估计. 由 h 的表达式以及 (3.112) 可知

$$\|h\|_\tau \leqslant C\left(\frac{1}{\tau}\|f\|_\tau + \|g\|_\tau\right). \tag{3.116}$$

由于 $\alpha(t)$ 为算子方程 $\alpha(t) = S\alpha(t) + h(t)$ 的解, 故可得

$$\|\alpha\|_\tau \leqslant \frac{1}{1-\rho}\|h\|_\tau \leqslant \frac{C}{1-\rho}\left(\frac{1}{\tau}\|f\|_\tau + \|g\|_\tau\right). \tag{3.117}$$

相应地, 对于 $\|v'\|$、$\|\beta_N\|$ 有同样的估计. 再利用 $X_i(x,y), Y(x,y) \leqslant x+y$ 可得

$$\|u\|_\tau \leqslant C\left(\frac{1}{\tau}\|f\|_\tau + \|g\|_\tau\right), \tag{3.118}$$

并由 $\dfrac{\mathrm{d}\phi}{\mathrm{d}t}$ 的表达式知

$$\left\|\frac{\mathrm{d}\phi}{\mathrm{d}t}\right\|_\tau \leqslant C(\|u\|_\tau + \|g\|_\tau), \tag{3.119}$$

$$\tau\|\phi\|_\tau = \tau \left\|\int_0^z \frac{\mathrm{d}\phi}{\mathrm{d}t}\mathrm{e}^{-\tau z}\mathrm{d}t\right\|_{L^\infty} \leqslant \left\|\frac{\mathrm{d}\phi}{\mathrm{d}t}\right\|_\tau \cdot \left|\tau \int_0^z \mathrm{e}^{\tau(t-z)}\mathrm{d}t\right| \leqslant C\left\|\frac{\mathrm{d}\phi}{\mathrm{d}t}\right\|_\tau. \tag{3.120}$$

于是引理 3.8 的结论 (1) 得证. 其结论 (2)、(3) 的证明留给读者.

现在转向讨论问题 $(\mathbf{P})$, 将其中的系数冻结在原点所导出的问题记为 $(\mathbf{P_0})$, 以

$$\epsilon(\mathbf{P}) = \max_{\Omega_{T_0}}(|A - A_0|, \cdots, |m - m_0|)$$

记系数的扰动量, 则有

引理 3.9 设问题 $(\mathbf{P})$ 的系数满足条件

(C_1') 设 $A, B \in C^1(\Omega_T^{(0)})$, $D \in C^0(\Omega_T^{(0)})$, p, q, m, ℓ 分别为 C^1 类 $N \times 1$, $N \times 1$, $N \times N$, $1 \times N$ 矩阵函数, 方程 $L_0 U = f$ 可以化为 $L_1 U = f_1$ 的形式, 其系数满足条件 (C_1).

(C_2') 在原点, 矩阵 $\begin{pmatrix} p & m \\ 0 & \ell \end{pmatrix}$ 满秩, 且 ℓ 中对应于 γu_N 的系数非零.

(C_3')
$$\inf_\lambda \sup \left(b_1 \lambda_1, \cdots, b_{N-1} \lambda_{N-1}, \sum_{i=1}^{N-1} \lambda_i^{-1} \ell_i' \right) < 1. \tag{3.121}$$

则存在 $\epsilon_1 > 0$, 使得对于 $\epsilon(\mathbf{P}) \leqslant \epsilon_1$, $T \leqslant T_0$, 问题 $(\mathbf{P})$ 对任意的 $(f, g) \in (C^0(\Omega_T^{(0)}) \times C^0[0,T])$ 存在解 $(U, \phi) \in (C^0(\Omega_T^{(0)}) \times C^1[0,T])$, 而且

(1) 对 $\tau > 0$,

$$\|e^{-\tau(x+y)} U\|_{L^\infty(\Omega_T^{(0)})} + \|e^{-\tau t} \frac{d\phi}{dt}\|_{L^\infty([0,T])} + \tau \|e^{-\tau t}\phi\|_{L^\infty([0,T])}$$
$$\leqslant C \left(\frac{1}{\tau} \|e^{-\tau(x+y)} f\|_{L^\infty(\Omega_T^{(0)})} + \|e^{-\tau t} g\|_{L^\infty([0,T])} \right). \tag{3.122}$$

(2) 对 $\tau > 0, \lambda \geqslant 1$,

$$\|(x+y)^{-\lambda} e^{-\tau(x+y)} U\|_{L^\infty(\Omega_T^{(0)})} + \|t^{-\lambda} e^{-\tau t} \frac{d\phi}{dt}\|_{L^\infty([0,T])} \tag{3.123}$$
$$\leqslant C(\|(\lambda(x+y)^{\lambda-1} + \tau(x+y)^\lambda)^{-1} e^{-\tau(x+y)} f\|_{L^\infty(\Omega_T^{(0)})} + \|t^{-\lambda} e^{-\tau t} g\|_{L^\infty([0,T])}).$$

(3) 又若 P 的系数为 C^k, $(f, g) \in (C^k(\Omega_T^{(0)}) \times C^k[0,T])$, 则存在解 $(U, \phi) \in (C^k(\Omega_T^{(0)}) \times C^{k+1}[0,T])$, 而且对充分大的 τ 成立

$$\sum_{|\alpha| \leqslant k} \tau^{k-|\alpha|} \|e^{-\tau(x+y)} \partial^\alpha U\|_{L^\infty(\Omega_T^{(0)})} + \sum_{j \leqslant k+1} \tau^{k+1-j} \|e^{-\tau t} \partial_t^j \phi\|_{L^\infty([0,T])}$$
$$\leqslant C \left(\frac{1}{\tau} \sum_{|\alpha| \leqslant k} \tau^{k-|\alpha|} \|e^{-\tau(x+y)} \partial^\alpha f\|_{L^\infty(\Omega_T^{(0)})} + \sum_{j \leqslant k} \tau^{k-j} \|e^{-\tau t} \partial_t^j g\|_{L^\infty([0,T])} \right). \tag{3.124}$$

为证明引理 3.9, 只需验证引理 3.8 的条件满足. 条件 (C_1) 的满足是明显的. 至于条件 (C_2), 只需注意到式 (3.107) 与 (3.121) 的等价性即可.

当问题 $(\mathbf{P})$ 中的系数还依赖于参量 z 时, 我们还有

引理 3.10 设问题 $(\mathbf{P})$ 的系数关于变量 z 一致地满足引理 3.9 中的条件 (C_1'), (C_2'), (C_3'), 则存在 $\epsilon_1 > 0$, 使得对于 $\epsilon(\mathbf{P}) \leqslant \epsilon_1$, $T \leqslant T_0$, 问题 $(\mathbf{P})$ 对任意的 $(f, g) \in (C^0(\Omega_T^{(0)}) \times C^0[0,T])$ 存在解 $(U, \phi) \in (C^0(\Omega_T^{(0)}) \times C^1[0,T])$, 而且

(1) 将 (3.122)、(3.123) 中 $L^\infty(\Omega_T^{(0)})$, $L^\infty[0,T]$ 用 $L^\infty(\Omega_T)$, $L^\infty(\omega_T)$ 代替后, 该两个不等式仍成立.

(2) 又若 P 的系数为 C^k, $(f,g) \in (C^k(\Omega_T) \times C^k(\omega_T))$, 则存在解 $(U, \phi) \in (C^k(\Omega_T) \times C^{k+1}(\omega_T))$, 而且对充分大的 τ 成立

$$\sum_{|\alpha|\leqslant k} \tau^{k-|\alpha|} \|e^{-\tau(x+y)} \partial^\alpha U\|_{L^\infty(\Omega_T)} + \sum_{j\leqslant k+1} \tau^{k+1-j} \|e^{-\tau t} \partial_t^j \phi\|_{L^\infty(\omega_T)} \quad (3.125)$$

$$\leqslant C \left(\frac{1}{\tau} \sum_{|\alpha|\leqslant k} \tau^{k-|\alpha|} \|e^{-\tau(x+y)} \partial^\alpha f\|_{L^\infty(\Omega_T)} + \sum_{j\leqslant k} \tau^{k-j} \|e^{-\tau t} \partial_t^j g\|_{L^\infty(\omega_T)} \right).$$

这两个引理用于构造问题 (3.55)—(3.57) 的近似解，得到

定理 3.7 对任意的 $\epsilon > 0$, $j \geqslant 0$, 存在 $M > 0$ 与 C^∞ 函数 $(\tilde{U}_j, \tilde{\phi}_j)$, 使得

$$\begin{aligned}
&|L(\tilde{U}_j, \tilde{\phi}_j)\tilde{U}_j| = O((x+y)^j), \\
&\ell\gamma_1 \tilde{U}_j = 0, \\
&|\mathsf{F}(\gamma_2 \tilde{U}_j, \tilde{\phi}_j)| = O(t^{j+1}), \\
&\epsilon_{T_0}(\tilde{U}_j, \tilde{\phi}_j) \triangleq \|\tilde{U}_j - \tilde{U}_0\|_{L^\infty(\Omega_{T_0})} + \|\tilde{\phi}_j - \sigma t\|_{L^\infty(\omega_{T_0})} \\
&\quad + \|\nabla(\tilde{\phi}_j - \sigma t)\|_{L^\infty(\omega_{T_0})} + \|Z(\tilde{\phi}_j - \sigma t)\|_{L^\infty(\Omega_{T_0})} < \epsilon, \\
&\|\tilde{U}_j\|_{H^N(\Omega_{T_0})} + \|\gamma_2 \tilde{U}_j\|_{H^N(\omega_{T_0})} + \|\tilde{\phi}_j\|_{H^{N+1}(\omega_{T_0})} + \|Z\phi_j\|_{H^N(\Omega_{T_0})} < M.
\end{aligned} \quad (3.126)$$

证明 对每个 z 将系数冻结在 $(0, 0, z)$, 可以利用激波极线由不同的 $\dfrac{\partial f}{\partial x}(0, z)$ 决定激波的斜率 $\tau(z)$ 与激波后的流场 $V(z)$, 使它们满足

$$\ell V(z) = 0, \quad (3.127)$$

$$\mathsf{F}(0, z, V(z), 0, \tau(z), 0) = 0. \quad (3.128)$$

令 $\tilde{U}_0 = V(z)$, $\tilde{\phi}_0 = \tau(z)t$, 则只要 z 的周期 Δ 足够小，(3.126) 对 $j = 0$ 成立. 现逐次地定义

$$\begin{cases}
A(\tilde{U}_0, \tilde{\phi}_0)\dfrac{\partial \tilde{V}_n}{\partial x} + B(\tilde{U}_0, \tilde{\phi}_0)\dfrac{\partial \tilde{V}_n}{\partial y} = -L(\tilde{U}_n, \tilde{\phi}_n)\tilde{U}_n, \\
\ell\gamma_1 \tilde{V}_n = 0, \\
F_0(\gamma_2 \tilde{V}_n, \tilde{\psi}_n) = -\mathsf{F}(\gamma_2 \tilde{U}_n, \tilde{\phi}_n), \quad \tilde{\psi}_n|_{t=0} = 0 \\
\tilde{U}_{n+1} = \tilde{U}_n + \tilde{V}_n, \quad \tilde{\phi}_{n+1} = \tilde{\phi}_n + \tilde{\psi}_n,
\end{cases} \quad (3.129)$$

其中

$$F_0(\gamma_2 \tilde{V}_n, \tilde{\psi}_n) = p(\gamma_2 \tilde{U}_0, \tilde{\phi}_0)\dfrac{\partial \tilde{\psi}_n}{\partial t} + q(\gamma_2 \tilde{U}_0, \tilde{\phi}_0)\tilde{\psi}_n + m(\gamma_2 \tilde{U}_0, \tilde{\phi}_0)\gamma_2 \tilde{V}_n.$$

注意到在问题 (3.129) 中 z 仅是个参量,由 $(\tilde{U}_n, \tilde{\phi}_n)$ 决定 $(\tilde{V}_n, \tilde{\psi}_n)$ 的过程就是解一个含两个自变量的偏微分方程的 Goursat 问题. 容易验证, 引理 3.9 的条件均得到满足. 在此我们特别指出, 条件 (C'_3) 中的 (3.121) 就是定理 3.1 中最小示性数 $|H|_{\min}$ 小于 1 的条件. 由 3.1 节的讨论可知, 在我们所讨论的激波反射问题中取反射激波为弱激波时, 这个条件满足. 从而引理 3.9 与引理 3.10 可用, 由此, 我们就可建立满足 (3.125) 的序列.

最后, 只要将 x, y 取得充分小 (相应地 t 也充分小), 就可以得到按 Sobolev 空间中的模充分小的近似解.

3.2.4　Newton 迭代法与非线性问题解的存在性

现在我们由上一小节得到的首个近似解出发, 利用非线性迭代格式来获得问题的精确解. 非线性迭代格式多种多样, 其中 Newton 迭代格式是最简单与常用的格式之一. 首先, 让我们先简单地回顾一下 Newton 迭代格式的要点.

给定一个 C^2 非线性函数 $y = f(x)$, 已知它在 x_* 点有单根. 如何求此单根呢? 由于 x_* 为单根, 故 $f'(x_*) \neq 0$. 若已知该根的一个近似值 x_0, 则当 $|x_* - x_0|$ 很小时 $f(x_0)$ 很小, 且也有 $f'(x_0) \neq 0$. 现在从 x_0 出发构造一个迭代格式求 x_*. 设 x_j 为迭代过程中的一个近似值, 在 x_j 点处可将 $f(x)$ 写成

$$f(x) = f(x_j) + f'(x_j)(x - x_j) + O(|x - x_j|^2).$$

若 x_* 为 $f(x) = 0$ 的解, 则

$$0 = f(x_*) = f(x_j) + f'(x_j)(x_* - x_j) + O(|x_* - x_j|^2).$$

忽略二阶小量, 取 x_{j+1} 使

$$f(x_j) + f'(x_j)(x_{j+1} - x_j) = 0.$$

则 x_{j+1} 就是在不计二阶误差的意义下使 $f(x) = 0$ 的解. 于是可以构造一个迭代格式

$$x_{j+1} = x_j - (f'(x_j))^{-1} f(x_j). \tag{3.130}$$

只要 $f'(x_j) \neq 0$, 这一过程就可继续下去. 因此, 在初值 x_0 充分接近于真解 x_* 的情况下, 这个过程就有可能建立一个近似解的序列 $\{x_j\}$, 并据此求得真解 x_*.

为判定这一格式决定的序列 $\{x_j\}$ 是否收敛于 x_* 以及收敛速度如何, 我们可以由 (3.130) 导出

$$x_{j+1} - x_* = x_j - x_* - (f'(x_j))^{-1}(f(x_j) - f(x_*))$$

$$= x_j - x_* - (f'(x_j))^{-1}(f'(x_j)((x_j - x_*) + O(|x_j - x_*|^2))$$
$$= O(|x_j - x_*|^2).$$

所以，在一般情形下 Newton 格式将提供二次的收敛速度，使得从初始的近似解得到精确解。这里需注意的是初始值 x_0 应该是与真解 x_* 比较接近的值，否则序列 $\{x_j\}$ 的演变将不可控.

有时，为简化所导出线性问题的求解，也会将格式 (3.130) 改成

$$x_{j+1} = x_j - (f'(x_0))^{-1} f(x_j). \tag{3.131}$$

这时有

$$x_{j+1} - x_* = x_j - x_* - (f'(x_0))^{-1}(f'(x_j)(x_j - x_*)) + O(|x_j - x_*|^2)$$
$$= x_j - x_* - (f'(x_0))^{-1}(f'(x_0)(x_j - x_*))$$
$$\quad + (f'(x_0))^{-1}(f'(x_j) - f'(x_0))(x_j - x_*))O(|x_j - x_*|^2)$$
$$= O(|x_j - x_*|^2 + |x_j - x_*| \cdot |x_0 - x_*|).$$

故此时的简化格式所产生的误差虽然不是二阶的，但在 x_0 与 x_* 很接近时，这个量也比通常的 $O|x_j - x_*|$ 小很多.

Newton 迭代法可以应用到一般的 Banach 空间之间的映射. 此时变量 x, y 将分别视为在两个 Banach 空间 X 与 Y 中的变元，函数 f 是 $X \to Y$ 的映射，而 $f'(x_j)$ 就是这个映射在 x_j 处的 Frechet 导数. 当这个非线性映射是通过一个偏微分方程的边值问题来实现时，即以 f 表示一个非线性边值问题，f' 就是由它导出的一个线性边值问题，$(f')^{-1}$ 就是后者的解算子. 正因为 Newton 迭代格式中要求初始值 x_0 不能离解的精确值太远，故我们在上一小节费了相当的努力于构造初始近似解.

应用以上的分析，我们可以构造迭代序列 $\{(U_n, \phi_n)\}$. (U_0, ϕ_0) 为定理 3.7 中得到的解 $\tilde{U}_j, \tilde{\phi}_j$ 在 j 充分大时的取值. 由定理 3.7 中的估计 (3.126) 知当 T 充分小时，它们的范数充分小. $W_0 = 0, \theta_0 = 0$. 当 (U_n, ϕ_n) 已知时，(W_{n+1}, θ_{n+1}) 由下式决定：

$$\begin{cases} L(U_n, \phi_n) W_{n+1} = -L(U_n, \phi_n) U_0 \ (\triangleq f_n), \\ \ell_{\gamma_1} W_{n+1} = 0, \ \theta_{n+1}|_{t=0} = 0, \\ F_{\gamma_2 U_n, \phi_n}(\gamma_2 W_{n+1}, \theta_{n+1}) = -\mathsf{F}(\gamma_2 U_n, \phi_n) + F_{\gamma_2 U_n, \phi_n}(\gamma_2 W_n, \theta_n) \ (\triangleq g_n), \end{cases} \tag{3.132}$$

然后，令

$$U_{n+1} = U_0 + E_T W_{n+1}, \ \phi_{n+1} = \phi_0 + E_T \theta_{n+1}, \tag{3.133}$$

其中 E_T 为引理 3.2 中定义的保范延拓算子. 这里需应用延拓算子 E_T 的原因是由于在通过 (3.132) 构造序列 (U_n, ϕ_n) 时所得到的解可能达不到 $t = T$ 的时间范围, 故需通过附加一个延拓过程使所有的 (U_n, ϕ_n) 具有相同的定义域.

记从 (U_{n-1}, ϕ_{n-1}) 到 (U_n, ϕ_n) 的映射为 Π, 则有

定理 3.8 设 $N \geqslant 5$, 存在 $T_1 \in (0, T)$ 使得映射 Π 是空间 W_{λ,T_1}^N 上的内射, 且是空间 W_{λ,T_1}^{N-1} 上的压缩映射.

证明 我们首先证明 (U_n, ϕ_n) 能递归地确定, 且以下不等式

$$\epsilon_{T_0}(W_n, \theta_n) \leqslant \epsilon_1, \quad \|\|W_n, \theta_n\|\|_{N,\lambda,T_0} \leqslant 1 \tag{3.134}$$

成立, 其中范数 $\|\|W_n, \theta_n\|\|_{N,\lambda,T_0}$ 的定义见 3.2.2 节之初.

显然, 当 $n = 0$ 时上式成立. 现在设上式对指标 n 成立, 则由引理 3.5 可知, $L(U_n, \phi_n)$ 的系数 A, B, Q 满足

$$\|A(U_n, \phi_n) - A(U_0, \phi_0)\|_{H^N_{\lambda-1/2}(\Omega_T)} \leqslant C(\|W_n\|_{H^N_{\lambda-1/2}(\Omega_T)} + \|Z\theta_n\|_{H^N_{\lambda-1/2}(\Omega_T)}). \tag{3.135}$$

从而

$$\begin{aligned}
&\|-L(U_n, \phi_n)U_0\|_{H^N_{\lambda-1/2}(\Omega_T)} \\
&\leqslant C(\|L(U_0, \phi_0)U_0\|_{H^N_{\lambda-1/2}(\Omega_T)} + \|(L(U_0, \phi_0) - L(U_n, \phi_n))U_0\|_{H^N_{\lambda-1/2}(\Omega_T)} \\
&\leqslant C(\|L(U_0, \phi_0)U_0\|_{H^N_{\lambda-1/2}(\Omega_T)} + \|\|(W_n, \theta_n)\|\|_{N,\lambda-1,T} \leqslant C_1 T.
\end{aligned} \tag{3.136}$$

同理, 由引理 3.6 可知

$$\begin{aligned}
&\|g_n - g_0\|_{H^N_{2\lambda-1}(\omega_T)} \\
&\leqslant C(\|\mathsf{F}(\gamma_2 U_n, \phi_n) - \mathsf{F}(\gamma_2 U_0, \phi_0) + F_{\gamma_2 U_n, \phi_n}(\gamma_2 W_n, \theta_n)\|_{H^N_{2\lambda-1}(\omega_T)} \\
&\leqslant C(\|\gamma_2 W_n\|_{H^N_\lambda(\omega_T)} + \|\|\theta_n\|_{H^{N+1}_{\lambda+1}(\omega_T)}),
\end{aligned} \tag{3.137}$$

从而有

$$\|g_n\|_{H^N_\lambda(\omega_T)} \leqslant C_2 T. \tag{3.138}$$

于是将 (3.132) 视为 (W_{n+1}, θ_{n+1}) 的线性问题, 可以应用上节的定理 3.2 得到

$$\|\|W_{n+1}, \theta_{n+1}\|\|_{N,\lambda,T} \leqslant C_3 T, \tag{3.139}$$

以及利用延拓算子的性质知

$$\|\|EW_{n+1}, E\theta_{n+1}\|\|_{N,\lambda,T} \leqslant C_3 KT. \tag{3.140}$$

这样, 当 T 取得充分小时, 就有 (3.134) 成立.

为证明定理的第二部分,即映射 Π 在空间 W_{λ,T_0}^{N-1} 中的压缩性,我们估计 (U_{n+1},ϕ_{n+1}) 与 (U_n,ϕ_n) 之差,它满足

$$\begin{cases} L(U_n,\phi_n)(U_{n+1}-U_n) = (L(U_{n-1},\phi_{n-1}) - L(U_n,\phi_n))U_n \ (\triangleq b_n), \\ \ell\gamma_1(U_{n+1}-U_n) = 0, \\ \mathsf{F}_{\gamma_2 U_n,\phi_n}(\gamma_2(U_{n+1}-U_n),\phi_{n+1}-\phi_n) = -\mathsf{F}(\gamma_2 U_n,\phi_n) + \mathsf{F}(\gamma_2 U_{n-1},\phi_{n-1}) \\ \quad + \mathsf{F}_{\gamma_2 U_{n-1},\phi_{n-1}}(\gamma_2(U_n-U_{n-1}),\phi_n-\phi_{n-1}) \ (\triangleq \beta_n), \\ \phi_{n+1}-\phi_n|_{t=0} = 0. \end{cases}$$

(3.141)

仍应用定理 3.6 可得

$$|||U_{n+1}-U_n,\phi_{n+1}-\phi_n|||_{N-1,\lambda,T} \leqslant C_3 |||b_n,\beta_n|||'_{N-1,\lambda,T}, \tag{3.142}$$

固定 λ,可以利用对 b_n,β_n 的估计得到

$$|||U_{n+1}-U_n,\phi_{n+1}-\phi_n|||_{N-1,\lambda,T} \leqslant C_4 T |||U_n-U_{n-1},\phi_n-\phi_{n-1}|||_{N-1,\lambda,T}. \tag{3.143}$$

于是,在 T 充分小时就得到映射 Π 的压缩性.

定理 3.5 的证明 至此,我们可以总结本章以上的讨论证得定理 3.5. 事实上,取定 T_1, C_4 为定理 3.8 中给出的常数,令 $T = \min\left(T_1, \dfrac{1}{2C_4}\right)$,则定理 3.8 中所示的压缩性使我们可以在 (3.132) 两边取极限. 显然,(U_n,ϕ_n) 的极限 (U,ϕ) 满足非线性问题 (3.55)—(3.57). 由 Banach-Saks 定理知,此极限也属于 $W_\lambda^N(\Omega_T)$. 进而由 Sobolev 嵌入定理知,$U \in H^5(\Omega_T) \subset C^3(\Omega_T)$,$\phi \in H^6(\omega_T) \subset C^4(\omega_T)$. 回到原始的物理坐标,我们就得到了问题 (3.48)—(3.51) 的局部经典解存在性. 从而证明了一般斜激波反射问题解的局部存在性与稳定性.

3.3 含跨音速反射激波的正则反射

如 3.1.1 节所述,当一个平面激波被平坦的物面反射时,如果入射激波与物面的夹角小于临界角 θ_c,则按激波极线分析可知,存在弱激波反射与强激波反射两种可能. 从而会出现含超音速反射激波与含跨音速反射激波的两种正则反射模式. 相应地,当一个弯曲的激波被物面反射 (或平面激波被弯曲的物面反射) 时也可能有这两种反射模式出现. 本章前两节讨论了含超音速激波的正则反射,现在来讨论含跨音速激波的正则反射.

以下限于讨论两个空间变数的定常等熵无旋流的情形. 此时,描写流动的方程

为 (3.11), 记 ϕ 为速度势, $\nabla\phi = (u,v)$, 则方程 (3.11) 可以写为

$$\sum_{i,j=1}^{2} a_{ij}(\nabla\phi)\partial_{x_i x_j}\phi = 0, \tag{3.144}$$

其中 $a_{11} = \phi_{x_1}^2 - c^2$, $a_{12} = \phi_{x_1}\phi_{x_2}$, $a_{22} = \phi_{x_2}^2 - c^2$, c 表示音速. 仍设物面为 $x_2 = 0$, 未扰动的激波为 $x_2 = kx_1$, 设反射激波前未扰动流场的速度为 $(q_\ell \cos\alpha_0, -q_\ell \sin\alpha_0)$, 反射激波后未扰动流场的速度为 q_r, 则未扰动流的位势为

$$\begin{cases} \phi_0^\ell(x_1,x_2) = x_1 q_\ell \cos\alpha_0 - x_2 q_\ell \sin\alpha_0, \\ \phi_0^r(x_1,x_2) = x_1 q_r. \end{cases} \tag{3.145}$$

由在 $x_2 = kx_1$ 上位势连续可知

$$q_\ell(\cos\alpha_0 - k\sin\alpha_0) = q_r. \tag{3.146}$$

此外, 由 Rankine-Hugoniot 条件知

$$(\rho(q_r)q_r - \rho(q_\ell)q_\ell\cos\alpha_0)(q_r - q_\ell\cos\alpha_0) + \rho(q_\ell)(q_\ell\sin\alpha_0)^2 = 0. \tag{3.147}$$

(即 (2.25)), 其中 $\rho(q) = \left(\dfrac{\gamma-1}{\gamma}(\dfrac{\gamma+1}{2(\gamma-1)}c_*^2 - \dfrac{1}{2}q^2)\right)^{\frac{1}{\gamma-1}}$, (见第二章 (2.21)), 也可以为方便起见去掉一个常数因子而写成

$$\rho = \left(1 - \frac{\gamma-1}{2}q^2\right)^{\frac{1}{\gamma-1}}.$$

(在物理上相当于量纲的重新选取). 由于入射激波前后都是超音速流动, 故我们可以将所考察的激波反射问题归结为当反射激波前方的流动被扰动时, 反射激波的位置以及波后的流场如何跟着被扰动. 于是可用 (3.145) 表达的速度势以及激波位置 $x_2 = kx_1$ 作为以下讨论扰动问题的背景解. 又由于反射激波后为亚音速流动, 方程 (3.144) 在该区域中为椭圆型方程. 因此, 为确定此方程在反射激波后的解就必须在波后流场的下游加上一个限制条件, 这是含跨音速激波的激波反射问题与含超音速反射激波的激波反射问题的实质不同之处.

在亚音速区域下游添加的限制条件可以是增加一个边界 (从而将求解区域设定为有界区域), 并在此边界上设定某种边界条件, 也可以是将求解区域延伸到无穷远, 并相应地对所求的解在无穷远处的性态加以某些限制. 在下面的讨论中将采用后一种方案, 将求解区域取为以已知的物面 W 与待定的反射激波面 S 所夹的无界区域 (见图 3.2). 对解在无穷远处性态的限制将体现在解所属的函数空间中.

对 R^2 中任意给定的无界区域 D, 记 $r_x = (x_1^2 + x_2^2)^{1/2}$, $r_{x,y} = \min(r_x, r_y)$, 可以定义带权的 Hölder 空间:

$$[u]_{m,0;\mathsf{D}}^{(k,\ell)} = \sum_{|\beta|=m} \left(\sup_{x \in \mathsf{D}, 0 < r_x < 1} |r_x^{k+m} D^\beta u(x)| + \sup_{x \in D, r_x \geqslant 1} |r_x^{\ell+m} D^\beta u(x)| \right),$$

$$[u]_{m,\alpha;\mathsf{D}}^{(k,\ell)} = \sum_{|\beta|=m} \left(\sup_{x,y \in \mathsf{D}, 0 < r_{x,y} < 1} r_{x,y}^{k+m+\alpha} \frac{|D^\beta u(x) - D^\beta u(y)|}{|x-y|^\alpha} \right.$$

$$\left. + \sup_{x,y \in \mathsf{D}, r_{x,y} \geqslant 1} r_{x,y}^{\ell+m+\alpha} \frac{|D^\beta u(x) - D^\beta u(y)|}{|x-y|^\alpha} \right),$$

$$\|u\|_{m,0,\mathsf{D}}^{(k,\ell)} = \sum_{j=0}^{m} [u]_{j,0;\mathsf{D}}^{(k,\ell)},$$

$$\|u\|_{m,\alpha,\mathsf{D}}^{(k,\ell)} = \|u\|_{m,0,\mathsf{D}}^{(k,\ell)} + [u]_{m,\alpha,\mathsf{D}}^{(k,\ell)}.$$

进而定义相应的空间

$$H_{m,\alpha}^{(k,\ell)} = \{u \in C_{loc}^{m,\alpha}(\bar{\mathsf{D}} \setminus \{0\}); \|u\|_{m,\alpha;\mathsf{D}}^{(k,\ell)} < +\infty\},$$

并在这类带权 Hölder 空间中表述所讨论的问题求解. 如前所述, 在激波前被扰动的流场用位势 $\phi^\ell(x,y)$ 表示, 它是 $\phi_0^\ell(x,y)$ 的扰动. 两者仅在一个紧集外有差异, 且

$$\|\phi^\ell - \phi_0^\ell\|_{1,\alpha,\Omega_{10}^\ell}^{(-1-\delta_0, -1+\delta_\infty)} \leqslant \sigma, \tag{3.148}$$

其中 $\delta_0, \delta_\infty, \sigma$ 均为给定的小常数, Ω_{10}^ℓ 是未扰动入射激波与反射激波所夹之角状区域.

将待定的反射激波记为 S, 它是背景解中平面反射激波 S_0 的扰动. 在 S 与物面 W 之间的区域记为 Ω_1^r (图 3.2). 为获得激波反射问题的解就是要寻求 S 的位置以及在区域 Ω_1^r 中的位势函数 $\phi^r(x_1, x_2)$, 使其满足

$$\begin{cases} \sum_{i,j=1}^{2} a_{ij}(D\phi^r) \partial_{ij} \phi^r = 0, & \text{在 } \Omega_1^r \text{ 中}, \\ \phi^\ell(x_1, x_2) = \phi^r(x_1, x_2), & \text{在 } S \text{ 上}, \\ \nu_1(\rho_r \partial_{x_1} \phi^r - \rho_\ell \partial_{x_1} \phi^\ell) + \nu_2(\rho_r \partial_{x_2} \phi^r - \rho_\ell \partial_{x_2} \phi^\ell) = 0, & \text{在 } S \text{ 上}, \\ \partial_{x_2} \phi^r = 0, & \text{在 } W \text{ 上}, \\ \phi^r(0,0) = 0, \lim_{|x| \to \infty} |D\phi^r| \text{ 存在}, \end{cases} \tag{3.149}$$

其中 $\nu = (\nu_1, \nu_2)$ 是 S 的法向, 它由 Ω_1^ℓ 指向 Ω_1^r, $\rho_r = \rho(|D\phi^r|)$, $\rho_\ell = \rho(|D\phi^\ell|)$.

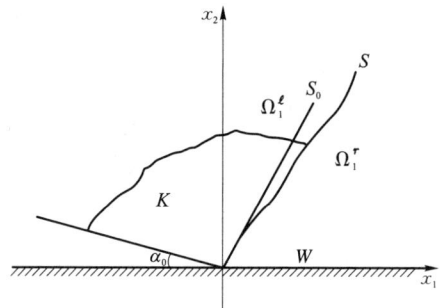

图 3.2 含跨音速激波的正则反射

在 [27] 中得到了如下的结论.

定理 3.10 设 $0<\alpha<1, q_\ell>c_*, q_r<c_*$, 且 q_ℓ, q_r, α_0 满足 (3.147) 以及

$$\mu_0 \triangleq \rho(q_r)\left(1-\frac{q_r^2}{c_r^2}\right)(q_\ell\cos\alpha_0-q_r)^2 - \rho(q_\ell)(q_\ell\sin\alpha_0)^2 > 0. \tag{3.150}$$

则存在依赖于 $\gamma, q_\ell, q_r, \alpha$ 的常数 $\delta_0, \delta_\infty \in (0,1)$ 以及 $\sigma_0 > 0, \hat{C} > 0$, 使得对一切 $\sigma \in (0, \sigma_0)$, 只要

$$\|\phi^\ell - \phi_0^\ell\|_{3,\alpha,\Omega_{10}^\ell}^{(-1-\delta_0,-1+\delta_\infty)} \leqslant \sigma, \tag{3.151}$$

则自由边值问题 (3.149) 存在唯一解 $\phi^r \in C^3(\overline{\Omega^r}\setminus\{0\})$, 它满足估计

$$\|\phi^r - \phi_0^r\|_{3,\alpha,\Omega_1^r}^{(-1-\delta_0,-1+\delta_\infty)} \leqslant C_1\sigma. \tag{3.152}$$

注 3.2 估计式 (3.152) 给出了反射激波后的流场的稳定性. 又若记 S 的方程为 $x_1=\chi(x_2)$, 则由 (3.151)、(3.152) 可以得到

$$\|\chi(x_2)-k_0 x_2\|_{3,\alpha,R^+}^{(-1-\delta_0,-1+\delta_\infty)} \leqslant C_2\sigma, \tag{3.153}$$

其中 C_2 依赖于 $\gamma, q_\ell, q_r, \alpha$. 此式也显示了激波位置的稳定性. 所以, 定理 3.10 可以简要地用语言表述为: 在下游无穷远处给出一定控制条件下, 强激波反射问题可解, 且解关于来流的扰动是稳定的.

注 3.3 如果记等式 (3.147) 左边为 $H(q_\ell,q_r,\alpha_0)$, 则 (3.150) 即 $\frac{\partial H}{\partial q_r}>0$. 当反射激波前流体速度方向与物面的夹角 α_0 小于由激波极线决定的临界角 θ_c 时, 反射激波的位置有两种可能, 分别对应于弱激波与强激波. 而 $\mu_0 = \frac{\partial H}{\partial q_r}>0$ 即对应于强激波情形. 故定理 3.10 说明, 在下游无穷远处给出一定控制的条件下对应于强激波的跨音速激波是稳定的.

定理 3.10 的详细证明可参见 [27], 该文中所讨论的原始问题是楔形物体的超音速绕流问题, 但如本章第一节中所述, 激波的正则反射问题的求解与楔形物体超音速绕流问题的含附体激波的求解本质上相同. 其求解的主要步骤也是先做线性化方程的估计, 接着利用此估计通过非线性迭代建立一个近似解序列, 再证明此序列收敛于真解. 由于带权的函数空间的范数定义包含了在区域角点以及在无穷远处的特殊要求, 导致线性化后得到的椭圆问题估计比较繁杂.

关于楔形物体超音速绕流问题的含跨音速附体激波解的求解在 [8],[37],[62] 等文献中有进一步讨论, [9] 中还讨论了三维的情形. 这些讨论均可应用于含跨音速激波的正则反射问题, 得到在下游的无穷远处添加对流场一定的控制条件下含跨音速激波解的稳定性. 因此, 当入射角较小时, 按理论分析所得到的弱反射激波与强反射激波都有可能存在, 且在一定条件下稳定. 但需指出的是, 由于在下游无穷远处对流场实施控制在实践中常很难做到, 因此在同时有可能出现超音速反射激波与跨音速反射激波的情形, 一般总是出现超音速反射激波. 从而超音速反射激波通常被认为是更合理的选择.

第四章
Mach 反射结构的稳定性

当入射激波与物面构成的入射角大于一个临界值时，激波正则反射现象不可能出现，此时可能出现激波的 Mach 反射. 本章研究 Mach 反射的生成及其结构. Mach 结构是指从一个交点发出三个激波与一个接触间断的非线性波结构. 我们将根据流场的特性对此结构进行分类，并研究各类 Mach 结构稳定性.

4.1 问题的归结与 Mach 结构的分类

4.1.1 E–E 型与 E–H 型 Mach 结构

如本书前面多次提到的，当入射激波与物面构成的入射角大于一个临界值时，激波正则反射现象不可能出现. 此时可能出现激波的 Mach 反射 (图 1.5). 定常的 Mach 反射也可以用实验方法得到. 在一个超音速风洞中放置一个尖头的楔形物体，当超音速气流流入时，就在楔形物体的尖前缘特性对生成一个激波. 这个激波到达风洞壁面时就被反射 (见图 4.1). 如果激波面与壁面的夹角较大，所产生的激波反射就不可能是正则反射，而必定是 Mach 反射. 由超音速绕流产生的激波为入射激波，由此产生的反射激波、Mach 激波 (Mach 杆) 以及三叉交点后的接触间断所构成的 Mach 结构与第一章图 1.5 中所示的情形相仿.

在平面激波反射的情形，Mach 反射在三叉激波的交点形成的 Mach 结构 (从一个交点发出三个激波与一个接触间断) 可以通过激波极线方法构造. 但这样的波结构是否稳定？亦即当入射激波及其波后的流场有扰动时，是否仍会出现这样的 Mach 结构？且相应的反射激波、Mach 激波、接触间断线以及在交点附近的流动参量也在原有值附近作扰动？由于只有稳定的波结构才能实际上被观察到，所以从理论上证明 Mach 结构稳定性是十分必要的.

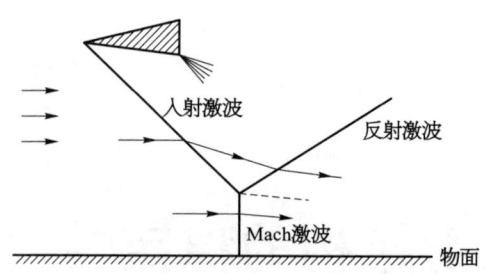

图 4.1 定常激波的 Mach 反射

超音速气流越过 Mach 结构时，一部分气体先穿越入射激波、再穿越反射激波，另一部分气体只穿越一个 Mach 激波 (见图 2.9，前一部分气流具有速度 $\vec{q_3}$，后一部分气流具有速度 $\vec{q_3'}$). 此后两股气流汇合，但中间始终被一个接触间断线分离. 一般情形下，Mach 激波与气流速度方向的夹角较大，甚至近似于正激波. 故激波后速度即转变为亚音速. 而另一股气流虽然两次穿越激波而经历了两次减速，却可能会出现反射激波后的流速为亚音速与超音速两种不同的情况. 由于超音速气流的下游不影响上游，而亚音速气流的情况相反. 故这两种 Mach 反射将具有不同的特性. 我们将它们分别称为 E–E 型 Mach 结构与 E–H 型 Mach 结构. E–E 型 Mach 结构是指经历 Mach 反射后两部分气流均为亚音速的. E–H 型 Mach 结构是指经历 Mach 反射后穿越 Mach 杆部分的气流是亚音速的，而先后穿越入射激波与反射激波的气流仍保持为超音速的. 本章中在第一到第四节将先对 E–E 型 Mach 结构的稳定性给予较详细的证明，然后在第五节证明 E–H 型 Mach 结构的稳定性，着重指出在讨论 E–H 型 Mach 结构时所需考虑的新因素及其处理方法.

下面的图 4.2 与图 4.3 中给出了 E–E 型与 E–H 型 Mach 结构所对应的 $\Gamma_{(\theta,p)}$ 激波极线图.

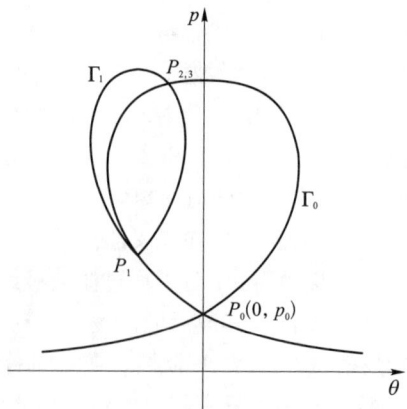

图 4.2 E–E 型 Mach 结构对应的激波极线图

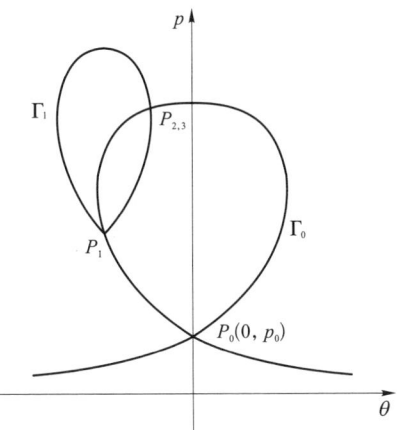

图 4.3 E–H 型 Mach 结构对应的激波极线图

4.1.2 方程与边界条件

我们讨论平面上的激波结构, 故方程与激波条件与第三章初所述的一致. 方程 (3.1) 也可写为

$$\begin{cases} \dfrac{\partial(\rho u)}{\partial x} + \dfrac{\partial(\rho v)}{\partial y} = 0, \\ u\dfrac{\partial u}{\partial x} + v\dfrac{\partial u}{\partial y} + \dfrac{1}{\rho}\dfrac{\partial p}{\partial x} = 0, \\ u\dfrac{\partial v}{\partial x} + v\dfrac{\partial v}{\partial y} + \dfrac{1}{\rho}\dfrac{\partial p}{\partial y} = 0. \end{cases} \quad (4.1)$$

当 $y = \phi(x)$ 为激波的方程时, 在激波上的 Rankine-Hugoniot 条件为

$$\begin{cases} [\rho u]\phi' = [\rho v], \\ [p + \rho u^2]\phi' = [\rho uv], \\ [\rho uv]\phi' = [p + \rho v^2]. \end{cases} \quad (4.2)$$

在第二章的讨论中已指出, 当入射激波的入射角大于一个临界值时, 激波正则反射成为不可能. 此时可能出现的反射是 Mach 反射. 利用激波极线可以构造出从一个交点发出三个激波 (其中之一为入射激波) 与一个接触间断的 Mach 结构, 这个结构是 Mach 反射的核心结构. 当这三个激波均为平面激波, 接触间断也是平面, 且夹在两个非线性波之间的状态均为常状态时, 这样的 Mach 结构称为平直的 Mach 结构. 如果来流或入射激波改变为非平直的, 那么在 Mach 结构中的其他元素也不再是平直的. Mach 结构是否在扰动下为稳定是人们甚为关切的问题. 本章中就将对 Mach 结构的稳定性给一个确切的意义, 并证明该结构的稳定性.

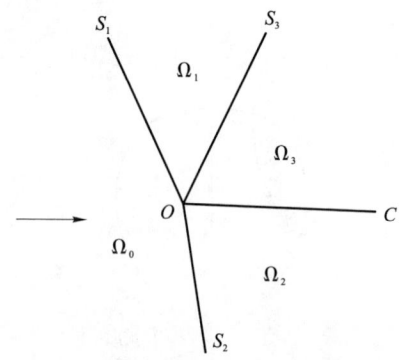

图 4.4 平直的 Mach 结构

以下我们先讨论 E–E 型 Mach 结构的稳定性. 设在三叉激波交点附近的平直激波结构如图 4.4 所示,其中入射激波为 $S_1: y = \phi_1^0 x$,反射激波为 $S_3: y = \phi_3^0 x$, Mach 激波为 $S_2: y = \phi_2^0 x$. 接触间断为 $C: y = \phi_4^0 x$,其中

$$\phi_1^0 < 0, \ \phi_2^0 < 0, \ \phi_3^0 > 0.$$

这些波将原点邻域分割成

$\Omega_0: y < \phi_1^0 x, \ x \leqslant 0,$ 或 $y < \phi_2^0 x, \ x \geqslant 0,$

$\Omega_1: (\phi_1^0)^{-1} y < x < (\phi_3^0)^{-1} y, \ y > 0,$

$\Omega_2: \phi_2^0 x < y < \phi_4^0 x, \ x > 0,$

$\Omega_3: \phi_4^0 x < y < \phi_3^0 x, \ x > 0,$

在每个区域 Ω_i 中的流动参量为 U_i^0,它们在激波与接触间断线上满足 Rankine-Hugoniot 条件与熵条件.

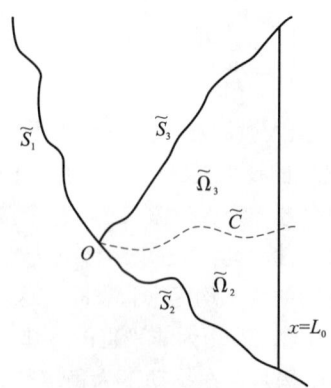

图 4.5 三叉激波交点附近激波结构的扰动

在图 4.5 中显示的是这些非线性波的扰动以及相关区域的扰动. 坐标原点可以平移, 使得其保持不变, 激波以及接触间断波扰动后为 $\tilde{S}_i : y = \tilde{\phi}_i(x)$, $1 \leqslant i \leqslant 4$. 区域 Ω_i 经扰动后变为 $\tilde{\Omega}_i$. 为避免讨论远离三叉交点的流动, 我们又将所有的讨论限制在一个确定的圆 $x^2 + y^2 < R^2$ 之内, 其中 R 为一个给定的常数. 此外, 还设在区域 Ω_i 中的未扰动常状态 U_i^0 经扰动后变为定义于 $\tilde{\Omega}_i$ 中的函数 $\tilde{U}_i(x,y)$.

我们要证明的稳定性简单地说就是: 如果产生扰动的"因"充分小, 则扰动的"果"也充分小. 所以先得将"因"与"果"作出精确的描述. 入射激波 S_1 以及在激波前的状态 $\tilde{U}_0$ 自然是属于"因". 由于在我们的问题中入射激波后的状态必须是超音速的, 而超音速气流下游不影响上游, 故在入射激波后反射激波前的状态与是否出现 Mach 反射无关. 因此在 Mach 结构稳定性的讨论中可以将在入射激波后反射激波前的状态 $\tilde{U}_1$ 也视作"因", 而将激波 $\tilde{S}_2, \tilde{S}_3$, 接触间断 $\tilde{C}$, 状态 $\tilde{U}_2, \tilde{U}_3$ 视作"果". 为衡量输入扰动 (即"因") 的大小, 我们设 $\tilde{U}_0, \tilde{U}_1$ 可以保持范数延拓到 Ω_{e_0} 中, 这里

$$\Omega_{e_0}: x < \begin{cases} (\phi_2^0)^{-1} y + e_0, & \text{若 } y < 0, \\ (\phi_3^0)^{-1} y + e_0, & \text{若 } y > 0, \end{cases}$$

其中 e_0 为一个小的正数. 于是可以计算

$$d((\tilde{U}_0, \tilde{U}_1), (U_0^0, U_1^0)) = \sum_{i=0,1} \|\tilde{U}_i - U_i^0\|_{C^{2,\alpha_0}(\Omega_i^{e_0})},$$

并定义

$$O_\delta = \{(\tilde{U}_0(x,y), \tilde{U}_1(x,y)); \ d((\tilde{U}_0, \tilde{U}_1), (U_0^0, U_1^0)) < \delta\}.$$

然后可以用 δ 来衡量输出扰动 (即"果")

$$Q = \sum_{i=2,3,4} \|\tilde{\phi}_i(x) - \phi_i^0 x\|_{C^{2,\alpha}} + \sum_{2,3} \|\tilde{U}_i(x,y) - U_i^0\|_{C^{1,\alpha}}$$

的大小. 于是稳定性问题就是要考察 Q 能否用 δ 控制.

这里还要特别指出一点. 在讨论 Mach 结构稳定性时, 仅考虑流场上游的条件是不够的. 例如对 E–E 型 Mach 结构, 由于在反射激波与 Mach 杆后面都是亚音速流场, 而亚音速流动的下游会对上游产生影响, 所以必须对下游也有一定的限制. 例如可要求下游的压强给定. 为此我们取一直线 $x = L_0$, 其中 $L_0 > 0$ 较小, 使得该直线被 $\tilde{S}_2, \tilde{S}_3$ 所截下的线段位于圆 $x^2 + y^2 < R^2$ 内. 并要求在该直线上的压强 p 总与未扰动时的压强一致. 对 E–H 型 Mach 结构, 在下游所给的条件在后面再讨论. 以下我们先集中考察 E–E 型 Mach 结构的稳定性, 于是, 记 $\tilde{\Omega}_{i,L_0} = \tilde{\Omega}_i \cap \{x < L_0\}$, 稳定性的结论就归结为证明如下的定理.

定理 4.1 在上述记号下，若 ϵ 充分小，则存在 $\tilde{S}_2, \tilde{S}_3, \tilde{C}$，以及定义在 $\tilde{\Omega}_{i,L_0}$ 上的函数 $\tilde{U}_i(x,y)$，使得

(1) $\tilde{U}_i(x,y)$ 在区域 $\tilde{\Omega}_{i,L_0}$ 中满足方程组 (4.1).

(2) $\tilde{U}_i(x,y)$ 在激波 $\tilde{S}_2, \tilde{S}_3$ 上满足 Rankine-Hugoniot 条件 (4.2) 与熵条件.

(3) 在 $\tilde{C}$ 上成立 $\tilde{p}_2 = \tilde{p}_3$，$\tilde{v}_2/\tilde{u}_2 = \tilde{v}_3/\tilde{u}_3$.

(4) 在 $x = L_0, y < \tilde{\phi}_4(L_0)$ 上 $\tilde{p}_2 = p_0$，在 $x = L_0, y > \tilde{\phi}_4(L_0)$ 上 $\tilde{p}_3 = p_0$.

(5) 估计式

$$\sum_{i=2,3,4} \|\tilde{\phi}_i(x) - \phi_i^0 x\|_{C^{2,\alpha}(0,L_0)} + \sum_{i=2,3} \|\tilde{U}_i(x,y) - U_i^0\|_{C^{1,\alpha}(\tilde{\Omega}_{i,L_0})} \leqslant C\epsilon. \quad (4.3)$$

对某个 $\alpha < \alpha_0$ 以及 $C > 0$ 成立.

在展开上述定理的证明之前，我们先简要地提及可能会遇到的困难及克服这些困难的要点. 首先，区域的边界 $\tilde{S}_2, \tilde{S}_3$ 是未知的，它们将在求解过程中与流场参量(未知函数) 一起确定. 与第三章的做法相仿，我们将引入一个迭代过程，将所讨论的非线性方程自由边值问题化为一系列具有固定边界的边值问题，使其解逐步逼近真解. 其次，接触间断线 $\tilde{C}$ 也是待定的，而且 $\tilde{C}$ 含在区域内部，它的出现会给迭代过程中近似解之间的比较带来麻烦. 为此我们将引入 Lagrange 变换，将接触间断拉直，这个变换是利用了 Euler 方程组是守恒律方程组的特性. 再则，方程组 (4.1) 是双曲与椭圆的复合型方程，它所对应的线性化方程组也是如此，因此，将一个双曲 – 椭圆复合型方程组分解为双曲型方程组与椭圆型方程组的耦合也是必须进行的工作. 下面几节都服务于定理 4.1 的证明.

4.2 Lagrange 变换与非线性方程的典则形式

4.2.1 定常流的 Lagrange 变换

含时间变量的双曲守恒律方程组有 Euler 坐标与 Lagrange 坐标两种描写形式. Euler 形式是在物理空间中相对固定的坐标系中描写流体的运动，Lagrange 形式是在随着流体质点运动的坐标系中描写流体的运动，两者之间密切相关. 在一个空间变量的情形下，可以用基于质量守恒律的 Lagrange 变换建立两者之间的转换关系 (例如见 [60]). 今将这一想法用于二维定常流的讨论，引入相应的变换 (也称为 Lagrange 变换)，能够将流场内所有流线拉直. 相应地，未知的接触间断波也化成了已知的直线，从而为证明提供很大的方便. 注意此时引入的变换是与未知函数有关的，但在将变换后的边值问题解出后，这个变换也可随之确定，从而通过逆变换将原问题的解定出，具体如下.

不妨设 $U(x,y)$ 在整个 (x,y) 平面上有定义. 以 $y = y(h,x)$ 记过 $(0,h)$ 点的流线, 则

$$\begin{cases} \dfrac{\mathrm{d}y(h,x)}{\mathrm{d}x} = \dfrac{v}{u}, \\ y(h,0) = h. \end{cases} \tag{4.4}$$

上式的积分曲线为

$$x = \xi, \ y = y(h,\xi). \tag{4.5}$$

我们有

$$\frac{\partial}{\partial \xi} = \frac{\partial}{\partial x} + \frac{\partial y}{\partial \xi}\frac{\partial}{\partial y} = \frac{\partial}{\partial x} + \frac{v}{u}\frac{\partial}{\partial y}, \qquad \frac{\partial}{\partial h} = \frac{\partial y}{\partial h}\frac{\partial}{\partial y}.$$

因为

$$\frac{\partial}{\partial x}\int_{y(0,x)}^{y(h,x)} \rho u \mathrm{d}y$$

$$= \rho u(x,y(h,x))\frac{\partial}{\partial x}y(h,x) - \rho u(x,y(0,x))\frac{\partial}{\partial x}y(0,x) + \int_{y(0,x)}^{y(h,x)} \frac{\partial}{\partial x}(\rho u)\mathrm{d}y$$

$$= \rho v(x,y(h,x)) - \rho v(x,y(0,x)) - \int_{y(0,x)}^{y(h,x)} \frac{\partial}{\partial y}(\rho v)\mathrm{d}y = 0,$$

所以 $\int_{y(0,x)}^{y(h,x)} \rho u \mathrm{d}y$ 不依赖于 x. 从而 $\eta = \int_{y(0,x)}^{y(h,x)} \rho u \mathrm{d}y$ 定义了一个函数 $h(\eta)$. 为简化计算, 我们以下用 η 代替 h. 重新将 $y(h(\eta),x)$ 记为 $y(\eta,x)$, 可以有

$$\eta = \int_{y(0,x)}^{y(h,x)} \rho u \mathrm{d}y. \tag{4.6}$$

基于以上的讨论, 我们引入变换

$$T: \quad x = \xi, \ y = y(\eta,\xi). \tag{4.7}$$

它给出

$$\begin{cases} \dfrac{\partial x}{\partial \xi} = 1, \ \dfrac{\partial y}{\partial \xi} = \dfrac{v}{u}, \\ \dfrac{\partial x}{\partial \eta} = 0, \ \dfrac{\partial y}{\partial \eta} = \dfrac{1}{\rho u}, \end{cases} \tag{4.8}$$

从而有

$$\begin{cases} \dfrac{\partial}{\partial x} = \dfrac{\partial}{\partial \xi} - \dfrac{v}{u}\dfrac{\partial}{\partial y} = \dfrac{\partial}{\partial \xi} - \rho v\dfrac{\partial}{\partial \eta}, \\ \dfrac{\partial}{\partial y} = \rho u\dfrac{\partial}{\partial \eta}. \end{cases} \tag{4.9}$$

于是方程组 (4.1) 变为

$$\begin{cases} \rho u \dfrac{\partial u}{\partial \xi} + \dfrac{\partial p}{\partial \xi} - \rho v \dfrac{\partial p}{\partial \eta} = 0, \\ \dfrac{\partial v}{\partial \xi} + \dfrac{\partial p}{\partial \eta} = 0, \\ \dfrac{1}{\rho}\dfrac{\partial u}{\partial \xi} + \dfrac{u}{a^2 \rho^2}\dfrac{\partial p}{\partial \xi} + u\dfrac{\partial v}{\partial \eta} - v\dfrac{\partial u}{\partial \eta} = 0. \end{cases} \quad (4.10)$$

它又可写成守恒律的形式

$$\begin{cases} \dfrac{\partial}{\partial \xi}\left(u + \dfrac{p}{\rho u}\right) - \dfrac{\partial}{\partial \eta}\left(\dfrac{\rho v}{u}\right) = 0, \\ \dfrac{\partial v}{\partial \xi} + \dfrac{\partial p}{\partial \eta} = 0, \\ \dfrac{\partial}{\partial \xi}\left(-\dfrac{1}{\rho u}\right) + \dfrac{\partial}{\partial \eta}\left(\dfrac{v}{u}\right) = 0. \end{cases} \quad (4.11)$$

现考察激波条件在 (ξ, η) 坐标系中的形式. 若 $\eta = \eta(\xi)$ 与 $y = y(\eta(x), x)$ 相对应, 则有

$$\dfrac{\mathrm{d}y}{\mathrm{d}x} = \dfrac{\partial y}{\partial \eta}\dfrac{\mathrm{d}\eta}{\mathrm{d}\xi} + \dfrac{\partial y}{\partial \xi} = \dfrac{1}{\rho u}\dfrac{\mathrm{d}\eta}{\mathrm{d}\xi} + \dfrac{\rho v}{\rho u}.$$

故若激波 $y = \phi(x)$ 对应于 (ξ, η) 坐标中的 $\eta = \psi(\xi)$, 有

$$\phi'(x) = \dfrac{1}{\rho u}\psi'(\xi) + \dfrac{v}{u}. \quad (4.12)$$

于是, Rankine-Hugoniot 条件 (4.2) 变换成

$$\begin{cases} \psi'\left[-\dfrac{1}{\rho u}\right] = \left[\dfrac{v}{u}\right], \\ \psi'\left[\dfrac{1}{\rho u}(p + \rho u^2)\right] = -\left[\dfrac{pv}{u}\right], \\ \psi'[v] = [p]. \end{cases} \quad (4.13)$$

至于定理 4.1 中的条件 (3)、(4) 仍然具有形式

$$p_2 = p_3, \quad \dfrac{v_2}{u_2} = \dfrac{v_3}{u_3}, \qquad 在 \eta = 0 上. \quad (4.14)$$

$$p = p_0, \qquad 在 \xi = L_0 上. \quad (4.15)$$

这样, 本节初给出的在 (x, y) 平面上方程组 (4.1) 的自由边值问题就变换成了在 (ξ, η) 平面上的问题 (4.11)—(4.15), 记为 $(FB)_1$. 将 $\tilde{S}_i, \tilde{C}, \tilde{\Omega}_i, \tilde{U}_i$ 等在变换 T 下的像分别记为 $S_i^T, C^T, \Omega^T, U_i^T$, 则定理 4.1 就转化为下面的形式.

定理 4.2 若 δ 充分小，则存在 S_2^T, S_3^T, C^T，以及定义在 Ω_{i,L_0}^T 上的函数 $U_i^T(x,y)$，使得

(1) $U_i^T(x,y)$ 在区域 Ω_{i,L_0}^T 中满足方程组 (4.11).

(2) $U_i^T(x,y)$ 在激波 S_2^T, S_3^T 上满足 Rankine-Hugoniot 条件 (4.13) 与熵条件.

(3) 在 C^T 上成立 $p_2^T = p_3^T$，$v_2^T/u_2^T = v_3^T/u_3^T$.

(4) 在 $x = L_0$，$y < \psi_4(L_0)$ 上 $p_2^T = p_0$，在 $x = L_0, y > \psi_4(L_0)$ 上 $p_3^T = p_0$.

(5) 估计式

$$\sum_{i=2,3,4} \|\psi_i(x) - \psi_i^0 \xi\|_{C^{2,\alpha}(0,L_0)} + \sum_{i=2,3} \|U_i^T(x,y) - U_i^0\|_{C^{1,\alpha}(\Omega_{i,L_0}^T)} \leqslant C\delta. \quad (4.16)$$

对某个 $\alpha < \alpha_0$ 以及 $C > 0$ 成立.

4.2.2 激波边界的处理

在经历上述变换 T 以后，激波边界 S_2^T, S_3^T 仍然是自由边界. 为此，我们将自由边值问题 (4.11)—(4.15) 分拆成两个问题：一个是为取定某个近似激波边界，从而具有固定边界的偏微分方程的边值问题，另一个是修正激波边界的常微分方程的初值问题. 两者交替使用，构成一个迭代过程. 如果这个迭代过程收敛，就得到了自由边值问题的解. 这种方法已是处理具激波自由边界的常用的方法 (如 [6]). 这里的要点是激波边界为非特征边界，它将使分拆出的具固定边界的偏微分方程边值问题以及修正激波边界的常微分方程初值问题都是适定的.

对于三个方程构成的方程组 (4.11) 在激波边界上的 Rankine-Hugoniot 关系包含有 (4.13) 中三个方程. 今取其中一个用于修正激波的位置，而由 (4.13) 消去 $\psi'(\xi)$ 导出的另两个条件作为偏微分方程边值问题在暂定近似边界上的边界条件. 从 (4.13) 中选哪个条件用于激波位置的修正可以有一定的任意性，在我们的迭代过程中选用其中第一个方程来修正激波的位置. 它的优点是在前面坐标系的选取下，所导出的常微分方程中出现的分式的分母恒不等于零，这显然对于我们导出以后的先验估计是有帮助的. 于是，对 $i = 2, 3$ 用

$$\begin{cases} \dfrac{\mathrm{d}\psi_i}{\mathrm{d}\xi} = -\dfrac{[v/u]_i}{[1/(\rho u)]_i}, \\ \psi_i(0) = 0 \end{cases} \quad (4.17)$$

决定曲线 Γ_i，将它作为 S_i^T 的近似位置.

在 (4.13) 中消去 $\psi'(\xi)$ 后得到

$$\begin{cases} [p]\left[\dfrac{1}{\rho u}\right] = -[v]\left[\dfrac{v}{u}\right], \\ [p]\left[\dfrac{1}{\rho u}(p+\rho u^2)\right] = -[v]\left[\dfrac{pv}{u}\right]. \end{cases} \tag{4.18}$$

由此导出边值问题

$$(NL): \begin{cases} \text{方程组}(4.11), & \text{在 } \Omega^a \text{ 中}, \\ \text{边界条件}(4.18), & \text{在 } \Gamma_{2,3} \text{ 上}, \\ p = p_0, & \text{在 } x = L_0 \text{ 上}, \\ [p]=0,\ \left[\dfrac{v}{u}\right]=0, & \text{在 } C^T \text{ 上}, \end{cases} \tag{4.19}$$

其中 Ω^a 是由 $\Gamma_2, \Gamma_3, \{x=L_0\}$ 所围成的区域，它也随着 Γ_2, Γ_3 的变动而变动，但在迭代过程的每一步都是固定的.

问题 (4.17) 是容易求解的，问题 (4.19) 就是我们要重点处理的对象. 我们所讨论的自由边值问题是平直 Mach 结构的小扰动，因此上面导出的固定边界的边值问题也有相应的限制. 在平直情况下，Ω_i $(i=2,3)$ 中 $v=0$，其激波边界为 $y=\phi_i^0 x$，它在变换 T 下变成 $\eta=\psi_i^0 \xi$，其中 $\psi_i^0 = \rho_i^0 u_i^0 \phi_i^0$. 这就是 S_i^T 的方程. 据此，我们引入

$$K_\zeta = \{(\psi_2(\xi), \psi_3(\xi)) \in C^{2,\alpha}(0, L_0);\ \psi_i(0)=0, \sum_{i=2,3}\|\psi_i(\xi)-\psi_i^0\|_{C^{2,\alpha}(0,L_0)} \leqslant \zeta\}, \tag{4.20}$$

其中 $\alpha \leqslant \alpha_0$. 对于任意的 $(\psi_2(\xi), \psi_3(\xi)) \in K_\zeta$，将 $\eta=\psi_i(\xi)$ 记为 Γ_i，将 Γ_i, C^T 以及直线 $\xi=L_0$ 所围成的区域记为 Ω_i^a，则定理 4.2 的关键部分就化为如下的命题.

定理 4.3 若 $U_i^0 (0 \leqslant i \leqslant 3), S_i, C$ 构成一个平直的 Mach 结构，δ_0, ζ_0 充分小，$(\tilde U_0, \tilde U_1) \in O_\delta$，$(\psi_2(\xi), \psi_3(\xi)) \in K_\zeta$，其中 $\delta \leqslant \delta_0$，$\zeta \leqslant \zeta_0$，则存在定义在 Ω_i^a 上的函数 $U_i^T(\xi, \eta)$，使得

(1) $U_i^T(\xi, \eta)$ 在区域 Ω_i^a 中满足方程组 (4.11)，

(2) $U_i^T(\xi, \eta)$ 在 Γ_2, Γ_3 上满足 Rankine-Hugoniot 条件 (4.18) 与熵条件，

(3) 在 C^T 上成立 $p_2^T = p_3^T$，$v_2^T/u_2^T = v_3^T/u_3^T$，

(4) 在 $\xi = L_0$ 上 $p_2^T = p_3^T = p_0$，

(5) 估计式

$$\sum_{2,3} \|U_i^T(\xi,\eta) - U_i^0\|_{C^{1,\alpha}(\Omega_i^a)} \leqslant C\delta \tag{4.21}$$

对某个 $\alpha < \alpha_0$ 以及不依赖于 δ, ζ 的 $C > 0$ 成立.

4.2.3 方程组的分解

非线性问题 (NL) 是椭圆 – 双曲复合型方程的边值问题. 为此, 我们将方程组 (4.11) 中的椭圆与双曲部分进行分离, 以便分别处理. 以下为记号简单起见, 一般就省略掉变换记号 T. 将 (4.11) 重写为

$$\begin{pmatrix} u & & \frac{1}{\rho} \\ & u & \\ \frac{1}{\rho} & & \frac{u}{c^2\rho^2} \end{pmatrix} \frac{\partial}{\partial \xi} \begin{pmatrix} u \\ v \\ p \end{pmatrix} + \begin{pmatrix} & & -v \\ & u & \\ -v & u & \end{pmatrix} \frac{\partial}{\partial \eta} \begin{pmatrix} u \\ v \\ p \end{pmatrix} = 0. \tag{4.22}$$

记 A, B 为方程组 (4.22) 中的系数矩阵, 特征多项式为

$$\begin{aligned} D(\lambda) = \det(\lambda A - B) &= \det \begin{bmatrix} \lambda u & & \frac{\lambda}{\rho} + v \\ & \lambda u & -u \\ \frac{\lambda}{\rho} + v & -u & \frac{\lambda u}{c^2\rho^2} \end{bmatrix} \\ &= \frac{\lambda^3 u^3}{c^2 \rho^2} - \lambda u \left(u^2 + \left(\frac{\lambda}{\rho} + v\right)^2 \right) \\ &= \frac{\lambda u}{c^2 \rho^2} (\lambda^2(u^2 - c^2) - 2\lambda c^2 \rho v - c^2 \rho^2 (u^2 + v^2)). \end{aligned} \tag{4.23}$$

因此, $D(\lambda) = 0$ 有两个根由下式决定:

$$\lambda^2(u^2 - c^2) - 2\lambda c^2 \rho v - c^2 \rho^2 (u^2 + v^2) = 0. \tag{4.24}$$

即

$$\lambda_\pm = \frac{c^2 \rho v \pm c\rho u \sqrt{u^2 + v^2 - c^2}}{u^2 - c^2}. \tag{4.25}$$

另一个根为 $\lambda_3 = 0$. 所以, 在超音速区域中 $D(\lambda) = 0$ 有 3 个实根, 而在亚音速区域中它有一个实根及一对共轭复根. 这就说明, 在超音速区域中方程是双曲型的, 而在亚音速区域中方程为双曲 – 椭圆复合型的. 记 $\lambda_\pm = \lambda_R \pm i\lambda_I$, 即将其实部与复部分开, 得

$$\lambda_R = \frac{c^2 \rho v}{u^2 - c^2}, \qquad \lambda_I = \frac{c\rho u \sqrt{c^2 - u^2 - v^2}}{u^2 - c^2}. \tag{4.26}$$

则 $\lambda A - B$ 对应于 $\lambda_\pm$ 的左特征向量为 $\ell = \left(\frac{1}{u}\left(-\frac{\lambda}{\rho} - v\right), 1, \lambda \right)$. 分离其实部与虚部有

$$\ell_R = \left(\frac{1}{u}\left(-\frac{\lambda_R}{\rho} - v\right), 1, \lambda_R \right), \qquad \ell_I = \left(-\frac{1}{\rho c} \lambda_I, 0, \lambda_I \right). \tag{4.27}$$

至于与 $\lambda_3 = 0$ 对应的左特征向量为

$$\ell_3 = (u, v, 0). \tag{4.28}$$

现在将 $\ell_\pm$ 左乘以方程组，并将实部与虚部分开，可得

$$\left(\ell_R A \left(\frac{\partial}{\partial \xi} + \lambda_R \frac{\partial}{\partial \eta}\right) - \ell_I A \lambda_I \frac{\partial}{\partial \eta}\right) U = 0, \tag{4.29}$$

$$\left(\ell_I A \left(\frac{\partial}{\partial \xi} + \lambda_R \frac{\partial}{\partial \eta}\right) + \ell_R A \lambda_I \frac{\partial}{\partial \eta}\right) U = 0. \tag{4.30}$$

记 $D_R = \frac{\partial}{\partial \xi} + \lambda_R \frac{\partial}{\partial \eta}, D_I = \lambda_I \frac{\partial}{\partial \eta}$，有

$$\ell_R A = \left(-v, u, \frac{1}{\rho u}(-v - \frac{\lambda_R}{\rho}) + \lambda_R \frac{u}{c^2 \rho^2}\right) = (-v, u, 0),$$

$$\ell_I A = \left(0, 0, \lambda_I \left(-\frac{1}{\rho^2 u} + \frac{u}{c^2 \rho^2}\right)\right) = \left(0, 0, \frac{1}{c\rho}\sqrt{c^2 - u^2 - v^2}\right).$$

于是化为

$$\begin{cases} -v D_R u + u D_R v - \frac{1}{c\rho}\sqrt{c^2 - u^2 - v^2} D_I p = 0, \\ -v D_I u + u D_I v + \frac{1}{c\rho}\sqrt{c^2 - u^2 - v^2} D_R p = 0. \end{cases} \tag{4.31}$$

此外，将 ℓ_3 乘以 (4.22)，得到

$$u \frac{\partial u}{\partial \xi} + v \frac{\partial v}{\partial \xi} + \frac{1}{\rho} \frac{\partial p}{\partial \xi} = 0. \tag{4.32}$$

这样，(4.31)、(4.32) 就构成了与 (4.22) 等价的方程组，其中 (4.31) 是椭圆的，而 (4.32) 是双曲的. (4.32) 还可写成

$$\frac{\mathrm{d}}{\mathrm{d}\xi}\left(\frac{p}{\rho^\gamma}\right) = 0, \tag{4.33}$$

或直接积分得到

$$\frac{p}{\rho^\gamma} = \mathrm{const}, \tag{4.34}$$

其中的常数在不同流线上取不同的数值，以后以 $M(\eta)$ 记之. 另一方面，在椭圆组 (4.31) 中令 $w = \frac{v}{u}$，可以得到更规范的形式

$$\begin{cases} D_R w - e D_I p = 0, \\ D_I w + e D_R p = 0, \end{cases} \tag{4.35}$$

其中 $e = \dfrac{1}{c\rho u^2}\sqrt{c^2 - u^2 - v^2}$.

因为 $\eta = 0$ 是流线, 其上 w 是连续的. 令

$$k = -\frac{\lambda_R}{\lambda_I} = \frac{cv}{u\sqrt{c^2 - u^2 - v^2}},$$

则 $D_R + kD_I = \partial/\partial\xi$ 与直线 $\eta = 0$ 相切, 从而 $(D_R + kD_I)w$ 也应在 $\eta = 0$ 上连续, 而由 (4.35) 知, $(D_I - kD_R)p$ 也是如此. 以后, 当我们将方程组 (4.35) 用一个关于 p 的二阶方程代替时, 就用 p 以及 $(D_I - kD_R)p$ 连续作为边界 $\eta = 0$ 上的连接条件.

4.3 E–E 型 Mach 结构导致的线性化问题的估计

4.3.1 线性化问题

为求解非线性问题 (NL), 我们采用线性逼近的方法. 这是对小扰动的非线性问题最常用的方法. 首先, 对于固定的区域 Ω^a, 引入以下的集合

$$\Sigma_\delta = \{U \in L^2(\Omega^a);\ p, \frac{v}{u} \in H^1(\Omega^a), U_{2,3} \in C^{1,\alpha}(\Omega^a_{2,3}), \sum_{i=2,3}\|U_i - U_i^0\|_{C^{1,\alpha}(\Omega^a_i)} \leqslant \delta\}.$$

对于 $U \in \Sigma_\delta$ 将 (4.31)、(4.32) 以及 (4.34) 在 U 处线性化可得

$$\begin{cases} D_R \delta w - eD_I \delta p = f_1, \\ D_I \delta w + eD_R \delta p = f_2, \\ \ell_u \delta u + \ell_w \delta w + \ell_p \delta p = M_1(\eta), \end{cases} \quad (4.36)$$

其中

$$\delta w = \frac{u\delta v - v\delta u}{u^2}, \quad \ell_u = \rho^{1-\gamma} u(1 + w^2),$$
$$\ell_w = \rho^{1-\gamma} u^2 w, \quad \ell_p = e^{-\gamma},$$

$M_1(\eta)$ 的值由 $\Gamma_{2,3}$ 上的资料决定.

为将边界 $\Gamma_{2,3}$ 上的边界条件线性化, 将 (4.18) 写成

$$\begin{cases} G^\sharp = [p]\left[\dfrac{1}{\rho u}\right] + [wu][w] = 0, \\ G^\flat = [p]\left[u + \dfrac{p}{\rho u}\right] + [wu][pw] = 0. \end{cases} \quad (4.37)$$

它的线性化为
$$\begin{cases} \alpha^\sharp \delta u + \beta^\sharp \delta w + \gamma^\sharp \delta p = g^\sharp, \\ \alpha^\flat \delta u + \beta^\flat \delta w + \gamma^\flat \delta p = g^\flat, \end{cases} \quad (4.38)$$

其中
$$\alpha^\sharp = -\frac{[p]}{\rho u^2} + [w]w, \ \beta^\sharp = [wu] + [w]u, \ \gamma^\sharp = \left[\frac{1}{\rho u}\right] - \frac{[p]}{c^2 \rho^2 u},$$
$$\alpha^\flat = [p]\left(1 - \frac{p}{\rho u^2}\right) + [pw]w, \ \beta^\flat = [wu]p + u[pw],$$
$$\gamma^\flat = \left[u + \frac{p}{\rho u}\right] + [p]\left(\frac{1}{\rho u} - \frac{p}{c^2 \rho^2 u}\right) + [wu]w.$$

于是得到线性化问题
$$(L): \begin{cases} 方程组 (4.36), & 在 \Omega^a 中, \\ 边界条件 (4.38), & 在 \Gamma_{2,3} 上, \\ \delta p = 0, & 在 x = L_0 上, \\ [\delta p] = 0, \ [\delta w] = 0, & 在 C^T 上. \end{cases} \quad (4.39)$$

它是一个线性椭圆 – 双曲耦合方程组的边值问题.

4.3.2 椭圆子问题

在上一小节中将非线性的椭圆 – 双曲耦合方程组 (4.22) 分解, 导出一个椭圆组与单个双曲方程. 相应地, 问题 L 中的线性椭圆 – 双曲耦合方程组 (4.36) 也可以分离为椭圆与双曲两组. 如果适当地组合 $\Gamma_{2,3}$ 上的边界条件, 可以导出一个椭圆子问题. 它的求解比问题 (4.39) 简单, 且可以作为求问题 (4.39) 解的中间步骤.

以下先指出从 (4.38) 可以导出一个仅含 $\delta p, \delta w$ 的方程
$$\delta w + \tau \delta p = h. \quad (4.40)$$

事实上, 我们只需在非扰动的情况下证明这一点即可. 故可令 (4.38) 系数中的 $w = v/u$ 为零. 将激波右状态的参量记为 (u, v, p), 左状态的参量记为 (u_ℓ, v_ℓ, p_ℓ), 则在 $\Gamma_{2,3}$ 上 $w_\ell = v_\ell/u_\ell \neq 0$. (4.38) 的系数阵可写成
$$\Xi = (a_{ij}) = \begin{pmatrix} \alpha^\sharp & \beta^\sharp & \gamma^\sharp \\ \alpha^\flat & \beta^\flat & \gamma^\flat \end{pmatrix}$$
$$= \begin{pmatrix} -\dfrac{[p]}{\rho u^2} & -w_\ell u_\ell - w_\ell u & \left[\dfrac{1}{\rho u}\right] - \dfrac{[p]}{c^2 \rho^2 u} \\ [p]\left(1 - \dfrac{p}{\rho u^2}\right) & -w_\ell u_\ell p - u w_\ell p_\ell & \left[u + \dfrac{p}{\rho u}\right] + [p]\left(\dfrac{1}{\rho u} - \dfrac{p}{c^2 \rho^2 u}\right) \end{pmatrix}$$

$$= \begin{pmatrix} -\dfrac{[p]}{\rho u^2} & -w_\ell u_\ell - w_\ell u & \left[\dfrac{1}{\rho u}\right] - \dfrac{[p]}{c^2 \rho^2 u} \\ [p] & w_\ell u[p] & [u] + [p]\left(\dfrac{1}{\rho_\ell u_\ell} + \dfrac{1}{\rho u}\right) \end{pmatrix}$$

$$= \begin{pmatrix} 0 & -w_\ell u_\ell - w_\ell u + w_\ell \dfrac{[p]}{\rho u} & \left[\dfrac{1}{\rho u}\right] - \dfrac{[p]}{c^2 \rho^2 u} + \dfrac{[u]}{\rho u^2} + \dfrac{[p]}{\rho u^2}\left(\dfrac{1}{\rho_\ell u_\ell} + \dfrac{1}{\rho u}\right) \\ [p] & w_\ell u[p] & [u] + [p]\left(\dfrac{1}{\rho_\ell u_\ell} + \dfrac{1}{\rho u}\right) \end{pmatrix}.$$

利用未扰动激波上的 Rankine-Hugoniot 条件可得 $p - p_\ell + \rho u^2 - \rho u u_\ell = 0$. 于是，在上面的矩阵中，

$$a_{12} = -w_\ell u_\ell - w_\ell u + w_\ell \dfrac{[p]}{\rho u} = \dfrac{w_\ell}{\rho u}(p - p_\ell - \rho u u_\ell - \rho u^2)$$
$$= \dfrac{w_\ell}{\rho u}(p + \rho u^2 - p_\ell - \rho u u_\ell - 2\rho u^2) = -2u w_\ell \neq 0,$$

$$a_{13} = \left[\dfrac{1}{\rho u}\right] - \dfrac{[p]}{c^2 \rho^2 u} + \dfrac{1}{\rho u^2}\left([u] - \rho u[u]\left(\dfrac{1}{\rho_\ell u_\ell} + \dfrac{1}{\rho u}\right)\right)$$
$$= \left[\dfrac{1}{\rho u}\right] - \dfrac{[p]}{c^2 \rho^2 u} + \dfrac{u - u_\ell}{u \rho_\ell u_\ell} = \dfrac{1}{\rho u} - \dfrac{1}{\rho_\ell u_\ell} - \dfrac{[p]}{c^2 \rho^2 u},$$

$$a_{21} = [p] \neq 0. \tag{4.41}$$

从而在 δ 充分小时，可以由 (4.38) 消去 δu 得到 (4.40)，其中

$$\tau = -\dfrac{1}{2u w_\ell}\left(\dfrac{1}{\rho u} - \dfrac{1}{\rho_\ell u} - \dfrac{[p]}{c^2 \rho^2 u}\right).$$

于是我们导出了一个椭圆子问题

$$(L_1): \begin{cases} D_R \delta w - e D_I \delta p = f_1, & \text{在 } \Omega^a \text{ 中,} \\ D_I \delta w + e D_R \delta p = f_2, & \text{在 } \Omega^a \text{ 中,} \\ \delta w + \tau \delta p = h, & \text{在 } \Gamma_{2,3} \text{ 上,} \\ [\delta p] = [\delta w] = 0, & \text{在 } C^T \text{ 上,} \\ \delta p = 0, & \text{在 } L_0 \text{ 上.} \end{cases} \tag{4.42}$$

为避免在整个求解区域中存在解的间断线所带来的不便，我们以后还要将区域沿 Γ_C 折叠，这样可以使 Γ_C 成为边界，而其上的相容性条件就化为新边界上的边界条件. 在折叠之前，为使得 Γ_C 上下的区域能够在折叠后重合，先做伸缩变换

$$\Pi: \tilde\xi = \xi, \quad \tilde\eta = \begin{cases} \dfrac{\eta}{\psi_2(\xi)}\xi, & \eta < 0, \\ \dfrac{\eta}{\psi_3(\xi)}\xi, & \eta > 0. \end{cases} \tag{4.43}$$

将 $\Omega_{2,3}^a$ 在变换 Π 下的像记为 $\Omega_\pm$，将 $\Gamma_{2,3}, C^T$ 在变换 Π 下的像记为 $\Gamma_\pm, \Gamma_C$，并记 $\Omega = \Omega_- \cup \Omega_+ \cup \Gamma_C$，则问题 (L_1) 化成

$$(L_2): \begin{cases} D_R\delta w - eD_I\delta p = f_1, & \text{在 } \Omega \text{ 中}, \\ D_I\delta w + eD_R\delta p = f_2, & \text{在 } \Omega \text{ 中}, \\ \delta w + \tau_\pm \delta p = h_\pm, & \text{在 } \Gamma_\pm \text{ 上}, \\ [\delta p] = [\delta w] = 0, & \text{在 } \Gamma_C \text{ 上}, \\ \delta p = 0. & \text{在 } L_0 \text{ 上}. \end{cases} \quad (4.44)$$

4.3.3 Sobolev 估计

对于 (4.44) 的解可以导出其 $H^1(\Omega), H^2(\Omega_\pm)$ 估计. 分别记 $D_R\delta w - eD_I\delta p$, $D_I\delta w + D_R\delta p$ 为 $L_1(\delta p, \delta w), L_2(\delta p, \delta w)$，记 $\delta w + \tau_\pm \delta p$ 为 $\ell_\pm(\delta p, \delta w)$，可以有

引理 4.1 设 $(\tilde{U}_0, \tilde{U}_1) \in O_\epsilon$, $(\tilde{S}_2, \tilde{S}_3) \in K_\zeta$, $(U_2, U_3) \in \Sigma_\delta, \epsilon \leqslant \epsilon_0, \zeta \leqslant \zeta_0, \delta \leqslant \delta_0$，则当 $\epsilon_0, \zeta_0, \delta_0$ 充分小时，若 $(\delta p, \delta w) \in H^1(\Omega)$，必成立估计

$$\|\delta p\|_{H^1(\Omega)}^2 + \|\delta w\|_{H^1(\Omega)}^2 \leqslant C\left(\sum_{i=1,2}\|L_i(\delta p, \delta w)\|_{L^2(\Omega)}^2 + \sum_{+,-}\|\ell_\pm(\delta p, \delta w)\|_{H^{1/2}(\Gamma_\pm)}^2\right), \quad (4.45)$$

其中常数 C 不依赖于 ϵ, ζ, δ.

证明 不妨仅对 C^2 函数 $(\delta p, \delta w)$ 证明上述估计，并且通过减去适当的函数可化为 $\ell_\pm(\delta p, \delta w) = 0$ 的情形. 将 $D_R\delta w - D_I\delta p$ 乘以 (4.44) 第一式，将 $D_I\delta w + D_R\delta p$ 乘以 (4.44) 第二式，然后作它们之差，得

$$(D_R\delta w)^2 + (D_I\delta w)^2 + e(D_R\delta p)^2 + e(D_I\delta p)^2 + (1+e)(D_R\delta p \cdot D_I\delta w - D_R\delta w \cdot D_I\delta p) = F, \quad (4.46)$$

其中 $F = f_1(D_R\delta w - D_I\delta p) + f_2(D_I\delta w + D_R\delta p)$. 再乘以 $\dfrac{1}{\lambda_I(1+e)}$，并在 Ω 上积分，可得

$$\iint_\Omega \frac{1}{\lambda_I(1+e)}((D_R\delta w)^2 + (D_I\delta w)^2 + e(D_R\delta p)^2 + e(D_I\delta p)^2)\mathrm{d}\xi\mathrm{d}\eta$$
$$+ \iint_\Omega \frac{1}{\lambda_I}(D_R\delta p \cdot D_I\delta w - D_I\delta p \cdot D_R\delta w)\mathrm{d}\xi\mathrm{d}\eta$$
$$= \iint_\Omega \frac{F}{\lambda(1+e)}\mathrm{d}\xi\mathrm{d}\eta. \quad (4.47)$$

由于 $\lambda_I(1+e) > 0$，故上式左边第一项就相当于 $(\delta p, \delta w)$ 的 H^1 模. 至于其左边第

二项为

$$\iint_{\Omega_\pm} \frac{1}{\lambda_I}(D_R\delta p \cdot D_I\delta w - D_I\delta p \cdot D_R\delta w)\mathrm{d}\xi\mathrm{d}\eta$$

$$= \iint_{\Omega_\pm} \frac{1}{\lambda_I}(D_R(\delta p \cdot D_I\delta w) - D_I(\delta p \cdot D_R\delta w))\mathrm{d}\xi\mathrm{d}\eta + \iint_{\Omega_\pm} R_1 \mathrm{d}\xi\mathrm{d}\eta$$

$$= \int_{\partial\Omega_\pm} \left(\frac{1}{\lambda_I}\delta p \cdot D_I\delta w \cos(n,\xi) + \frac{\lambda_R}{\lambda_I}\delta p \cdot D_I\delta w \cos(n,\eta) - \delta p \cdot D_R\delta w \cos(n,\eta)\right)\mathrm{d}s$$

$$+ \iint_{\Omega_\pm} R_1\mathrm{d}\xi\mathrm{d}\eta$$

$$= \int_{\partial\Omega_\pm} \delta p(\cos(n,\xi)\partial_\eta\delta w - \cos(n,\eta)\partial_\xi\delta w)\mathrm{d}s + \iint_{\Omega_\pm} R_1\mathrm{d}\xi\mathrm{d}\eta, \tag{4.48}$$

这里的 R_1 是一些表达式的简写，它们在不同式子中可以不同，但总是满足以下的估计

$$\|R_1\|_{L^1(\Omega)} \leqslant C(\delta+\zeta)\|(\delta p,\delta w)\|_{L^2(\Omega)} \cdot \|(\delta p,\delta w)\|_{H^1(\Omega)}.$$

(4.48) 中在边界 $\partial\Omega_\pm$ 上的积分由 $\Gamma_\pm$, Γ_C, L_0 组成，由于 $\cos(n,\xi)$ 在 Γ_C 上为零，$\delta p, \partial_\xi\delta w$ 在 Γ_C 上连续，将在 $\partial\Omega_+$ 上的积分与在 $\partial\Omega_-$ 上的积分相加时，在 Γ_C 上的积分就相互抵消. 而在 L_0 上 $\delta p = 0$，故相应的边界积分也为零. 从而只需考虑在 $\Gamma_\pm$ 上的积分.

以 Γ_+ 为例，此边界的切向为 $\partial_t = \partial_\xi + \partial_\eta$，将 (L_2) 中的边界条件 $\delta w + \tau_+\delta p = 0$ (前已设定 $\ell_\pm(\delta p, \delta w) = 0$) 沿边界求导，可得

$$\partial_t\delta w + \tau_+\partial_t\delta p = -(\partial_t\tau_+)\delta p. \tag{4.49}$$

(4.49) 可视为 $\partial_t\delta p, \partial_\eta\delta p, \partial_\xi\delta w, \partial_\eta\delta w$ 的一个线性组合，而 (L_2) 中两个方程左边也可视为这四个量的线性组合. 这三个组合的系数阵为

$$M = \begin{pmatrix} 0 & -e\lambda_I & 1 & \lambda_R \\ e & e(\lambda_R-1) & 0 & \lambda_I \\ \tau_+ & 0 & 1 & 1 \end{pmatrix}. \tag{4.50}$$

易见此矩阵后三列构成满秩阵，从而 $\partial_\eta\delta p, \partial_\xi\delta w, \partial_\eta\delta w$ 均可用 $\partial_t\delta p$ 表示. 于是 (4.48) 中所示的积分在边界 Γ_+ 上的部分为

$$\int_{\Gamma_+} \delta p(\cos(n,\xi)\partial_\eta\delta w - \cos(n,\eta)\partial_\xi\delta w)\mathrm{d}s = \int_{\Gamma_+} \gamma\delta p \cdot \partial_t\delta p\mathrm{d}s$$

$$= \int_{\Gamma_+} \partial_t\left(\frac{1}{2}\gamma(\delta p)^2\right)\mathrm{d}s - \int_{\Gamma_+} \partial_t\left(\frac{1}{2}\gamma\right)(\delta p)^2\mathrm{d}s.$$

其中 γ 为已知函数. 同样, 对于在 Γ_- 上的积分可做相仿的处理. 注意到前面所做 $\ell_\pm(\delta p, \delta w) = 0$ 的设定, 就可得到估计式 (4.45).

引理 4.2 在引理 4.1 的假定下, 若 $(\delta p, \delta w) \in H^1(\Omega) \cap H^2(\Omega_\pm)$, 则成立估计

$$\|\delta p\|^2_{H^2(\Omega_\pm)} + \|\delta w\|^2_{H^2(\Omega_\pm)}$$

$$\leqslant C \left(\sum_{+,-} \sum_{i=1,2} \|L_i(\delta p, \delta w)\|^2_{H^1(\Omega_\pm)} + \sum_{+,-} \|\ell_\pm(\delta p, \delta w)\|^2_{H^{3/2}(\Gamma_\pm)} \right), \quad (4.51)$$

其中常数 C 不依赖于 ϵ, ζ, δ.

证明 与前面相仿, 我们考虑齐次边界条件 $\ell_\pm(\delta p, \delta w) = 0$ 的情形, 并设 $(\delta p, \delta w) \in C^2(\Omega_\pm) \cap C^1(\Omega)$. 将 (4.44) 的前两式关于 ξ 求导, 并将 $\partial_\xi \delta p, \partial_\xi \delta w$ 记为 $\widehat{\delta p}, \widehat{\delta w}$, 可得

$$\begin{cases} D_R \widehat{\delta w} - e D_I \widehat{\delta p} = F_1, \\ D_I \widehat{\delta w} + e D_R \widehat{\delta p} = F_2, \end{cases} \quad (4.52)$$

其中

$$F_1 = \partial_\xi f_1 + \partial_\xi e \cdot D_I \delta p - \partial_\xi \lambda_R \cdot \partial_\eta \delta w + e \partial_\xi \lambda_I \cdot \partial_\eta \delta p,$$

$$F_2 = \partial_\xi f_2 - \partial_\xi e \cdot D_R \delta p - \partial_\xi \lambda_I \cdot \partial_\eta \delta w - e \partial_\xi \lambda_R \cdot \partial_\eta \delta p.$$

$\widehat{\delta p}, \widehat{\delta w}$ 在区域 $\Omega_\pm$ 边界上满足的条件可以用如下的方法确定. 它们在 Γ_C 上仍是连续的. 在 L_0 上由 $\delta p = 0$ 可得 $\partial_\eta \delta p = 0$. 此外, 由 (4.44) 的前两个方程得到在 Γ_0 上成立

$$\lambda_I \widehat{\delta w} - e \lambda_R \widehat{\delta p} = \lambda_I f_1 - \lambda_R f_2. \quad (4.53)$$

又在 $\Gamma_\pm$ 上从 (4.44) 前两式与等式 (4.49) 中消去 $\partial_\eta \delta p, \partial_\eta \delta w$, 可得

$$\widehat{\delta w} + \hat{\tau}_\pm \widehat{\delta p} = \hat{k}_\pm \delta p + \hat{h}_\pm, \quad (4.54)$$

其中 $\hat{h}_\pm$ 可用 f_1, f_2 表出. 这样我们就导出了一个定义在 $\Omega_\pm$ 上以 $\widehat{\delta p}, \widehat{\delta w}$ 为未知函数的边值问题. 它的形式与边值问题 (L_2) 相同. 故可利用引理 4.1 得到

$$\|(\partial_\xi \delta p, \partial_\xi \delta w)\|^2_{H^1(\Omega_\pm)}$$

$$\leqslant C \left(\sum_{+,-} \sum_{i=1,2} \|L_i(\widehat{\delta p}, \widehat{\delta w})\|^2_{L^2(\Omega_\pm)} + \sum_{+,-} \|\hat{k}_\pm \delta p + \hat{h}_\pm\|^2_{H^{1/2}(\Gamma_\pm)} \right)$$

$$\leqslant C \sum_{+,-} \sum_{i=1,2} \|L_i(\delta p, \delta w)\|^2_{H^1(\Omega_\pm)}. \quad (4.55)$$

再次利用 (L_2) 中的方程, 可以得到 $\|(\partial_\eta \delta p, \partial_\eta \delta w)\|^2_{H^1(\Omega_\pm)}$ 的估计. 结合已有的估计 (4.55)、(4.45) 即得 (4.51).

总结本小节的结果，我们得到

定理 4.4 设 $(\tilde{U}_0, \tilde{U}_1) \in O_\epsilon$, $(\tilde{S}_2, \tilde{S}_3) \in K_\zeta$, $(U_2, U_3) \in \Sigma_\delta$, $\epsilon \leqslant \epsilon_0$, $\zeta \leqslant \zeta_0$, $\delta \leqslant \delta_0$, 其中 $\epsilon_0, \zeta_0, \delta_0$ 充分小, $f_1, f_2 \in L^2(\Omega)$, $h_\pm \in H^{1/2}(\Omega_\pm)$, 则问题 (L_2) 具有 $H^1(\Omega)$ 解 $(\delta p, \delta w)$, 它们属于 $H^2(\Omega_\pm)$, 且满足估计式 (4.45) 与 (4.51).

4.3.4 Hölder 估计

为了避免在求非线性问题的解所采用的迭代过程中的导数损失，我们还需要导出问题 (L_1) 与 (L_2) 的解的 Hölder 估计. 我们将证明

定理 4.5 在引理 4.1 的假定下，若 $f_1, f_2 \in C^\alpha(\Omega_\pm)$, $h_\pm \in C^{1,\alpha}(\Omega_\pm)$, 则问题 (L_2) 具有 $C^{1,\alpha}(\Omega)$ 解 $(\delta p, \delta w)$, 它们属于 $H^2(\Omega_\pm)$, 且满足估计式

$$\|(\delta p, \delta w)\|_{C^{1,\alpha}(\Omega_\pm)} \leqslant C \sum_{+,-} (\|f_{1,2}\|_{C^\alpha(\Omega_\pm)} + \|h_\pm\|_{C^{1,\alpha}(\Gamma_\pm)}). \tag{4.56}$$

本小节以下都将致力于定理 4.5 的证明. 为此，我们利用在含角点区域上二阶椭圆型方程边值问题解的正则性结果 (参见 [40]、[28]、[29]). 首先，将问题 (L_2) 化为一个仅含未知函数 δp 的二阶偏微分方程的边值问题.

以 $[\cdot, \cdot]$ 表示两个微分算子的换位运算, 有

$$[D_R, D_I] = \mu D_I, \tag{4.57}$$

其中

$$\mu = \frac{1}{\lambda_I} \left(\frac{\partial \lambda_I}{\partial \xi} + \lambda_R \frac{\partial \lambda_I}{\partial \eta} - \lambda_I \frac{\partial \lambda_R}{\partial \eta} \right)$$

满足 $\|\mu\|_{C^\alpha} \leqslant C\delta_0$.

将算子 D_I, D_R 分别作用于 (4.44) 的第一与第二式, 再相减可得

$$D_I(eD_I\delta p) + D_R(eD_R\delta p) + [D_R, D_I]\delta w = D_R f_2 - D_I f_1.$$

再利用 (4.44) 将上式左边的 δw 替换掉, 即得

$$D_I(eD_I\delta p) + D_R(eD_R\delta p) - \mu e D_R\delta p = f^*, \tag{4.58}$$

其中 $f^* = D_R f_2 - D_I f_1 - \mu f_2$.

为导出 δp 在 $\Gamma_\pm$ 上应满足的边界条件, 即就需要消去 (4.44) 第三式中所含的 δw, 我们沿 $\Gamma_\pm$ 对 (4.44) 的第三式求导, 然后利用该方程消去其中的 $\partial_t \delta w$, 得到

$$\left(\chi_{1\pm} \frac{\partial}{\partial \xi} + \chi_{2\pm} \frac{\partial}{\partial \eta} + \chi_{3\pm} \right) \delta p = g_\pm, \tag{4.59}$$

其中
$$\chi_{1\pm} = -\frac{1}{\lambda_I}(\pm 1 - \lambda_R)e + \tau_{\pm}, \ \chi_{2\pm} = \left(\lambda_I - \frac{\lambda_R}{\lambda_I}(\pm 1 - \lambda_R)\right)e \pm \tau_{\pm},$$
$$\chi_{3\pm} = \partial_t \tau_{\pm}, \ g_{\pm} = \partial_t h - f_1 - \frac{1}{\lambda_I}(\pm 1 - \lambda_R)f_2.$$

在 Γ_C 上 δp 应满足的连接条件可由 $\delta w, \partial_\xi \delta w$ 在 Γ_C 上为连续的要求导出. 在 (4.44) 中消去 $\partial_\eta \delta w$ 可得

$$\partial_\xi \delta w = \frac{e}{\lambda_I}(\lambda_R \partial_\xi \delta p + (\lambda_R^2 + \lambda_I^2)\partial_\eta \delta p) + \lambda_I f_1 - \lambda_R f_2. \tag{4.60}$$

记其右边为 $Q(\delta p)$, 则要求 $Q(\delta p)$ 在 Γ_C 上是连续的.

于是, 我们得到一个以 δp 为未知函数的二阶椭圆型方程的边值问题

$$(L_3): \begin{cases} D_I(eD_I\delta p) + D_R(eD_R\delta p) - \mu e D_R \delta p = f^*, & \text{在 } \Omega \text{ 中,} \\ \left(\chi_{1\pm}\dfrac{\partial}{\partial \xi} + \chi_{2\pm}\dfrac{\partial}{\partial \eta} + \chi_{3\pm}\right)\delta p = g_\pm, & \text{在 } \Gamma_\pm \text{ 上,} \\ \delta p, \ Q(\delta p), & \text{在 } \Gamma_C \text{ 上连续,} \\ \delta p = 0, & \text{在 } L_0 \text{ 上.} \end{cases} \tag{4.61}$$

由于函数 δp 的导数在区域 Ω 内部的直线 Γ_C 上有间断, 故我们再利用区域的折叠使这个间断线成为边界的一部分. 在 Ω_+ 上定义函数组 $\widetilde{\delta p} = (\widetilde{\delta p_1}, \widetilde{\delta p_2})$, 其中 $\widetilde{\delta p_1}(\xi, \eta) = \delta p(\xi, \eta)$, $\widetilde{\delta p_2}(\xi, \eta) = \delta p(\xi, -\eta)$, 则可以得到区域 Ω_+ 中函数组 $\widetilde{\delta p}$ 满足的边值问题

$$(L_4): \begin{cases} \tilde{L}\widetilde{\delta p} = \widetilde{f^*}, & \text{在 } \Omega_+ \text{中,} \\ \tilde{G}\widetilde{\delta p} = \tilde{g}, & \text{在 } \Gamma_+ \text{ 上,} \\ \widetilde{\delta p_1} = \widetilde{\delta p_2}, & \text{在 } \Gamma_C \text{ 上,} \\ \dfrac{e}{\lambda_I}(\lambda_R \partial_\xi \widetilde{\delta p_1} + (\lambda_R^2 + \lambda_I^2)\partial_\eta \widetilde{\delta p_1} + [\lambda_I f_1] - [\lambda_R f_2] \\ \quad = \dfrac{e}{\lambda_I}(\lambda_R \partial_\xi \widetilde{\delta p_2} + (\lambda_R^2 + \lambda_I^2)\partial_\eta \widetilde{\delta p_2}, & \text{在 } \Gamma_C \text{ 上,} \\ \widetilde{\delta p} = 0, & \text{在 } L_0 \text{ 上,} \end{cases} \tag{4.62}$$

其中

$$\widetilde{f^*}(\xi, \eta) = \begin{pmatrix} \widetilde{f_1^*}(\xi, \eta) \\ \widetilde{f_2^*}(\xi, \eta) \end{pmatrix} = \begin{pmatrix} \widetilde{f^*}(\xi, \eta) \\ \widetilde{f^*}(\xi, -\eta) \end{pmatrix}, \quad \tilde{g}(\xi, \eta) = \begin{pmatrix} \widetilde{g_+}(\xi, \eta) \\ \widetilde{g_-}(\xi, -\eta) \end{pmatrix}, \tag{4.63}$$

$\tilde{L}, \tilde{G}$ 的表达式也不难根据 (4.61) 写出. 利用 [28, 29, 40] 的结果可知, 问题 (4.62) 的解可以写成正则部分 $\widetilde{\delta p_r}$ 与奇异部分 $\widetilde{\delta p_s}$ 之和. 当 $\widetilde{f^*} \in C^\alpha(\Omega_+), \tilde{g} \in C^{1,\alpha}(\Gamma_+)$

时,
$$\widetilde{\delta p} = \widetilde{\delta p_r} + \widetilde{\delta p_s}, \quad \widetilde{\delta p_r} \in C^{2,\alpha}, \widetilde{\delta p_s} = \sum_{j,m} c_{j,m} S_{j,m}, \tag{4.64}$$

其中 $\widetilde{\delta p_s}$ 表示为具有不同奇性的项之和. 指标 j 对应于不同的角点, (r_j, θ_j) 是在第 j 个角点的邻域中引进局部极坐标. 与角点 "j" 相对应的含奇性的解记为 $S_{j,m}$ (可不止一个, 故又多一个指标 m), 其中

$$S_{j,m} = \begin{cases} r_j^{\lambda_{j,m}} \phi_{j,m}(\theta_j), & \lambda \text{ 为非整数}, \\ r_j^{\lambda_{j,m}} (\log r_j \phi_{j,m}(\theta_j) + \psi_{j,m}(\theta_j)), & \lambda \text{ 为整数}. \end{cases}$$

这里 $\lambda_{j,m}$ 是由 (4.62) 所导出的辅助常微分方程的边值问题的特征值, 它与各交点处边界张角的大小以及该点处椭圆型方程的系数有关. $\phi_{j,m}, \psi_{j,m}$ 为特征函数, 它们是 θ_j 的 $C^{2,\alpha}$ 函数.

对于解 $\widetilde{\delta p}$, 根据其不同的正则性可以有不同的估计式. 当 $\widetilde{\delta p} \in C^{2,\sigma}$ 时, 估计式为

$$\|\widetilde{\delta p}\|_{C^{2,\sigma}(\Omega_+)} \leqslant C(\|\widetilde{f^*}\|_{C^{\sigma}(\Omega_+)} + \|\tilde{g}\|_{C^{1,\sigma}(\Gamma_+)} + \|f_{1,2}\|_{C^{1,\sigma}(\Gamma_C)} + \|\widetilde{\delta p}\|_{L^\infty(\Omega_+)}). \tag{4.65}$$

当 $\widetilde{\delta p} \in C^{1,\sigma}$ 时, 仅对 $\widetilde{\delta p}$ 按对 (4.64) 分解的正则部分 $\widetilde{\delta p_r}$ 有估计 (4.65). 而对整个函数 $\widetilde{\delta p}$, 有估计式

$$\|\widetilde{\delta p}\|_{C^{1,\sigma}(\Omega_+)} \leqslant C(\|\tilde{g}\|_{C^{\sigma}(\Gamma_+)} + \|f_{1,2}\|_{C^{\sigma}(\Gamma_C)} + \|\widetilde{\delta p}\|_{L^\infty(\Omega_+)}), \tag{4.66}$$

其中 $\widetilde{f^*}$ 已用其表示式代入.

由引理 4.2 知 $\delta p \in H^2(\Omega_+)$, 故在 (4.64) 的和式中使 $\lambda_{j,m} < 1$ 的奇性项不可能出现, 即在此式中只能保留使

$$\min \lambda_{j,m} > 1 \tag{4.67}$$

的项. 于是, 取 $\alpha' = \min(\alpha, (\min \lambda_{j,m} - 1)/2)$ 可使 $\widetilde{\delta p_s} \in C^{1,\alpha'}$. 从而 $\widetilde{\delta p} = \widetilde{\delta p_r} + \widetilde{\delta p_s} \in C^{1,\alpha'}(\Omega_+)$, 且关于 $\widetilde{\delta p}$ 的 $C^{1,\alpha'}$ 估计 (4.66) 成立 (将其中 σ 替换成 α'). 利用对 δp 的 H^2 估计式 (4.51) 与插值不等式可以消去 (4.66) 右边所含的 $\|\widetilde{\delta p}\|_{L^\infty(\Omega_\pm)}$, 再利用 $\widetilde{f^*}, \tilde{g}$ 的表达式可得

$$\|\widetilde{\delta p}\|_{C^{1,\alpha'}(\Omega_+)} \leqslant C(\|f_{1,2}\|_{C^{\alpha'}(\Gamma_C)} + \|h_\pm\|_{C^{1,\alpha'}(\Gamma_\pm)}). \tag{4.68}$$

回到问题 (L_3) 的解 δp 与问题 (L_2) 的解 $(\delta p, \delta w)$, 可以得知估计式 (4.68) 对它们也是成立的. 取 $\alpha' = \alpha = \min(\alpha_0, (\min \lambda_{j,m} - 1)/2)$ 即得估计式 (4.56). 从而证明了定理 4.5.

得到了问题 (L_2) 的解，问题 (L_1) 的解及其估计可相应地得到. 进一步可得到问题 (L) 的解 δU 及其估计. 事实上，将边界条件 (4.38) 写成

$$\alpha_\pm^\sharp \delta u = g_\pm^\sharp - \beta_\pm^\sharp \delta w - \gamma_\pm^\sharp \delta p, \tag{4.69}$$

因为 δu 的系数 $\alpha_\pm^\sharp$ 非零，故有

$$\|M_1\|_{C^{1,\alpha}(\Gamma_i)} \leqslant C(\|(\delta w, \delta p)\|_{C^{1,\alpha}(\Gamma_i)} + \|g^\sharp\|_{C^{1,\alpha}(\Gamma_i)}). \tag{4.70}$$

于是我们得到如下的结论：

定理 4.6 在引理 4.2 的假定下，若 $f_1, f_2 \in C^\alpha(\Omega_i^a)$, $g_i^\sharp, g_i^\flat \in C^{1,\alpha}(\Gamma_i)$, $(i = 2, 3)$, 则问题 (L) 有解 $\delta U \in H^1(\Omega^a) \cap C^{1,\alpha}(\Omega_{2,3}^a)$, 并满足估计

$$\|\delta U\|_{C^{1,\alpha}(\Omega_{2,3}^a)} \leqslant C \sum_{i=2,3} \left(\sum_{j=1,2} \|f_j\|_{C^\alpha(\Omega_i^a)} + \|g_i^\sharp\|_{C^{1,\alpha}(\Gamma_i)} + \|g_i^\flat\|_{C^{1,\alpha}(\Gamma_i)} \right), \tag{4.71}$$

其中 C 依赖于 $\epsilon_0, \zeta_0, \delta_0$, 但不依赖于 ϵ, ζ, δ.

4.4 迭代过程的收敛性与 E–E 型 Mach 结构的稳定性

4.4.1 解非线性问题 (NL) 的迭代过程

现在用上节中关于线性问题的结果来求非线性问题 (NL) 的解. 这里也是采用 Newton 迭代过程来构造收敛的渐近解序列的，其基本思想已在第三章中介绍过. 以 U_ℓ 记 U 在 $\Gamma_{2,3}$ 左边的值，并定义

$$U^{(0)} = U_r^0 = \begin{cases} U_2^0, & \text{在 } \Omega_2 \text{中}, \\ U_3^0, & \text{在 } \Omega_3 \text{中}. \end{cases}$$

则可以递归地构造 $\{U^{(n)}\}$. 以下记 $\delta U^{(n)} = U^{(n)} - U^{(0)} \in \Sigma_\delta$, 若 $U^{(n)}$ 已得到，则 $\delta U^{(n+1)}$ 为下面的线性问题的解

$$L^{(n)}: \begin{cases} D_R^{(n)} \delta w^{(n+1)} - e^{(n)} D_I^{(n)} \delta p^{(n+1)} = 0, & \text{在 } \Omega^a \text{ 中}, \\ D_I^{(n)} \delta w^{(n+1)} + e^{(n)} D_R^{(n)} \delta p^{(n+1)} = 0, & \text{在 } \Omega^a \text{ 中}, \\ \ell_u^{(n)} \delta u^{(n+1)} + \ell_w^{(n)} \delta w^{(n+1)} + \ell_p^{(n)} \delta p^{(n+1)} = M_1^{(n+1)}, & \text{在 } \Omega^a \text{ 中}, \\ (\mathbf{G}^\sharp)^{(n)} \delta U^{(n+1)} = -G^\sharp(U_\ell, U^{(n)}) + (\mathbf{G}^\sharp)^{(n)} \delta U^{(n)}, & \text{在 } \Gamma_i \text{ 上}, \\ (\mathbf{G}^\flat)^{(n)} \delta U^{(n+1)} = -G^\flat(U_\ell, U^{(n)}) + (\mathbf{G}^\flat)^{(n)} \delta U^{(n)}, & \text{在 } \Gamma_i \text{ 上}, \\ \delta p^{(n+1)}, \delta w^{(n+1)}, & \text{在 } C^T \text{ 上连续}, \\ \delta p^{(n+1)} = 0, & \text{在 } \Gamma_0 \text{ 上}, \end{cases} \tag{4.72}$$

其中 $\mathbf{G}^{\sharp}$ 与 $\mathbf{G}^{\flat}$ 是非线性函数 $G^{\sharp}$ 与 $G^{\flat}$ 的线性化:

$$(\mathbf{G}^{\sharp})^{(n)}\delta U = (\alpha^{\sharp})^{(n)}\delta u + (\beta^{\sharp})^{(n)}\delta w + (\gamma^{\sharp})^{(n)}\delta p, \tag{4.73}$$

$$(\mathbf{G}^{\flat})^{(n)}\delta U = (\alpha^{\flat})^{(n)}\delta u + (\beta^{\flat})^{(n)}\delta w + (\gamma^{\flat})^{(n)}\delta p. \tag{4.74}$$

(为简化记号我们省略下标 i). 然后令 $U^{(n+1)} = U^{(0)} + \delta U^{(n+1)}$.

引理 4.3 在定理 4.6 的假定下, (4.72) 的解序列 $\{U^{(n+1)}\}$ 可定义, 且在 $C^{1,\alpha}(\bar{\Omega}_i^a)$ 中一致有界.

证明 将 (4.72) 在 Γ_i 上的边界条件的右边分别记为 $(g^{\sharp})^{(n)}$ 与 $(g^{\flat})^{(n)}$, 则

$$(g^{\sharp})^{(n)} = -G^{\sharp}(U_\ell, U_r^0) + G^{\sharp}(U_\ell, U_r^0) - G^{\sharp}(U_\ell, U^{(n)}) + (\mathbf{G}^{\sharp})^{(n)}(\delta U)^{(n)}. \tag{4.75}$$

由于 $U_\ell \in O_\epsilon$, $G^{\sharp}(U_\ell^0, U_r^0) = 0$, 则对 $i = 2, 3$ 有

$$\|G^{\sharp}(U_\ell, U_r^0)\|_{C^{1,\alpha}(\Gamma_i)} \leqslant C\epsilon. \tag{4.76}$$

此外,

$$\|G^{\sharp}(U_\ell, U_r^0) - G^{\sharp}(U_\ell, U^{(n)}) + (\mathbf{G}^{\sharp})^{(n)}(\delta U)^{(n)}\|_{C^{1,\alpha}(\Gamma_i)} \leqslant C\|\delta U^{(n)}\|_{C^{1,\alpha}(\Gamma_i)}^2. \tag{4.77}$$

故得到估计

$$\|(g^{\sharp})^{(n)}\|_{C^{1,\alpha}(\Gamma_i)} \leqslant C\Big(\epsilon + \|\delta U^{(n)}\|_{C^{1,\alpha}(\Gamma_i)}^2\Big).$$

同样的估计对 $(g^{\flat})^{(n)}$ 成立. 于是利用定理 4.6 就得到了问题 $L^{(n)}$ 的解, 它满足

$$\sum_i \|\delta U^{(n+1)}\|_{C^{1,\alpha}(\Omega_i^a)} \leqslant C\Big(\epsilon + \sum_i \|\delta U^{(n)}\|_{C^{1,\alpha}(\Omega_i^a)}^2\Big), \tag{4.78}$$

其中 C 不依赖于 ϵ, ζ, δ 与 n.

由 (4.78) 容易得到 $U^{(n)}$ 在 $C^{1,\alpha}(\Omega_i^a)$ 中的有界性. 事实上, $U^{(0)} = U_r^0$. 如果 $\sum_i \|\delta U^{(n)}\|_{C^{1,\alpha}(\Omega_i^a)} \leqslant \delta$ 对 $n \leqslant n_0$ 成立, 则

$$\sum_i \|\delta U^{(n_0+1)}\|_{C^{1,\alpha}(\Omega_i^a)} \leqslant C\Big(\epsilon + \sum_i \|\delta U^{(n_0)}\|_{C^{1,\alpha}(\Omega_i^a)}^2\Big) \leqslant C(\epsilon + \delta^2).$$

取 $\delta \leqslant \dfrac{1}{2C}$ 与 $\epsilon \leqslant \dfrac{\delta}{2C}$, 就得到

$$\sum_i \|\delta U^{(n_0+1)}\|_{C^{1,\alpha}(\Omega_i^a)} \leqslant \delta.$$

所以 $\|\delta U^{(n)}\|_{C^{1,\alpha}(\Gamma_\pm)} \leqslant \delta$ 对一切 n 成立. 即 $\{\delta U^{(n)}\}$ 在 $C^{1,\alpha}$ 中是一致有界的.

4.4.2 迭代格式的收敛性

引理 4.4 按定理 4.6 所定义的序列 $\{U^{(n+1)}\}$ 在 $C^\alpha(\Omega_i^a)$ 中收敛.

证明 我们导出 $\Delta U^{(n)} = U^{(n+1)} - U^{(n)}$ 所满足的边值问题. 事实上，$(\Delta u^{(n)}, \Delta w^{(n)}, \Delta p^{(n)})$ 满足

$$\begin{cases} D_R^{(n)}\Delta w^{(n)} + e^{(n)}D_I^{(n)}\Delta p^{(n)} = \left(D_R^{(n-1)} - D_R^{(n)}\right)\delta w^{(n)} \\ \qquad\qquad + (e^{(n-1)}D_I^{(n-1)} - e^{(n)}D_I^{(n)})\delta p^{(n)}, \quad \text{在 } \Omega^a \text{ 中,} \\ D_I^{(n)}\Delta w^{(n)} - e^{(n)}D_R^{(n)}\Delta p^{(n)} = (D_I^{(n-1)} - D_I^{(n)})\delta w^{(n)} \\ \qquad\qquad - (e^{(n-1)}D_R^{(n-1)} - e^{(n)}D_R^{(n)})\delta p^{(n)}, \quad \text{在 } \Omega^a \text{ 中,} \\ \ell_u^{(n)}\Delta u^{(n)} + \ell_w^{(n)}\Delta w^{(n)} + \ell_p^{(n)}\Delta p^{(n)} = \Delta\ell_u^{(n-1)}\delta u^{(n)} + \Delta\ell_w^{(n-1)}\delta w^{(n)} \\ \qquad\qquad + \Delta\ell_p^{(n-1)}\delta p^{(n)} + M_1^{(n+1)} - M_1^{(n)}, \quad \text{在 } \Omega^a \text{ 中,} \\ (\mathbf{G}^\sharp)^{(n)}(\Delta U^{(n)}) = -G^\sharp(U_\ell, U^{(n)}) + G^\sharp(U_\ell, U^{(n-1)}) \\ \qquad\qquad + (\mathbf{G}^\sharp)^{(n-1)}(\Delta U^{(n-1)}), \quad \text{在 } \Gamma_i \text{ 上,} \\ (\mathbf{G}^\flat)^{(n)}(\Delta U^{(n)}) = -G^\flat(U_\ell, U^{(n)}) + G^\flat(U_\ell, U^{(n-1)}) \\ \qquad\qquad + (\mathbf{G}^\flat)^{(n-1)}(\Delta U^{(n-1)}), \quad \text{在 } \Gamma_i \text{ 上,} \\ \Delta p^{(n)}, \Delta w^{(n)} \text{ 在 } C^T \text{ 上连续,} \\ \Delta p^{(n)} = 0, \quad \text{在 } \Gamma_0 \text{ 上.} \end{cases} \quad (4.79)$$

又

$$\|G^\sharp(U_\ell, U^{(n-1)}) - G^\sharp(U_\ell, U^{(n)}) + (\mathbf{G}^\sharp)^{(n-1)}(\Delta U^{(n-1)})\|_{C^{1,\alpha}(\Gamma_i)}$$
$$\leqslant C\|\Delta U^{(n-1)}\|_{C^{1,\alpha}(\Gamma_i)}^2, \quad (4.80)$$

同样的不等式对于 $\sharp$ 被 $\flat$ 替换时也成立. 此外，引理 4.3 表明 $U^{(n)} \in \Sigma_\delta$，故

$$\|\Delta\ell_u^{(n-1)}\delta u^{(n)} + \Delta\ell_w^{(n-1)}\delta w^{(n)} + \ell_p^{(n-1)}\delta p^{(n)}\|_{C^{1,\alpha}(\Omega_i^a)}$$
$$\leqslant C\delta\|\Delta U^{(n-1)}\|_{C^{1,\alpha}(\Omega_i^a)}. \quad (4.81)$$

在 (4.79) 中，$M_1^{(n+1)}, M_1^{(n)}$ 由 $U^{(n+1)}, U^{(n)}$ 在 $\Gamma_{2,3}$ 上的值决定，它们的 $C^{1,\alpha}(\Gamma_i)$ 模可以用 Γ_i 上的条件确定，故

$$\|M_1^{(n+1)} - M_1^{(n)}\|_{C^{1,\alpha}(\Gamma_i)} \leqslant C(\|\Delta w^{(n)}\|_{C^{1,\alpha}(\Gamma_i)} + \|\Delta p^{(n)}\|_{C^{1,\alpha}(\Gamma_i)}$$
$$+ \|(\mathbf{G}^\sharp)^{(n)}(\Delta U^{(n)})\|_{C^{1,\alpha}(\Gamma_i)} + \delta\|\Delta U^{(n-1)}\|_{C^{1,\alpha}(\Omega_i)}), \quad (4.82)$$

从而可以建立

$$\|\Delta U^{(n)}\|_{C^{1,\alpha}(\Omega_i^a)} \leqslant C \sum_i (\|\Delta U^{(n-1)}\|_{C^{1,\alpha}(\Omega_i^a)}^2 + \delta\|\Delta U^{(n-1)}\|_{C^{1,\alpha}(\Omega_i^a)}). \quad (4.83)$$

于是，令 $C\delta < \dfrac{1}{10}$，可有

$$\|\Delta U^{(n)}\|_{C^{1,\alpha}(\Omega_i^a)} \leqslant \dfrac{3}{10} \sum_i \|\Delta U^{(n-1)}\|_{C^{1,\alpha}(\Omega_i^a)}, \tag{4.84}$$

这就给出了序列 $\{U^{(n)}\}$ 的收敛性.

定理 4.3 的证明

当 $n \to \infty$ 时序列 $\{U^{(n)}\}$ 在 Ω_i^a 中收敛. 其极限属于 $C^{1,\alpha}(\Omega_i^a)$，且满足方程组 (4.11) 以及在 Γ_i，$\{\xi = 0\}$ 上的边界条件. 函数 $p, w \in H^1(\Omega)$，故它们在 $\eta = 0$ 上连续. 最后，在 (4.78) 中令 $n \to \infty$ 可得

$$\sum_i \|\delta U\|_{C^{1,\alpha}(\Omega_i^a)} \leqslant C(\epsilon + \|\delta U\|_{C^{1,\alpha}(\Omega_i^a)}^2) \leqslant C(\epsilon + \delta \sum_i \|\delta U\|_{C^{1,\alpha}(\Omega_i^a)}),$$

故只要 $\delta_0 < \dfrac{1}{2C}$，就有

$$\sum_i \|\delta U\|_{C^{1,\alpha}(\Omega_i^a)} \leqslant 2C\epsilon. \tag{4.85}$$

从而在 $\epsilon < \dfrac{\delta}{2}$ 时可得 (4.21).

4.4.3　自由边值问题解的存在性

定理 4.2 的证明

以下利用不动点定理来证明定理 4.1. 上面小节已指出，对于任意的 $(\psi_2(\xi), \psi_3(\xi)) \in K_\zeta$ 可以得到问题 (NL) 的解 $U_2(\xi,\eta)$ 和 $U_3(\xi,\eta)$，从而可以由下式来定义新的边界 $\Psi_i(\xi)$.

$$\begin{cases} \dfrac{\mathrm{d}\Psi_i}{\mathrm{d}\xi} = -\dfrac{\left[\dfrac{v}{u}\right]_i}{\left[\dfrac{1}{\rho u}\right]_i} = H(U_{\ell i}, U_i), \text{ 在 } \Gamma_i \text{ 上,} \\ \Psi_i(0) = 0, \end{cases} \quad i = 2, 3. \tag{4.86}$$

其中 $U_{\ell 2} = U_1$，$U_{\ell 3} = U_0$，进而可定义映射

$$\tau: \ (\psi_2(\xi), \psi_3(\xi)) \mapsto (\Psi_2(\xi), \Psi_3(\xi)).$$

显然，为证明定理 4.1，仅需证明映射 τ 在 K_ζ 中有不动点.

现在将 $H(U_{\ell i}, U_i)$ 写成

$$H(U_{\ell i}, U_i) = (H(U_{\ell i}, U_i) - H(U_{\ell i}^0, U_i)) + (H(U_{\ell i}^0, U_i) - H(U_{\ell i}^0, U_i^0)) + H(U_{\ell i}^0, U_i^0).$$

则由于 $H(U_{\ell i}^0, U_i^0) = \psi_i^0$ 以及 $\|U_i - U_i^0\|_{C^{1,\alpha}(\Omega_i^a)} \leqslant C\epsilon$, 可得

$$\|H(U_{\ell i}, U_i) - \psi_i^0\|_{C^{1,\alpha}(\Gamma_i)} \leqslant C\epsilon.$$

从而导致

$$\left\|\frac{\mathrm{d}\Psi_i(\xi)}{\mathrm{d}\xi} - \psi_i^0\right\|_{C^{1,\alpha}(\Gamma_i)} \leqslant C\epsilon, \tag{4.87}$$

以及

$$\|\Psi_i(\xi) - \psi_i^0 \xi\|_{C^{2,\alpha}(\Gamma_i)} \leqslant CL_0\epsilon. \tag{4.88}$$

取 ϵ_0, ζ_0 充分小, 当 $\epsilon < \epsilon_0$, $\zeta < \zeta_0$ 以及 $CL_0\epsilon < \zeta$ 时, 从 (ψ_2, ψ_3) 到 (Ψ_2, Ψ_3) 映射 τ 是 K_ζ 到其自身的内射.

映射 τ 还是一个压缩映射. 事实上, 设在 K_ζ 有两组函数 $(\psi_{2A}(\xi), \psi_{3A}(\xi))$ 与 $(\psi_{2B}(\xi), \psi_{3B}(\xi))$, 它们对应的非线性问题 (NL) 的解为 U_A 与 U_B. 作变换

$$\Pi_A : \tilde{\xi} = \xi, \quad \tilde{\eta} = \begin{cases} \dfrac{\eta}{\psi_{2A}(\xi)}\xi, & \eta < 0, \\ \dfrac{\eta}{\psi_{3A}(\xi)}\xi, & \eta > 0, \end{cases} \tag{4.89}$$

则以 $(\psi_{2A}(\xi), \psi_{3A}(\xi))$ 为边界的问题 (NL) 化为在 $\Omega_+ \cup \Omega_- \cup D$ 上定义的问题. 为避免引入太多的记号而导致的繁琐, 仍记其解为 $U_A = (u_A, v_A, p_A)$, 它满足

$$(NL)_A : \begin{cases} D_{RA}w_A - e_A D_{IA}p_A = 0, & \text{在 } \Omega_\pm \text{ 中}, \\ D_{IA}w_A + e_A D_{RA}p_A = 0, & \text{在 } \Omega_\pm \text{ 中}, \\ \dfrac{p_A}{\rho_A^\gamma} = M_A, & \text{在 } \Omega_\pm \text{ 中}, \\ G^\sharp(U_\ell, U_A) = 0, & \text{在 } \Gamma_\pm \text{ 上}, \\ G^\flat(U_\ell, U_A) = 0, & \text{在 } \Gamma_\pm \text{ 上}, \\ w_A, p_A & \text{在 } \Gamma_C \text{ 上连续}, \\ p_A = p_0, & \text{在 } \Gamma_0 \text{ 上}. \end{cases} \tag{4.90}$$

这里 M_A 由 $\Gamma_\pm$ 上的资料所决定, 其系数依赖于 $(\psi_{2A}(\xi), \psi_{3A}(\xi))$ 上的 U_A 与其一阶导数. 同样, 当 (4.89) 中的下标 "A" 用 "B" 替换时可以定义映射 Π_B 与相应的非线性边值问题 $(NL)_B$, 并得到它的解 $U_B = (u_B, v_B, p_B)$.

以下将 $(NL)_A$ 中三个方程简化合并写为 $F_{U_A}[U_A] = 0$, 将 $(NL)_B$ 中三个方程简化合并写为 $F_{U_B}[U_B] = 0$, 令 $U_{BA} = U_B - U_A$, $\psi_{BA} = \psi_B - \psi_A$, 则有

$$\begin{cases} F_{U_A}[U_{BA}] = F_{U_A}[U_B] - F_{U_B}[U_B] \quad (= f_{BA}), \quad \text{在 } \Omega_\pm \text{ 中}, \\ \dfrac{\partial G^\sharp}{\partial U}(U_\ell(\xi, \psi_A(\xi)), U^*)U_{BA} = g_{BA}^\sharp, \quad \text{在 } \Gamma_\pm \text{ 上}, \\ \dfrac{\partial G^\flat}{\partial U}(U_\ell(\xi, \psi_A(\xi)), U^*)U_{BA} = g_{BA}^\flat, \quad \text{在 } \Gamma_\pm \text{ 上}, \\ w_{BA}, p_{BA} \text{ 在 } \Gamma_C \text{ 上连续}, \\ p_{BA} = 0, \quad \text{在 } \Gamma_0 \text{ 上}, \end{cases} \quad (4.91)$$

其中

$$g_{BA}^\sharp = G^\sharp(U_\ell(\xi, \psi_A(\xi)), U_B) - G^\sharp(U_\ell(\xi, \psi_B(\xi)), U_B),$$

$$g_{BA}^\flat = G^\flat(U_\ell(\xi, \psi_A(\xi)), U_B) - G^\flat(U_\ell(\xi, \psi_B(\xi)), U_B),$$

而 U^* 是 U_A 与 U_B 中某一点. 因为 U_A, U_B 满足 (4.90), 则对 (4.91) 的右边有估计

$$\|f_{BA}\|_{C^\alpha(\Omega_\pm)} \leqslant C\epsilon(\|U_{BA}\|_{C^{1,\alpha}(\Omega_\pm)} + \|\psi_{BA}\|_{C^{1,\alpha}(0,L_0)}),$$

$$\|g_{BA}^\sharp\|_{C^{1,\alpha}(\Gamma_\pm)}, \|g_{BA}^\flat\|_{C^{1,\alpha}(\Gamma_\pm)} \leqslant C\epsilon\|\psi_{BA}\|_{C^{1,\alpha}(0,L_0)}.$$

从而利用上节的结果可得

$$\|U_{BA}\|_{C^{1,\alpha}(\Omega_\pm)} \leqslant C\epsilon \|\psi_{BA}\|_{C^{1,\alpha}(0,L_0)}. \quad (4.92)$$

又利用方程 (4.86) 有

$$\|\Psi_B(\xi) - \Psi_A(\xi)\|_{C^{1,\alpha}(0,L_0)} = \left\| \int_0^\xi \left(\frac{d\Psi_B}{d\xi} - \frac{d\Psi_A}{d\xi} \right) d\xi \right\|_{C^{1,\alpha}(0,L_0)}$$
$$\leqslant \int_0^{L_0} \|H(U_\ell, U_B) - H(U_\ell, U_A)\|_{C^{1,\alpha}(0,L_0)} d\xi$$
$$\leqslant C\|U_{BA}\|_{C^{1,\alpha}(\Omega_\pm)}.$$

与 (4.92) 相结合, 即可得映射 τ 在 ϵ 充分小时的压缩性. 故映射 τ 在 K_ζ 中有唯一的不动点. 相应地, 定理 4.2 得证.

定理 4.1 的证明

在本章之初我们为了拉直接触间断线, 利用变换 T 将 (x,y) 平面上的自由边值问题化成了在 (ξ, η) 平面上的自由边值问题, 现在将利用变换 (4.7) 的逆变换 T^{-1} 来获得在 (x,y) 平面上原始自由边值问题的解. 事实上, 若 (u,v,p) 为 (ξ, η) 平面上的自由边值问题解 U^T 的分量, 则由 (4.11) 第三式知

$$\frac{v}{u} d\xi + \frac{1}{\rho u} d\eta$$

是全微分，故变换

$$x = \xi, \quad y = \int_{(0,0)}^{(\xi,\eta)} \frac{v}{u}\mathrm{d}\xi + \frac{1}{\rho u}\mathrm{d}\eta \tag{4.93}$$

有意义. 它就是变换 T 的逆变换. 事实上，容易看到 S_2^T 与 S_3^T 在变换 T^{-1} 下的像就是 $\tilde{S}_2$ 与 $\tilde{S}_3$，而 C^T 在变换 T^{-1} 下的像就是 $\tilde{C}$，且 u, v, p 在 T^{-1} 变换下的像满足方程组 (4.1) 以及在 $\tilde{S}_1, \tilde{S}_2, \tilde{C}$ 上的条件.

最后，由于 $u > 0$ 且与零有下界为正的距离，故 $\|U\|_{C^{1,\alpha}} \leqslant C\epsilon$ 表明

$$\left\|\frac{v}{u}\right\|_{C^{1,\alpha}} \leqslant C\epsilon,$$

相应地，由 (4.8) 知

$$\|\phi_4(x)\|_{C^{1,\alpha}} = \|y(\xi, 0)\|_{C^{2,\alpha}} \leqslant C \left\|\frac{\mathrm{d}y}{\mathrm{d}\xi}(\xi, 0)\right\|_{C^{1,\alpha}} \leqslant C\epsilon.$$

(注意以上不同估计式中常数 C 可以不同)，故定理 4.1 中诸结论均成立，构成 Mach 结构的诸要素呈现为可以被来流扰动控制的小扰动.

于是据本章开始的说明，由定理 4.1 就可得到 E–E 型 Mach 结构在来流的扰动下为稳定的结论.

4.5 E–H 型 Mach 结构的稳定性

4.5.1 问题与结论

前几节我们详细讨论了 E–E 型 Mach 结构的稳定性. 如本章初所指出的，在激波反射的研究中，由于来流参量的不同，还有可能出现 E–H 型 Mach 结构. 也就是说，在反射激波的后方可能出现超音速流，而在 Mach 杆的后方仍然出现亚音速流. 这两部分气体由出发自三叉交点的一条接触间断线所分离. 由于描写超音速流的偏微分方程与描写亚音速流的偏微分方程有本质区别，所以为得到 E–H 型 Mach 结构的稳定性还需做进一步的研究. 而且由于在研究 E–H 型 Mach 结构的稳定性时涉及混合型方程的边值问题，其分析比前面对 E–E 型 Mach 结构的稳定性的讨论要更为困难.

本节将利用偏微分方程的理论研究 E–H 型 Mach 结构的稳定性. 其分析思路有一部分与前面对 E–E 型 Mach 结构的稳定性的讨论是相仿的. 所以在本节中我们对于两者相仿的部分不再重复，采用简述的方法带过，而着重就两者的不同点以及与此相应的处理方法作详细的介绍.

首先我们列出该问题的数学描述. E–H 型 Mach 结构的几何形状与 E–E 型 Mach 结构一样，也是由过一点的三个激波以及一个接触间断线所构成. 在求解

区域上控制气体流动的微分方程与激波上需满足的 Rankine-Hugoniot 条件仍如 (4.1)、(4.2) 所示. 与 E–E 型 Mach 结构不同, 在 E–H 型 Mach 结构中位于反射激波的流动是超音速流, 而越过 Mach 杆后的流动为亚音速流. 这两股流体仍被一接触间断线所分离, 在相邻点两股流体有相同的压强与相同的法向速度 (但切向速度不同). 由于超音速气流的特点是上游气流决定下游气流, 因此在超音速气流部分不能再在下游添加限制条件. 此外, 我们将在亚音速气流区域的下方所添加的限制条件改为 $\frac{\partial p}{\partial x} = 0$, 它相当于在下游不另加外力的限制 (事实上, 在 E–E 型 Mach 结构的稳定性的讨论中, 将下游的限制条件全改为 $\frac{\partial p}{\partial x} = 0$, 相应的稳定性结论也仍然成立).

采用定理 4.1 中关于区域与其中所定义函数的记号, 为得到 E–H 型 Mach 结构的局部稳定性我们要证明下面的结论.

定理 4.7 若 ϵ 充分小,

$$\|\tilde{U}_i(x,y) - U_i^0\|_{C^{2,\alpha_0}} < \epsilon, \ (i=0,1) \tag{4.94}$$

且背景解中激波 S_3 斜率与特征线斜率很接近, 则存在 $\tilde{S}_2, \tilde{S}_3, \tilde{C}$, 以及定义在 $\tilde{\Omega}_{i,L_0}$ 上的函数 $\tilde{U}_i(x,y)$, 使得

(1) $\tilde{U}_i(x,y)$ 在区域 $\tilde{\Omega}_{i,L_0}$ 中满足方程组

$$\begin{cases} \frac{\partial(\rho u)}{\partial x} + \frac{\partial(\rho v)}{\partial y} = 0, \\ u\frac{\partial u}{\partial x} + v\frac{\partial u}{\partial y} + \frac{1}{\rho}\frac{\partial p}{\partial x} = 0, \\ u\frac{\partial v}{\partial x} + v\frac{\partial v}{\partial y} + \frac{1}{\rho}\frac{\partial p}{\partial y} = 0. \end{cases} \tag{4.95}$$

(2) $\tilde{U}_i(x,y)$ 在激波 $\tilde{S}_2, \tilde{S}_3$ 上满足 Rankine-Hugoniot 条件

$$\begin{cases} [\rho u]\phi' = [\rho v], \\ [p+\rho u^2]\phi' = [\rho uv], \\ [\rho uv]\phi' = [p+\rho v^2] \end{cases} \tag{4.96}$$

与熵条件.

(3) 在 $\tilde{C}$ 上成立 $\tilde{p}_2 = \tilde{p}_3$, $\frac{\tilde{v}_2}{\tilde{u}_2} = \frac{\tilde{v}_3}{\tilde{u}_3}$.

(4) 在 $x = L_0, y < \tilde{\phi}_4(L_0)$ 上 $\frac{\partial \tilde{p}_2}{\partial x} = 0$.

(5) 估计式

$$\sum_{i=2,3,4} \|\tilde{\phi}_i(x) - \phi_i^0 x\|_{C^{2,\alpha}(0,L_0)} + \sum_{i=2,3} \|\tilde{U}_i(x,y) - U_i^0\|_{C^{1,\alpha}(\tilde{\Omega}_{i,L_0})} \leqslant C\epsilon. \tag{4.97}$$

对某个 $\alpha < \alpha_0$ 以及 $C > 0$ 成立.

4.5.2 非线性 Lavrentiev-Bitsadze 混合型方程

定理 4.7 证明的整体思路与定理 4.1 的证明相仿, 尤其是前一部分的处理. 首先, 通过 4.2.1 小节中引入的对定常流的 Lagrange 变换, 将所有流线 (包括未知的接触间断线) 拉直, 得到 (ξ, η) 平面上的一个自由边值问题. 然后将含激波的自由边界问题分解为一个仅含固定边界的边值问题与更新激波位置的常微分方程初值问题. 以后的重点仍然是求这个偏微分方程组仅含固定边界的边值问题. 方程组 (4.95) 在 Lagrange 变换后的形式为

$$\begin{pmatrix} u & & \frac{1}{\rho} \\ & u & \\ \frac{1}{\rho} & & \frac{u}{c^2\rho^2} \end{pmatrix} \frac{\partial}{\partial \xi} \begin{pmatrix} u \\ v \\ p \end{pmatrix} + \begin{pmatrix} & & -v \\ & u & \\ -v & u & \end{pmatrix} \frac{\partial}{\partial \eta} \begin{pmatrix} u \\ v \\ p \end{pmatrix} = 0. \qquad (4.98)$$

其特征多项式为

$$D(\lambda) = \frac{\lambda u}{c^2 \rho^2} (\lambda^2 (u^2 - c^2) - 2\lambda c^2 \rho v - c^2 \rho^2 (u^2 + v^2)). \qquad (4.99)$$

因此, $D(\lambda) = 0$ 根为

$$\lambda_{\pm} = \frac{c^2 \rho v \pm c\rho u \sqrt{u^2 + v^2 - c^2}}{u^2 - c^2}, \quad \lambda_3 = 0. \qquad (4.100)$$

这时, 在双曲区域 Ω_3 中这三个根都是实根, 而在椭圆区域 Ω_2 中, $\lambda_{\pm}$ 为复根, $\lambda_{\pm} = \lambda_R \pm \mathrm{i}\lambda_I$.

先讨论双曲区域, 在双曲区域 Ω_3 中对应于三个特征根的特征向量是

$$\ell_{\pm} = \left(\frac{1}{u} \left(-\frac{\lambda_{\pm}}{\rho} - v \right), 1, \lambda_{\pm} \right),$$
$$\ell_3 = (u, v, 0).$$

由此可以将方程组 (4.98) 化成对角型. 将 $\ell_{\pm}$ 乘以 (4.98) 可得

$$\left(-v, u, \frac{\pm\sqrt{u^2 + v^2 - c^2}}{c\rho} \right) (\partial_\xi + \lambda_{\pm} \partial_\eta) \begin{pmatrix} u \\ v \\ p \end{pmatrix} = 0,$$

它可写成

$$D_{\pm} w \pm e_1 D_{\pm} p = 0, \qquad (4.101)$$

其中 $w = \dfrac{v}{u}$, $D_{\pm} = \dfrac{\partial}{\partial \xi} + \lambda_{\pm}\dfrac{\partial}{\partial \eta}$, $e_1 = \dfrac{\sqrt{u^2+v^2-c^2}}{c\rho u^2}$.

将 (4.98) 乘以 ℓ_3, 得

$$u\frac{\partial u}{\partial \xi} + v\frac{\partial v}{\partial \xi} + \frac{1}{\rho}\frac{\partial p}{\partial \xi} = 0, \tag{4.102}$$

对完全气体它可写成

$$\frac{\mathrm{d}}{\mathrm{d}\xi}(p\rho^{-\gamma}) = 0.$$

其积分为

$$p\rho^{-\gamma} = M(\eta), \tag{4.103}$$

此处 $M(\eta)$ 在每条流线上为常数, 其可由 $\Gamma_{2,3}$ 上的值确定.

将 Bernoulli 定律写成

$$\frac{1}{2}(u^2+v^2) + \frac{\gamma p}{(\gamma-1)\rho} = C_0, \tag{4.104}$$

我们有

$$\rho = \frac{\gamma p}{\gamma-1}\left(C_0 - \frac{1}{2}(u^2+v^2)\right)^{-1}.$$

故 (4.103) 具有形式

$$p^{1-\gamma}\left(\frac{\gamma-1}{\gamma}\left(C_0 - \frac{1}{2}(u^2+v^2)\right)\right)^{\gamma} = M(\eta). \tag{4.105}$$

再讨论椭圆区域, 在椭圆区域可与对 E–E 型 Mach 结构讨论中所做的一样, 分离特征根的实部与虚部, 将 $\lambda_{\pm}$ 写成 $\lambda_R \pm \mathrm{i}\lambda_I$, 记 $D_R = \dfrac{\partial}{\partial \xi} + \lambda_R\dfrac{\partial}{\partial \eta}$, $D_I = \lambda_I\dfrac{\partial}{\partial \eta}$, 由 4.2.3 节中的运算可得

$$\begin{cases} D_R w - eD_I p = 0, \\ D_I w + eD_R p = 0. \end{cases} \tag{4.106}$$

方程组 (4.106) 与 (4.101) 均可化为单个的二阶方程. 将 D_I, D_R 作用于 (4.106) 的两式, 然后取其差可得

$$D_I(eD_I p) + D_R(eD_R p) - \mu eD_R p = 0, \tag{4.107}$$

其中 $\mu = \dfrac{1}{\lambda_I}\left(\dfrac{\partial \lambda_I}{\partial \xi} + \lambda_R\dfrac{\partial \lambda_I}{\partial \eta} - \lambda_I\dfrac{\partial \lambda_R}{\partial \eta}\right)$ 满足 $[D_R, D_I] = \mu D_I$.

而将 $D_{\mp}$ 作用于 $(4.101)_{\pm}$, 然后取其差可得

$$2e_1 D_- D_+ p + (2\mu_1 e_1 + D_- e_1)D_+ p + D_+ e_1 D_- p = 0, \tag{4.108}$$

其中 $\mu_1 = \dfrac{D_+\lambda_- - D_-\lambda_+}{\lambda_+ - \lambda_-}$ 满足 $[D_+, D_-] = \mu_1(D_+ - D_-)$.

现在再来导出函数 p 在接触间断线以及边界上应该满足的条件. 首先, 在接触间断线 $\eta = 0$ 上 p 应该是连续的, 即

$$p_+ = p_-, \tag{4.109}$$

其中 $p_\pm$ 分别表示 p 在 $\eta = 0$ 处的上下极限. 但这还不够, 因为在 $\eta = 0$ 上, 气体的流速方向也应该是连续的, 即 $w = \dfrac{v}{u}$ 连续. 因此 $\partial_\xi w$ 在 $\eta = 0$ 上也连续. 注意到在上半平面有

$$\partial_\xi w = \frac{\lambda_+ D_- w - \lambda_- D_+ w}{\lambda_+ - \lambda_-} = \frac{\lambda_+ e_1 D_- p + \lambda_- e_1 D_+ p}{\lambda_+ - \lambda_-}, \tag{4.110}$$

而在下半平面有

$$\partial_\xi w = \left(D_R - \frac{\lambda_R}{\lambda_I} D_I\right) w = e D_I p + \frac{\lambda_R}{\lambda_I} e D_R p, \tag{4.111}$$

故在 $\eta = 0$ 上的第二个条件为

$$\frac{e_1}{\lambda_+ - \lambda_-}(\lambda_+ D_- p + \lambda_- D_+ p)|_{\eta=+0} = \frac{e}{\lambda_I}(\lambda_I D_I p + \lambda_R D_R p)|_{\eta=-0}. \tag{4.112}$$

再来看在激波边界 $\Gamma_{2,3}$ 上的条件. 将激波条件写成

$$\begin{cases} G^\sharp \equiv [p]\left[\dfrac{1}{\rho u}\right] + [wu][w] = 0, \\ G^\flat \equiv [p]\left[u + \dfrac{p}{\rho u}\right] + [wu][pw] = 0. \end{cases} \tag{4.113}$$

由于 $\partial_u G^\sharp = -[p]\dfrac{1}{\rho u^2} + [w]w$, 它在 $w = 0$ 时非零, 故可以从上式中消去 u 而得到在 $\Gamma_{2,3}$ 上 w 与 p 的关系式, 记成 $G^*(w, p, U_\ell) = 0$, 其中 U_ℓ 是 (u_ℓ, w_ℓ, p_ℓ) 在激波左边值的缩写.

Γ_i $(i = 2, 3)$ 的切向是 $\dfrac{\partial}{\partial \xi} + \psi_i'(\xi)\dfrac{\partial}{\partial \eta}$, 这里 $\psi_i' = -\dfrac{[v/u]}{[1/\rho u]} = -\dfrac{[w]}{[1/\rho u]}$, 故沿 Γ_i 对 $G^* = 0$ 求切向导数, 可得

$$-\left[\frac{1}{\rho u}\right](G_w^* \partial_\xi w + G_p^* \partial_\xi p) + [w](G_w^* \partial_\eta w + G_p^* \partial_\eta p) = g_i, \tag{4.114}$$

其中 $g_i = -\left[\dfrac{1}{\rho u}\right] G_{U_\ell}^* \partial_\xi U_\ell - [w] G_{U_\ell}^* \partial_\eta U_\ell$.

我们分别写出 (4.114) 在边界 $\Gamma_{2,3}$ 上的形式. 在边界 Γ_3 上有

$$\partial_\xi w = \frac{\lambda_+ e_1 D_- p + \lambda_- e_1 D_+ p}{\lambda_+ - \lambda_-} = \frac{e_1(\lambda_+ + \lambda_-)}{\lambda_+ - \lambda_-}\partial_\xi p + \frac{2e_1 \lambda_+ \lambda_-}{\lambda_+ - \lambda_-}\partial_\eta p,$$

$$\partial_\eta w = \frac{-e_1 D_+ p - e_1 D_- p}{\lambda_+ - \lambda_-} = -\frac{2e_1}{\lambda_+ - \lambda_-} \partial_\xi p - \frac{e_1(\lambda_+ + \lambda_-)}{\lambda_+ - \lambda_-} \partial_\eta p.$$

将此代入 (4.114), 就可将 Γ_3 上的边界条件写成

$$H_1 \partial_\xi p + H_2 \partial_\eta p = g_3, \qquad (4.115)$$

其中

$$H_1 = \frac{e_1(\lambda_+ + \lambda_-)}{\lambda_+ - \lambda_-} \left[-\frac{1}{\rho u} \right] G_w^* + \left[-\frac{1}{\rho u} \right] G_p^* - \frac{2e_1}{\lambda_+ - \lambda_-} [w] G_w^*,$$

$$H_2 = \frac{2e_1 \lambda_+ \lambda_-}{\lambda_+ - \lambda_-} \left[-\frac{1}{\rho u} \right] G_w^* - \frac{e_1(\lambda_+ + \lambda_-)}{\lambda_+ - \lambda_-} [w] G_w^* + [w] G_p^*.$$

类似地, 在边界 Γ_2 有

$$\partial_\xi w = D_R w - \frac{\lambda_R}{\lambda_I} D_I w = \frac{e \lambda_R}{\lambda_I} \partial_\xi p + e \left(\lambda_I + \frac{\lambda_R^2}{\lambda_I} \right) \partial_\eta p,$$

$$\partial_\eta w = \frac{1}{\lambda_I} D_I w = -\frac{e}{\lambda_I} D_R p = -\frac{e}{\lambda_I} \partial_\xi p - \frac{e \lambda_R}{\lambda_I} \partial_\eta p.$$

从而 (4.114) 给出

$$E_1 \partial_\xi p + E_2 \partial_\eta p = g_2, \qquad (4.116)$$

其中

$$E_1 = \frac{e \lambda_R}{\lambda_I} \left[-\frac{1}{\rho u} \right] G_w^* + \left[-\frac{1}{\rho u} \right] G_p^* - \frac{e}{\lambda_I} [w] G_w^*,$$

$$E_2 = e \left(\lambda_I + \frac{\lambda_R^2}{\lambda_I} \right) \left[-\frac{1}{\rho u} \right] G_w^* - \frac{e \lambda_R}{\lambda_I} [w] G_w^* + [w] G_p^*.$$

这样, 基于以上的计算, 我们就导出了如下的边值问题

$$\begin{cases} 方程 (4.107) 在 \eta < 0 中, \quad 方程 (4.108) 在 \eta > 0 中, \\ E_1 \partial_\xi p + E_2 \partial_\eta p = g_2, \qquad 在 \Gamma_2 上, \\ H_1 \partial_\xi p + H_2 \partial_\eta p = g_3, \qquad 在 \Gamma_3 上, \\ \dfrac{\partial p}{\partial \xi} = 0, \qquad 在 \Gamma_4 : \xi = L_0, \eta < 0 上, \\ p(0, 0) = p_0^0, \\ 相容性条件: (4.109), (4.112), \quad 在 \eta = 0 上. \end{cases} \qquad (4.117)$$

为证明定理 4.7 就需要证明二阶非线性混合型方程边值问题 (4.117) 解的存在性.

定理 4.8 若 ϵ, ζ 充分小，$\|\tilde{U}_i(x,y) - U_i^0\|_{C^{2,\alpha_0}} < \epsilon$ ($i=0,1$), $\|\psi_i'(\xi) - \psi_i^0\|_{C^{2,\alpha_0}(0,L_0)} < \zeta$ ($i=2,3$), 且 $|\psi_3^0 - \lambda_+^0|$ 充分小，则问题 (4.117) 有 $C^{1,\alpha}$ 解.

(4.117) 是一个二阶混合型方程的边值问题. 二阶混合型方程一般可以分成三类. 第一类以 Tricomi 方程

$$y\frac{\partial^2 u}{\partial x^2} + \frac{\partial^2 u}{\partial y^2} = 0 \tag{4.118}$$

为代表.

第二类以 Keldysh 方程

$$\frac{\partial^2 u}{\partial x^2} + y\frac{\partial^2 u}{\partial y^2} = 0 \tag{4.119}$$

为代表.

第三类以 Lavrentiev-Bitsadze 方程

$$\operatorname{sign} y \frac{\partial^2 u}{\partial x^2} + \frac{\partial^2 u}{\partial y^2} = 0 \tag{4.120}$$

为代表.

这三类方程都是在上半平面是椭圆型的，在下半平面是双曲型的，直线 $y=0$ 是它们的变型线. 对 Tricomi 方程与 Keldysh 方程来说，$y=0$ 直线也是其退化线，即方程在上半平面是退化椭圆型，而在下半平面是退化双曲型. 但 Tricomi 方程在双曲区域的特征线与退化线 $y=0$ 垂直 (或更一般地说是横截相交的)，而 Keldysh 方程在双曲区域的特征线与退化线 $y=0$ 相切. 至于 Lavrentiev-Bitsadze 方程 (4.120)，它在上半平面的椭圆型方程与其在下半平面的双曲型方程都不在变型线上退化，但是其系数在该直线上有间断. 这三类方程的解都应该在变型线上连续且其导数也连续 (二阶导数不可能也连续)，从而使满足方程的函数在求解区域中受到一种整体的约束. 三类方程上述形式上的差异导致其定解问题的提法、解的性质以及求解的方法有很大的不同. 对混合型方程的研究具有丰富而深刻的内容，我们在这里不可能详细地展开，而只就本书中遇到的混合型方程做特定的讨论.

问题 (4.117) 中出现的二阶方程在上半平面为双曲型，在下半平面为椭圆型，它的系数在 $\eta=0$ 上有间断. 故 (4.117) 应属于非线性的 Lavrentiev-Bitsadze 方程. 而其边界条件是给定在区域的一部分边界上，它不同于双曲型方程的初边值问题，也不同于椭圆型方程的 Dirichlet 问题，而与 Tricomi 方程的 Tricomi 问题的提法有些类似，所以我们称它为广义的 Tricomi 问题. 在下节中我们讨论它的求解.

4.5.3 问题的线性化处理

下面我们将来讨论问题 (4.117) 的求解，即要证明当 $(\tilde{U}_0(x,y), \tilde{U}_1(x,y))$ 在 (U_0^0, U_1^0) 的邻域中，$(\psi_2(\xi), \psi_3(\xi))$ 在 $(\psi_2^0\xi, \psi_3^0\xi)$ 的邻域中时该问题有 $C^{1,\alpha}$ 解.

设 $p(\xi,0)$ 在 ξ 变化的区间 $(0,L_0)$ 上给定为 $p_2^0 + \tau(\xi)$, 则可以得到在 Ω_- 上方程 (4.107) 的一个边值问题, 其边界条件为

$$\begin{cases} E_1\partial_\xi p + E_2\partial_\eta p = g_2, & \text{在 } \Gamma_2 \text{ 上,} \\ \dfrac{\partial p}{\partial \xi} = 0, & \text{在 } \Gamma_4 \text{ 上,} \\ p = p_2^0 + \tau(\xi), & \text{在 } \eta = 0 \text{ 上.} \end{cases} \qquad (4.121)$$

(4.121) 可给出 $\dfrac{\partial p}{\partial \eta}$ 在 $\eta = -0$ 上的值, 记 $\mu(\xi) = \lim_{\eta \to -0} \dfrac{\partial p}{\partial \eta}(\xi,\eta)$, 则 $\mu(\xi)$ 被 $\tau(\xi)$ 唯一地确定.

进一步, $\chi(\xi) = \dfrac{\partial p}{\partial \eta}(\xi,+0)$ 的值可以利用在 $\eta = 0$ 上的关系式 (4.112) 确定. 然后取初始条件 $p(\xi,0) = p_2^0 + \tau(\xi)$ 与 $\dfrac{\partial p}{\partial \eta}(\xi,+0) = \chi(\xi)$ 作为初始条件, 可以求得方程 (4.108) 在 $\eta = 0$ 的区间段 $(0,L_0)$ 决定区域中的解. 它满足初始条件 $p(\xi,0) = p_2^0 + \tau(\xi)\dfrac{\partial p}{\partial \eta}(\xi,+0) = \chi(\xi)$. 然后, 作用算子 $H_1\dfrac{\partial}{\partial \xi} + H_2\dfrac{\partial}{\partial \eta}$ 到 $p(\xi,\eta)$ 上, 并取其在 Γ_3 上的迹, 可得

$$\nu(\xi) = \left(H_1\dfrac{\partial}{\partial \xi} + H_2\dfrac{\partial}{\partial \eta}\right)p(\xi,\eta)|_{\eta=\psi_3(\xi)}. \qquad (4.122)$$

当然, 若 $p(\xi,\eta)$ 为问题 (4.117) 的解, 就必须有 $\nu(\xi) - g_3(\xi) = 0$.

将从 $P_0(L_0,0)$ 出发的左特征记为 ℓ_l, 记 Γ_3 与 ℓ_l 交点的坐标为 (ξ_h, η_h), 由于 $\nu(\xi), g_3(\xi) \in C^{1,\alpha}(0,\xi_h)$, 于是可以定义一个从 $C^{1,\alpha}(0,L_0)$ 到 $C^{1,\alpha}(0,\xi_h)$ 的映射 $\mathbf{A}$, 它将 $\tau(\xi)$ 映射为函数 $\nu(\xi) - g_3(\xi)$. 这个映射与 $\tilde{U}_0, \tilde{U}_1, \psi_2, \psi_3$ 均相关. 今以 $\mathbf{w} = (\tilde{U}_0 - U_0^0, \tilde{U}_1 - U_1^0, \psi_2'(\xi) - \psi_2^0, \psi_3'(\xi) - \psi_3^0)$ 记为映射 $\mathbf{A}$ 的参量, 则对问题 (4.117) 的求解就相当于寻求函数 $\tau(\xi)$, 使其满足

$$\mathbf{A}[\mathbf{w}]\tau = 0. \qquad (4.123)$$

当 $w = 0$ 时, (4.121) 对应于由平直 Mach 反射导出的问题. 此时, $g_2 = 0$, $p(\xi,\eta) = p_2^0$ 是 $\tau(\xi) = 0$ 时 (4.121) 的解, 即

$$\mathbf{A}[0]0 = 0. \qquad (4.124)$$

为求解方程, 我们将算子 $\mathbf{A}$ 作线性化处理. 它导致对 δp 的线性混合型方程的广义 Tricomi 问题

$$\begin{cases} D_I(eD_I\delta p) + D_R(eD_R\delta p) - \mu eD_R\delta p = 0, & \text{在 } \eta < 0 \text{ 中,} \\ 2e_1D_+D_-\delta p + (2\mu_1 e_1 + D_-e_1)D_+\delta p + (D_+e_1)D_-\delta p = 0, & \text{在 } \eta > 0 \text{ 中,} \\ E_1\partial_\xi\delta p + E_2\partial_\eta\delta p = \delta g_2, & \text{在 } \Gamma_2 \text{ 上,} \\ H_1\partial_\xi\delta p + H_2\partial_\eta\delta p = \delta g_3, & \text{在 } \Gamma_3 \text{ 上,} \\ \dfrac{\partial \delta p}{\partial \xi} = 0, & \text{在 } \Gamma_4 : \xi = L_0, \eta < 0 \text{ 上,} \\ \delta p(0,0) = 0, & \\ \delta p \text{ 在 } \eta = 0 \text{ 上连续,} & \\ \dfrac{e_1}{\lambda_+ - \lambda_-}(\lambda_+ D_-\delta p + \lambda_- D_+\delta p)\big|_{\eta=+0} = \dfrac{e}{\lambda_I}(\lambda_I D_I\delta p + \lambda_R D_R\delta p)\big|_{\eta=-0}, & \end{cases}$$
(4.125)

其中 $\delta g_2, \delta g_3$ 在 $(\xi, \eta) = (0,0)$ 时为零，故在原点的相容性条件就取形式 $\delta p = \nabla \delta p = 0$.

为得到问题 (4.125) 的解，需在 $\eta < 0$ 的区域应用椭圆型方程理论，而在 $\eta > 0$ 区域应用双曲型方程理论. 由此知其系数的小扰动只导致解的小扰动. 由于我们主要研究在三叉点邻域中 E–H Mach 结构的局部稳定性，故可仅考察 (4.125) 中系数取为冻结在三叉点的常系数的问题，即

$$\begin{cases} D_I^0(e^0 D_I^0 \delta p) + D_R^0(e^0 D_R^0 \delta p) = 0, & \text{在 } \eta < 0 \text{ 中,} \\ D_+^0 D_-^0 \delta p = 0, & \text{在 } \eta > 0 \text{ 中,} \\ E_1^0 \partial_\xi \delta p + E_2^0 \partial_\eta \delta p = \delta g_2, & \text{在 } \Gamma_2^0 : \eta = \psi_2^0 \xi \text{ 上,} \\ H_1^0 \partial_\xi \delta p + H_2^0 \partial_\eta \delta p = \delta g_3, & \text{在 } \Gamma_3^0 : \eta = \psi_3^0 \xi \text{ 上,} \\ \dfrac{\partial \delta p}{\partial \xi} = 0, & \text{在 } \Gamma_4 : \xi = L_0, \eta < 0 \text{ 上,} \\ \delta p(0,0) = 0, & \\ \delta p \text{ 在 } \eta = 0 \text{ 上连续,} & \\ \dfrac{e_1^0}{\lambda_+^0 - \lambda_-^0}[\lambda_+^0(D_-^0\delta p) + \lambda_-^0(D_+^0\delta p)]\big|_{\eta=+0} = \dfrac{e^0}{\lambda_I^0}[\lambda_I^0 D_I^0(\delta p) + \lambda_R^0(D_R^0\delta p)]\big|_{\eta=-0}. & \end{cases}$$
(4.126)

在此特别指出，在 (4.126) 中的函数 U_2, U_3 应取为 U_2^0, U_3^0，相应地在 (4.107)、(4.108) 中由换位算子所导出的函数 μ 和 μ_1 得取为零.

4.5.4 线性 Lavrentiev-Bitsadze 方程广义 Tricomi 问题的求解

本小节致力于求解具有冻结系数的线性混合型方程广义 Tricomi 问题 (4.126) 与具有变系数的线性混合型方程广义 Tricomi 问题 (4.125). 为求解问题 (4.126) 我

们先利用在 Γ_3^0 上的边界条件导出在 $\eta = +0$ 上函数 δp 与其法向导数应满足的一个条件, 将它与 $\eta = 0$ 上的相容性条件相结合, 可得到 δp 在 $\eta = -0$ 上应满足的条件. 将此作为 $\eta < 0$ 区域中对于 δp 所满足的椭圆型方程的一个边界条件, 可以在 Ω_2 中求椭圆边值问题的解. 但由于这里所导出的 δp 在 $\eta = 0$ 上的边界条件是非局部边界条件, 故经典的椭圆方程理论不能直接应用. 事实上, 我们还只能在 Γ_3 接近于特征线的附加要求下证明这个特殊椭圆边值问题解是存在唯一的. 它相当于要求原始问题中反射激波的强度较弱.

记 δp 在 $\eta = 0$ 上的值为 $f(\xi)$, 其法向导数 $\left.\dfrac{\partial \delta p}{\partial \eta}\right|_{\eta = +0}$ 为 $g(\xi)$, 则方程

$$D_+^0 D_-^0 \delta p = 0, \quad \text{在} \quad \eta > 0 \text{ 中} \tag{4.127}$$

的通解具有形式 $F\left(\xi - \dfrac{\eta}{\lambda_+^0}\right) + G\left(\xi - \dfrac{\eta}{\lambda_-^0}\right)$, 其中 $\lambda_-^0 = \lambda_+^0$. 由此知

$$F(\xi) + G(\xi) = f(\xi),$$
$$\frac{1}{\lambda_+^0} F'(\xi) + \frac{1}{\lambda_-^0} G'(\xi) = -g(\xi).$$

于是

$$F(\xi) = \frac{\lambda_+^0 f(\xi) + \lambda_+^0 \lambda_-^0 \int_0^\xi g(\tau) \mathrm{d}\tau}{\lambda_+^0 - \lambda_-^0}, \tag{4.128}$$

$$G(\xi) = \frac{-\lambda_-^0 f(\xi) - \lambda_+^0 \lambda_-^0 \int_0^\xi g(\tau) \mathrm{d}\tau}{\lambda_+^0 - \lambda_-^0}. \tag{4.129}$$

因此在问题 (4.126) 中的 δp 视为在 $\eta > 0$ 中双曲型方程满足初始条件 $\delta p = f(\xi)$, $\dfrac{\partial \delta p}{\partial \eta} = g(\xi)$ 的解, 它具有表示式

$$\begin{aligned}
\delta p(\xi, \eta) = & \frac{\lambda_+^0}{\lambda_+^0 - \lambda_-^0} f\left(\xi - \frac{\eta}{\lambda_+^0}\right) + \frac{\lambda_+^0 \lambda_-^0}{\lambda_+^0 - \lambda_-^0} \int_0^{\xi - \frac{\eta}{\lambda_+^0}} g(\tau) \mathrm{d}\tau \\
& - \frac{\lambda_-^0}{\lambda_+^0 - \lambda_-^0} f\left(\xi - \frac{\eta}{\lambda_-^0}\right) - \frac{\lambda_+^0 \lambda_-^0}{\lambda_+^0 - \lambda_-^0} \int_0^{\xi - \frac{\eta}{\lambda_-^0}} g(\tau) \mathrm{d}\tau.
\end{aligned} \tag{4.130}$$

将 (4.130) 代入 $\Gamma_3^0 : \eta = \psi_3^0 \xi$, 得到

$$H_1^0 \left[\frac{\lambda_+^0}{\lambda_+^0 - \lambda_-^0} f'\left(\xi - \frac{\eta}{\lambda_+^0}\right) + \frac{\lambda_+^0 \lambda_-^0}{\lambda_+^0 - \lambda_-^0} g\left(\xi - \frac{\eta}{\lambda_+^0}\right) \right.$$
$$\left. - \frac{\lambda_-^0}{\lambda_+^0 - \lambda_-^0} f'\left(\xi - \frac{\eta}{\lambda_-^0}\right) - \frac{\lambda_+^0 \lambda_-^0}{\lambda_+^0 - \lambda_-^0} g\left(\xi - \frac{\eta}{\lambda_-^0}\right) \right]_{\eta = \psi_3^0 \xi}$$

$$-H_2^0\left[\frac{1}{\lambda_+^0-\lambda_-^0}f'\left(\xi-\frac{\eta}{\lambda_+^0}\right)+\frac{\lambda_-^0}{\lambda_+^0-\lambda_-^0}g\left(\xi-\frac{\eta}{\lambda_+^0}\right)\right.$$
$$\left.-\frac{1}{\lambda_+^0-\lambda_-^0}f'\left(\xi-\frac{\eta}{\lambda_-^0}\right)-\frac{\lambda_+^0}{\lambda_+^0-\lambda_-^0}g\left(\xi-\frac{\eta}{\lambda_-^0}\right)\right]_{\eta=\psi_3^0\xi}=\delta g_3,$$

其中 $0\leqslant \xi \leqslant L_0\left(1+\frac{\psi_3^0}{\lambda_+^0}\right)^{-1}$. 此即

$$(H_1^0\lambda_+^0-H_2^0)f'\left(\xi\left(1-\frac{\psi_3^0}{\lambda_+^0}\right)\right)+(H_1^0\lambda_+^0\lambda_-^0-H_2^0\lambda_-^0)g\left(\xi\left(1-\frac{\psi_3^0}{\lambda_+^0}\right)\right)$$
$$-(H_1^0\lambda_-^0-H_2^0)f'\left(\xi\left(1-\frac{\psi_3^0}{\lambda_-^0}\right)\right)-(H_1^0\lambda_+^0\lambda_-^0-H_2^0\lambda_+^0)g\left(\xi\left(1-\frac{\psi_3^0}{\lambda_-^0}\right)\right)$$
$$=(\lambda_+^0-\lambda_-^0)\delta g_3. \tag{4.131}$$

由于 $\lambda_-^0=-\lambda_+^0$, 故在 $\eta=0$ 上的相容性条件 (即 (4.126) 中最后一式) 是

$$-e_1^0\lambda_+^0 g(\xi)=\frac{e^0}{\lambda_I^0}((\lambda_I^0)^2(\partial_\eta\delta p)^-+(\lambda_R^0)^2(\partial_\eta\delta p)^-+\lambda_R^0 f'(\xi)). \tag{4.132}$$

其中 $\lambda_R^0=0$, 此式就是

$$-e_1^0\lambda_+^0 g(\xi)=e^0\lambda_I^0(\partial_\eta\delta p)^0.$$

于是将 (4.132) 代入 (4.131), 得到在 $\eta=-0$ 上的非局部边界条件为

$$A^\sharp\frac{\partial\delta p}{\partial\eta}\left(\xi\left(1-\frac{\psi_3^0}{\lambda_-^0}\right),0\right)+A^\flat\frac{\partial\delta p}{\partial\eta}\left(\xi\left(1-\frac{\psi_3^0}{\lambda_+^0},0\right)\right)+B^\sharp\frac{\partial\delta p}{\partial\xi}\left(\xi\left(1-\frac{\psi_3^0}{\lambda_-^0}\right),0\right)$$
$$+B^\flat\frac{\partial\delta p}{\partial\xi}\left(\xi\left(1-\frac{\psi_3^0}{\lambda_+^0}\right),0\right)=D(\xi), \tag{4.133}$$

其中

$$A^\sharp=-\frac{(H_1^0\lambda_+^0\lambda_-^0-H_2^0\lambda_+^0)}{e_1^0\lambda_+^0}e^0\lambda_I^0,$$
$$A^\flat=\frac{(H_1^0\lambda_+^0\lambda_-^0-H_2^0\lambda_-^0)}{e_1^0\lambda_+^0}e^0\lambda_I^0,$$
$$B^\sharp=-(H_1^0\lambda_-^0-H_2^0),$$
$$B^\flat=(H_1^0\lambda_+^0-H_2^0),$$
$$D(\xi)=(\lambda_+^0-\lambda_-^0)\delta g_3.$$

所以问题 (4.126) 就化为在 $\eta < 0$ 上的一个取非局部边界条件的椭圆边值问题

$$\begin{cases} (D_I^0)^2 \delta p + (D_R^0)^2 \delta p = 0, & \text{在} \quad \eta < 0 \text{ 中}, \\ E_1^0 \partial_\xi \delta p + E_2^0 \partial_\eta \delta p = \delta g_2, & \text{在} \quad \Gamma_2^0 \text{ 中}, \\ \dfrac{\partial \delta p}{\partial \xi} = 0, & \text{在} \quad \Gamma_4 \text{ 上}, \\ \delta p(0,0) = 0, \\ A^\sharp \dfrac{\partial \delta p}{\partial \eta}\left(\xi\left(1-\dfrac{\psi_3^0}{\lambda_-^0}\right),0\right) + A^\flat \dfrac{\partial \delta p}{\partial \eta}\left(\xi\left(1-\dfrac{\psi_3^0}{\lambda_+^0}\right),0\right) + B^\sharp \dfrac{\partial \delta p}{\partial \xi}\left(\xi\left(1-\dfrac{\psi_3^0}{\lambda_-^0}\right),0\right) \\ \quad + B^\flat \dfrac{\partial \delta p}{\partial \xi}\left(\xi\left(1-\dfrac{\psi_3^0}{\lambda_+^0}\right),0\right) = (\lambda_+^0 - \lambda_-^0)\delta g_3, \\ \qquad\qquad\qquad\qquad \text{在} \ \eta = 0,\ 0 \leqslant \xi \leqslant L_0 \left(1+\dfrac{\psi_3^0}{\lambda_+^0}\right)^{-1} \text{ 上}. \end{cases}$$
(4.134)

此处 $\delta g_2, \delta g_3$ 在 $\xi = 0$ 上为零, 而未知函数 δp 及其导数 $\nabla \delta p$ 在原点也为零. 注意到在原点 $\lambda_R^0 = 0$,

$$\frac{A^\sharp}{B^\sharp} = \frac{e^0 \lambda_I^0}{e_1^0} \neq 0,$$

故 (4.134) 最后一式中在边界 $\eta = 0$ 上的求导 $A^\sharp \dfrac{\partial}{\partial \eta} + B^\sharp \dfrac{\partial}{\partial \xi}$ 是与边界横截方向的斜微商.

由于 $v_-^0 = 0$, $\lambda_-^0 = -\lambda_+^0 < 0$, 且熵条件表明反射激波的斜率满足 $0 < \psi_3^0 < \lambda_+^0$, 所以

$$1 > 1 + \frac{\psi_3^0}{\lambda_-^0} = 1 - \frac{\psi_3^0}{\lambda_+^0} > 0. \tag{4.135}$$

当反射激波的斜率接近于 λ_+ 特征线的斜率时, $1 - \dfrac{\psi_3^0}{\lambda_+^0}$ 可以充分小.

因为 (4.134) 中最后一式所表示的条件是非局部的, 故经典的椭圆边值问题理论不能直接应用. 于是我们需要以下的结论.

定理 4.9 如果问题 **(4.134)** 中的系数满足上面的假定, $1 - \dfrac{\psi_3^0}{\lambda_+^0}$ 充分小, 则该问题存在唯一解.

证明 将 $\xi\left(1-\dfrac{\psi_3^0}{\lambda_-^0}\right)$ 重新记为 ξ, 注意到 $\lambda_-^0 = -\lambda_+^0$, 则 (4.134) 中最后一式可写为

$$A^\sharp \frac{\partial \delta p}{\partial \eta}(\xi, 0) + A^\flat \frac{\partial \delta p}{\partial \eta}(\beta\xi, 0) + B^\sharp \frac{\partial \delta p}{\partial \xi}(\xi, 0) + B^\flat \frac{\partial \delta p}{\partial \xi}(\beta\xi, 0) = D_1(\xi), \tag{4.136}$$

其中

$$0 \leqslant \xi \leqslant L_0, \quad \beta = \left(1-\frac{\psi_3^0}{\lambda_+^0}\right)\left(1-\frac{\psi_3^0}{\lambda_-^0}\right)^{-1} = \frac{\lambda_+^0 - \psi_3^0}{\lambda_+^0 + \psi_3^0},$$

$$D_1(\xi) = (\lambda_+^0 - \lambda_-^0)\delta g_3 \left(\xi \left(1 + \frac{\psi_3^0}{\lambda_+^0}\right)^{-1}\right).$$

显然, 在定理的假定下 β 是一个小数.

现在通过一个迭代过程来求得解 δp. 令

$$\delta p^{(0)} = 0,$$

而对 $n \geqslant 1$, 令 $\delta p^{(n)}$ 为

$$\begin{cases} (D_I^0)^2 \delta p^{(n)} + (D_R^0)^2 \delta p^{(n)} = 0, & \text{在 } \eta > 0 \text{ 中}, \\ E_1^0 \partial_\xi \delta p^{(n)} + E_2^0 \partial_\eta \delta p^{(n)} = \delta g_2, & \text{在 } \Gamma_2^0 \text{ 上}, \\ \dfrac{\partial \delta p^{(n)}}{\partial \xi} = 0, & \text{在 } \Gamma_4 \text{ 上}, \\ \delta p^{(n)}(0,0) = 0, & \\ A^\sharp \dfrac{\partial \delta p^{(n)}}{\partial \eta}(\xi, 0) + B^\sharp \dfrac{\partial \delta p^{(n)}}{\partial \xi}(\xi, 0) = Z^{(n)}(\xi), & \text{在 } \eta = 0, \ 0 \leqslant \xi \leqslant L_0 \text{ 上} \end{cases}$$
(4.137)

的解, 其中 $Z^{(n)}(\xi) = \tilde{D}(\xi) - A^\flat \dfrac{\partial \delta p^{(n-1)}}{\partial \eta}(\beta\xi, 0) + B^\flat \dfrac{\partial \delta p^{(n-1)}}{\partial \xi}(\beta\xi, 0)$.

由于对任意的 $n \geqslant 1$, 视 $Z^{(n)}(\xi)$ 为已知函数, (4.137) 就是一个椭圆型方程的斜微商问题. 区域的边界是分段光滑的, 所有内角不超过 $\pi/2$. 则如 [40] 所指出的, 通过仔细的运算可知, 存在 $\alpha > 0$, 只要 $\delta g_2, Z^{(n)} \in C^\alpha(0, L_0)$, 问题 (4.137) 有唯一的 $C^{1,\alpha}$ 解. 因此 $\delta p^{(n)}$ 可得.

由原点的 $\delta p^{(n-1)} = \nabla \delta p^{(n-1)} = 0$ 又可得在该点 $\delta p^{(n)} = \nabla \delta p^{(n)} = 0$, 故从 $\delta p^{(0)} \equiv 0$ 开始可知对一切 n 都有 $\delta p^{(n)}$ 与 $\nabla \delta p^{(n)}$ 在原点为零. 现令 $q^{(n)} = \delta p^{(n+1)} - \delta p^{(n)}$, 则由 (4.137) 知 $q^{(n)}$ 满足

$$\begin{cases} (D_I^0)^2 q^{(n)} + (D_R^0)^2 q^{(n)} = 0, & \text{在 } \eta > 0 \text{ 中}, \\ E_1^0 \partial_\xi q^{(n)} + E_2^0 \partial_\eta q^{(n)} = 0, & \text{在 } \Gamma_2^0 \text{ 上}, \\ \dfrac{\partial \delta q^{(n)}}{\partial \xi} = 0, & \text{在 } \Gamma_4 \text{ 上}, \\ q^{(n)}(0,0) = 0, & \\ A^\sharp \dfrac{\partial q^{(n)}}{\partial \eta}(\xi, 0) + B^\sharp \dfrac{\partial q^{(n)}}{\partial \xi}(\xi, 0) = -A^\flat \dfrac{\partial q^{(n-1)}}{\partial \eta}(\beta\xi, 0) - B^\flat \dfrac{\partial q^{(n-1)}}{\partial \xi}(\beta\xi, 0), \\ \qquad \text{在 } \eta = 0, \ 0 \leqslant \xi \leqslant L_0 \text{ 上}. \end{cases}$$
(4.138)

故如 [40] 所说，函数 $q^{(n)}(\xi,\eta)$ 满足估计

$$\|q^{(n)}\|_{C^{1,\alpha}(\Omega_-^0)} \leqslant C(\|A^\flat \partial_\eta q^{(n-1)}(\beta\xi,0)\|_{C^\alpha(0,L_0)} + \|B^\flat \partial_\xi q^{(n-1)}(\beta\xi,0)\|_{C^\alpha(0,L_0)}). \tag{4.139}$$

注意到

$$\|\partial_\eta q^{(n-1)}(\beta\xi,0)\|_{C^\alpha(0,L_0)}$$
$$= |\partial_\eta q^{(n-1)}(\beta\xi,0)| + \sup_{\xi_1,\xi_2} \frac{|\partial_\eta q^{(n-1)}(\beta\xi_1,0) - \partial_\eta q^{(n-1)}(\beta\xi_2,0)|}{|\xi_1 - \xi_2|^\alpha}$$
$$\leqslant |\partial_\eta q^{(n-1)}(\beta\xi,0) - \partial_\eta q^{(n-1)}(0,0)| + \sup_{\xi_1,\xi_2} \frac{|\partial_\eta q^{(n-1)}(\beta\xi_1,0) - \partial_\eta q^{(n-1)}(\beta\xi_2,0)|}{|\beta\xi_1 - \beta\xi_2|^\alpha}\beta^\alpha$$
$$\leqslant \beta^\alpha (L_0^\alpha + 1)\|q^{(n-1)}\|_{C^\alpha(0,L_0)},$$

以及对 $\|\partial_\xi q^{(n-1)}(\beta\xi,0)\|_{C^\alpha(0,L_0)}$ 的相似估计，可以有

$$\|q^{(n)}\|_{C^{1,\alpha}(\Omega_-^0)} \leqslant C\beta \|q^{(n-1)}(\xi,0)\|_{C^{1,\alpha}(0,L_0)}. \tag{4.140}$$

所以在 β 充分小时，序列 $\{q^{(n)}\}$ 在 $C^{1,\alpha}$ 中收敛. 相应地，$\{\delta p^{(n)}\}$ 也在 $C^{1,\alpha}$ 中收敛. 这就得到了问题 (4.134) 的可解性.

定理 4.10 在定理 4.9 的假定下，δp 满足

$$\|\delta p\|_{C^{1,\alpha}(\Omega_-^0)} \leqslant C\left(\|\delta g_2\|_{C^\alpha(0,L_0)} + \|\delta g_3\|_{C^\alpha(0,L_0(1+\psi_3^0/\lambda_+^0)^{-1})}\right). \tag{4.141}$$

证明 将 (4.134) 中最后一个条件写成

$$A^\sharp \frac{\partial \delta p}{\partial \eta}(\xi,0) + B^\sharp \frac{\partial \delta p}{\partial \xi}(\xi,0) = \tilde{D}(\xi) - A^\flat \frac{\partial \delta p}{\partial \eta}(\beta\xi,0) - B^\flat \frac{\partial \delta p}{\partial \xi}(\beta\xi,0),$$

则 (4.134) 的解就满足

$$\|\delta p\|_{C^{1,\alpha}(\Omega_-^0)} \leqslant C(\|\delta g_2\|_{C^\alpha(0,L_0)}$$
$$+ \|\tilde{D}(\xi) - A^\flat \frac{\partial \delta p}{\partial \eta}(\beta\xi,0) - B^\flat \frac{\partial \delta p}{\partial \xi}(\beta\xi,0)\|_{C^\alpha(0,L_0)}). \tag{4.142}$$

故取 β 充分小就得到 (4.141).

注 4.1 问题 (4.126) 中在 $\Gamma_{2,3}$ 上的边界条件中还可以包括如 $E_0\delta p$, $H_0\delta p$ 的低阶项. 但这些低阶项的出现不影响相应的椭圆方程或双曲方程的解的存在性与估计，故此时定理 4.8、定理 4.9 的结论仍成立.

定理 4.11 在定理 4.9 的假定下，又设

$$\|\tilde{U}_0 - U_0^0, \tilde{U}_1 - U_1^0\|_{C^{1,\alpha}(\Omega_1)} \leqslant \epsilon, \quad \|\psi_2(\xi) - \psi_2^0\xi, \psi_3(\xi) - \psi_3^0\xi\|_{C^{1,\alpha}(0,L_0)} \leqslant \zeta,$$

其中 ϵ, ζ 充分小, 则问题 (4.125) 唯一可解, 其解满足

$$\|\delta p\|_{C^{1,\alpha}(\Omega_-)} + \|\delta p\|_{C^{1,\alpha}(\Omega_+)} \leqslant C\left(\|\delta g_2\|_{C^\alpha(0,L_0)} + \|\delta g_3\|_{C^\alpha(0,h_\ell(L_0)^{-1})}\right), \quad (4.143)$$

其中常数 C 不依赖于 $\delta g_2, \delta g_3, \epsilon, \zeta$.

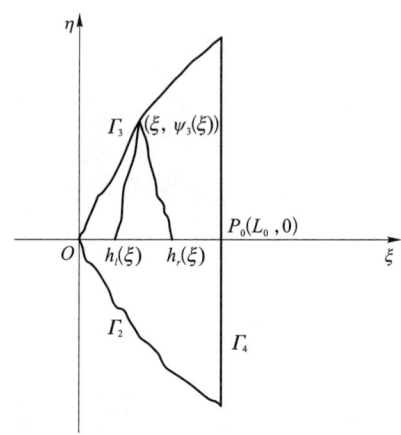

图 4.6 二阶混合型方程的广义 Tricomi 问题

证明 证明定理 4.9 与定理 4.10 的论述过程也适用于证明变系数混合型方程的边值问题 (4.125) 解的存在性. 从 $(\xi, \psi_3(\xi))$ 往下作两条特征线 $\eta = \eta_\ell(\xi), \eta = \eta_r(\xi)$, 它们与 $\eta = 0$ 交于 $h_\ell(\xi)$ 与 $h_r(\xi)$ (图 4.6). 由于反射激波 $\eta = \psi_3(\xi)$ 与特征线 $\eta = \eta_r(\xi)$ 相近, 故有

$$|h_r(\xi)| \leqslant \left(\beta\left(1 - \frac{\psi_3^0}{\lambda_-^0}\right) - O(\epsilon + \zeta)\right)\xi \leqslant \beta_1 \xi,$$

其中 $\beta_1 = \frac{1}{2}\left(1 - \frac{\psi_3^0}{\lambda_-^0}\right)\beta$. 然后与定理 4.8 的证明相仿可知, 方程

$$2e_1 D_+ D_- \delta p + (2\mu_1 e_1 + D_- e_1)D_+ \delta p + (D_+ e_1)D_- \delta p = 0 \quad (4.144)$$

在 $\eta > 0$ 中的解可给出 $\eta = -0$ 上的边界条件. 这个边界条件就是

$$\bar{A}^\sharp \frac{\partial \delta p}{\partial \eta}(h_\ell(\xi), 0) + \bar{A}^\flat \frac{\partial \delta p}{\partial \eta}(h_r(\xi), 0) + \bar{B}^\sharp \frac{\partial \delta p}{\partial \xi}(h_\ell(\xi), 0) + \bar{B}^\flat \frac{\partial \delta p}{\partial \xi}(h_r(\xi), 0) = \bar{D}(\xi),$$
$$(4.145)$$

其中 $\bar{A}^\sharp, \bar{A}^\flat, \bar{B}^\sharp, \bar{B}^\flat$ 与 $\bar{D}(\xi)$ 是 $A^\sharp, A^\flat, B^\sharp, B^\flat$ 与 $D(\xi)$ 的扰动. 接着, 在由 Γ_2, Γ_4 与 $\eta = 0$ 围成的区域 Ω_- 中得到椭圆边值问题的解, 它满足

$$\|\delta p\|_{C^{1,\alpha}(\Omega_-)} \leqslant C\left(\|\delta g_2\|_{C^\alpha(0,L_0)} + \|\delta g_3\|_{C^\alpha(0,h_\ell(L_0)^{-1})}\right). \quad (4.146)$$

进而又可得在双曲区域 Ω_+ 中成立

$$\|\delta p\|_{C^{1,\alpha}(\Omega_+)} \leqslant C(\|\delta p\|_{C^{1,\alpha}(0,L_0)} + \|\partial_\eta \delta p\|_{C^\alpha(0,L_0)}). \tag{4.147}$$

再利用 $\eta = 0$ 上的相容性条件得到估计 (4.143).

4.5.5　关于非线性问题的结论

得到了线性化问题解的存在性与估计，就可以通过一个迭代过程得到非线性混合型方程边值问题 (4.117) 的解的存在性. 迭代格式为

$$U^{(0)} = \begin{cases} U_2^0, & \text{在 } \Omega_2 \text{中}, \\ U_3^0, & \text{在 } \Omega_3 \text{中}. \end{cases} \tag{4.148}$$

当 $U^{(n)}$ 已知时，令 $\delta p^{(n+1)}$ 由下式确定

$$\begin{cases} D_I^{(n)}(e^{(n)} D_I^{(n)} \delta p^{(n+1)}) + D_R^{(n)}(e^{(n)} D_R^{(n)} \delta p^{(n+1)}) \\ \quad -\mu^{(n)} e^{(n)} D_R^{(n)} \delta p^{(n+1)} = 0, \qquad \text{在 } \eta < 0 \text{ 中}, \\ 2e_1^{(n)} D_+^{(n)} D_-^{(n)} \delta p^{(n+1)} + (2\mu_1^{(n)} e_1^{(n)} + D_-^{(n)} e_1^{(n)}) D_+^{(n)} \delta p^{(n+1)} \\ \quad + (D_+^{(n)} e_1^{(n)}) D_-^{(n)} \delta p^{(n+1)} = 0, \qquad \text{在 } \eta > 0 \text{ 中}, \\ E_1^{(n)} \partial_\xi \delta p^{(n+1)} + E_2^{(n)} \partial_\eta \delta p^{(n+1)} + E_0^{(n)} \delta p^{(n+1)} = \delta g_2^{(n)}, \qquad \text{在 } \Gamma_2 \text{ 上}, \\ H_1^{(n)} \partial_\xi \delta p^{(n+1)} + H_2^{(n)} \partial_\eta \delta p^{(n+1)} + H_0^{(n)} \delta p^{(n+1)} = \delta g_3^{(n)}, \qquad \text{在 } \Gamma_3 \text{ 上}, \\ \dfrac{\partial \delta p^{(n+1)}}{\partial \xi} = 0, \qquad \text{在 } \Gamma_4 : \xi = L_0, \eta < 0 \text{ 上}, \\ \delta p^{(n+1)}(0,0) = 0, \\ \delta p^{(n+1)} \text{ 在 } \eta = 0 \text{ 上连续}, \\ \dfrac{e_1^{(n)}}{\lambda_+^{(n)} - \lambda_-^{(n)}} (\lambda_+^{(n)} D_-^{(n)} \delta p^{(n+1)} + \lambda_-^{(n)} D_+^{(n)} \delta p^{(n+1)})|_{\eta=+0} \\ \quad = \dfrac{e^{(n)}}{\lambda_I^{(n)}} (\lambda_I^{(n)} D_I^{(n)} \delta p^{(n+1)} + \lambda_R^{(n)} D_R^{(n)} \delta p^{(n+1)})|_{\eta=-0}, \end{cases} \tag{4.149}$$

其中

$$E_0^{(n)} = -g_{2p}^{(n)} + g_{2w}^{(n)} \frac{G_p^*}{G_w^*}, \quad H_0^{(n)} = -g_{3p}^{(n)} + g_{3w}^{(n)} \frac{G_p^*}{G_w^*},$$
$$\delta g_2^{(n)} = -g_2^{(n)} + E_0^{(n)} \delta p^{(n)}, \quad \delta g_3^{(n)} = -g_3^{(n)} + H_0^{(n)} \delta p^{(n)}.$$

再令 $p^{(n+1)} = p^{(0)} + \delta p^{(n+1)}$.

接着求 $w^{(n+1)}(\xi,\eta)$. 先由 $G^*(p^{(n+1)}, w^{(n+1)}) = 0$ 决定 $w^{(n+1)}(0,-0)$. 再在 Ω_- 中解方程组

$$\begin{cases} D_R^{(n)} w^{(n+1)} - e^{(n)} D_I^{(n)} p^{(n+1)} = 0, \\ D_I^{(n)} w^{(n+1)} + e^{(n)} D_R^{(n)} p^{(n+1)} = 0. \end{cases} \quad (4.150)$$

注意到在 (4.149) 中 $p^{(n+1)}$ 所满足的第一个方程就是 (4.150) 的可解性条件, 故 $w^{(n+1)}$ 在 Ω_- 中可决定. 类似地, 在 Ω_+ 中解方程组

$$D_\pm^{(n)} w^{(n+1)} \pm e_1^{(n)} D_\pm^{(n)} p^{(n+1)} = 0, \quad (4.151)$$

而在 (4.149) 中 $p^{(n+1)}$ 所满足的第二个方程就是 (4.151) 的可解性条件.

利用 $\Gamma_{2,3}$ 上的边界条件

$$(G^\sharp)^{(n+1)} \triangleq [p]^{(n+1)} \left[\frac{1}{\rho u}\right]^{(n+1)} + [wu]^{(n+1)} [w]^{(n+1)} = 0,$$

可以决定在边界 $\Gamma_{2,3}$ 上的 u, v, ρ. 利用方程 (4.103) 可以得到在区域内部的 $\rho^{(n+1)}$, 再利用 Bernoulli 关系式可以得到在区域内部的所有流动参量 $U^{(n+1)}$. 并归纳地建立近似解序列 $\{U^{(n+1)}\}$.

然后, 类似于对 E–E 型 Mach 结构的稳定性讨论的方法可证明 $\delta p^{(n)}$ 以及 $\delta u^{(n)}, \delta v^{(n)}$ 在 $C^{1,\alpha}$ 中是一致有界的. 并通过对 $U^{(n+1)} - U^{(n)}$ 的估计得知序列 $\{U^{(n)}\}$ 是收敛的.

由此得到定理 4.8 中非线性方程边值问题 (4.117) 解的存在性.

其后, 再通过对近似的激波边界的修正与在边界修正后的区域中解新的非线性混合型方程的边值问题的交替逼近过程, 可以得到 (ξ,η) 平面上自由边值问题可解. 再利用 Lagrange 变换的逆变换得到定理 4.7, 即原始物理问题即 E–H 型 Mach 结构局部稳定性的结论. 以上关于非线性问题 (4.117) 解的存在性以及定理 4.7 的详细论证过程可参见 [24]. 由于此过程与 E–E 型 Mach 结构的讨论相仿, 故在此不再重复.

第 五 章
非定常流的激波反射

本章将讨论非定常流中的激波反射问题，即一个运动激波遇到障碍物而被反射的情形. 对于运动的激波是平面激波，而它又被平直的物面所反射的最简单的情形，已在第一章中给出了分析，在这种情形下可以通过代数运算得到确定的解答. 但是当运动激波不是平面激波，或者其所遇到的障碍物表面不是平面时，问题就显著地复杂了. 一般来说，如果障碍物的表面不是平面，则无论入射的激波是平面激波还是弯曲的激波，要给出反射过程中诸流场参量的变化必定会涉及偏微分方程边值问题的求解. 通常为了能简单明了地表示初始的状态，就将入射激波取为匀速运动的平面激波，并就不同的障碍物表面做相应的激波反射分析. 本章第一节中先考虑障碍物具有光滑表面的正则反射，接着在第二节中考虑非光滑表面的正则反射，最后第三节中对可能遇到的 Mach 反射情形进行分析.

5.1 激波被光滑曲面的反射

5.1.1 问题的归结

以下仅考虑二维空间中的激波运动. 故取时间变量为 t，空间变量为 x, y，无黏流非定常运动的 Euler 方程组为

$$\frac{\partial}{\partial t}\begin{pmatrix} \rho \\ \rho u \\ \rho v \\ \rho\left(e+\frac{1}{2}q^2\right) \end{pmatrix} + \frac{\partial}{\partial x}\begin{pmatrix} \rho u \\ p+\rho u^2 \\ \rho uv \\ \rho u\left(i+\frac{1}{2}q^2\right) \end{pmatrix} + \frac{\partial}{\partial y}\begin{pmatrix} \rho v \\ \rho uv \\ p+\rho v^2 \\ \rho v\left(i+\frac{1}{2}q^2\right) \end{pmatrix} = 0, \quad (5.1)$$

其中 (u,v) 为速度分量，p, ρ, e, i 分别表示流体的压力、密度、内能与焓，$q^2 =$

u^2+v^2. 流体的诸流动参量在其光滑变化的区域中满足方程组 (5.1), 此时该方程组也可写成矩阵的形式 (为了得到对称双曲组的形式, 已将 (5.1) 中第一个方程移到了第三行)

$$\begin{pmatrix} \rho & & & \\ & \rho & & \\ & & c^{-2}\rho^{-1} & \\ & & & 1 \end{pmatrix}\frac{\partial}{\partial t}\begin{pmatrix} u \\ v \\ p \\ s \end{pmatrix}+\begin{pmatrix} \rho u & & 1 & \\ & \rho u & & \\ 1 & & c^{-2}\rho^{-1}u & \\ & & & u \end{pmatrix}\frac{\partial}{\partial x}\begin{pmatrix} u \\ v \\ p \\ s \end{pmatrix}$$

$$+\begin{pmatrix} \rho v & & & \\ & \rho v & 1 & \\ & 1 & c^{-2}\rho^{-1}v & \\ & & & v \end{pmatrix}\frac{\partial}{\partial y}\begin{pmatrix} u \\ v \\ p \\ s \end{pmatrix}=0, \tag{5.2}$$

其中 s 为流体的熵, c 表示音速. (5.2) 可以简写为

$$M\frac{\partial U}{\partial t}+N\frac{\partial U}{\partial x}+Q\frac{\partial U}{\partial y}=0. \tag{5.3}$$

其中 $U={}^t(u,v,p,s)$, M,N,Q 即 (5.2) 中相应的系数阵.

如果流动参量在曲面 $x=\psi(t,y)$ 上发生间断, 则在该间断曲面上应满足 Rankine-Hugoniot 条件

$$\begin{bmatrix} \rho \\ \rho u \\ \rho v \\ \rho\left(e+\frac{1}{2}q^2\right) \end{bmatrix}\psi_t-\begin{bmatrix} \rho u \\ p+\rho u^2 \\ \rho uv \\ \rho u\left(i+\frac{1}{2}q^2\right) \end{bmatrix}+\begin{bmatrix} \rho v \\ \rho uv \\ p+\rho v^2 \\ \rho v\left(i+\frac{1}{2}q^2\right) \end{bmatrix}\psi_y=0 \tag{5.4}$$

与熵条件. 在 (5.4) 中方括号表示激波两侧流动参量的差.

因为我们仅在二维空间中讨论激波的反射, 激波面、物面等均可以用曲线表示. 设在固定边界 $\sum$: $x=\phi(y)$ 右侧区域中有静止的流体, 其流动参量为 $U_0(t,x,y)=(u_0,v_0,\rho_0,p_0)$, 其中 $u_0=v_0=0$. 又设从左边有一个运动的平面激波冲向此物面, 激波面的方程为 $x=Vt$, 其中 $V<0$. 当 $t=0$ 时, 激波与物面相遇, 并由此开始反射. 因为物面非平面, 故随时间推移激波与物面的交线将是 (t,x,y) 空间中的一条曲线 $\sigma:x=Vt$, $y=\phi^{-1}(Vt)$. 记 $t>0$ 时的反射激波面的方程为 S: $x=\psi(t,y)$. 因为在反射激波右侧的流动状态是已知的, 故我们的问题是寻求反射激波 S 的位置 $x=\psi(t,y)$, 以及在激波和物面之间的流动状态 (见图 5.1). 我们将证明如下的结论:

定理 5.1 设 $x=\phi(y)$ 满足 $\phi(y)\leqslant 0$, $\phi(0)=\phi'(0)=0$, $\phi\in H^N$, 其中 N 是适当大的整数 (例如 $N\geqslant 5$), 激波 $x=Vt$ $(V<0)$ 前的流动为常状态 $U_0=(0,0,$

$\rho_0, p_0)$，则存在 $\delta > 0, \eta > 0$，使得在 $0 < t < \delta$，$-\eta < y < \eta$ 上存在函数 $\psi(t,y) \in C^1$ 满足 $\psi\left(\dfrac{1}{V}\phi(y), y\right) = \phi(y)$，以及在 $0 < t < \delta$，$-\eta < y < \eta$，$\phi(y) < x < \psi(t,y)$ 上存在函数 $U = (u, v, p, \rho) \in C^1$，它们满足以下的要求:

(1) $U(t,x,y)$ 在区域 $\phi(y) < x < \psi(t,y)$ 中满足方程 (5.1) (或 (5.2)).

(2) 在曲面 $x = \psi(t,y)$ 上 $U(t,x,y)$ 与 U_0 满足 Rankine-Hugoniot 条件 (5.2) 以及熵条件 $s > s_0$.

(3) 在物面 $x = \phi(y)$ 上满足

$$u - \phi_y v = 0. \tag{5.5}$$

这是一个偏微分方程的不定边界问题. 在求解时需同时决定函数 $\psi(t,y)$ 与 $U(t,x,y)$. 这个定理即激波对光滑物面反射问题局部解的存在性定理.

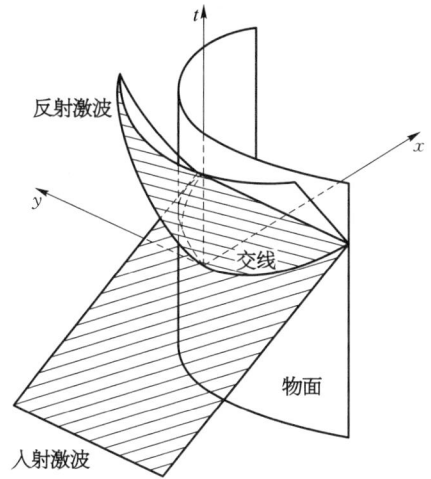

图 5.1 平面激波被一凸曲面反射

5.1.2 化为具固定边界的 Goursat 问题

方程组 (5.1) 或 (5.2) 恒为 t-双曲型方程. 事实上，如第一章中指出的，对于 (x,y) 空间中的任意方向 (ξ, η) (满足 $\xi^2 + \eta^2 = 1$)，方程组 (5.2) 的特征方程为 $\det(\tau M + \xi N + \eta Q) = 0$，即

$$\begin{vmatrix} \rho(\tau + u\xi + v\eta) & & \xi & \\ & \rho(\tau + u\xi + v\eta) & \eta & \\ \xi & \eta & c^{-2}\rho^{-1}(\tau + u\xi + v\eta) & \\ & & & \tau + u\xi + v\eta \end{vmatrix} = 0, \tag{5.6}$$

它作为变量 τ 的方程有实根

$$\tau = -u\xi - v\eta, \ \tau = -u\xi - v\eta \pm c. \tag{5.7}$$

由于自由边界的出现，使问题的求解变得复杂。为此我们先引入一个变换将这个不定边界问题化成在一个固定区域中的边值问题。首先，反射激波与物面的交线就是入射激波与物面的交线，它的方程是

$$\sigma: \ x = \phi(y), \ t = \frac{1}{V}\phi(y). \tag{5.8}$$

冻结在原点考察我们的问题，物面的切平面为 $x = 0$，入射激波的速度为 $x = Vt$，激波前方的状态 U_0 已知。若将物面改成为它的切平面，则反射激波也是平面激波，且容易由单个空间变量情形下的激波关系式 (见第一章) 得到反射平面激波的位置 $x = V_1 t$ 与波后的状态，则 $x = V_1 t$ 就是真实反射激波 $x = \psi(t, y)$ 在原点的切平面。

我们先引入一个简单的变换

$$x_1 = x - \phi(y), \ t_1 = t - \frac{1}{V}\phi(y). \tag{5.9}$$

则交线 σ 的方程就变成了 $x_1 = t_1 = 0$。方程组 (5.2) 相应地变成了

$$M_1 \frac{\partial U}{\partial t_1} + N_1 \frac{\partial U}{\partial x_1} + D \frac{\partial U}{\partial y} = 0. \tag{5.10}$$

其中

$$M_1 = M, \ N_1 = N, \ D = Q - \phi'(y)M - \frac{1}{V}\phi'(y)N.$$

方程组 (5.10) 与方程组 (5.3) 具有同样的形式。为记号简单起见，以下仍记 t_1, x_1, y_1 为 t, x, y，而激波与物面的交线已变为 $t = x = 0$。

引入以下的变换：

$$y = y, \ x_1 = t\frac{x - \phi(y)}{\psi(t, y) - \phi(y)}, \ x_2 = t\frac{\psi(t, y) - x}{\psi(t, y) - \phi(y)}. \tag{5.11}$$

它将物面变为 $x_1 = 0$，并且将未知的激波面变为固定的平面 $x_2 = 0$。变换的 Jacobi 行列式为

$$\left| \frac{\partial(x_1, x_2, y)}{\partial(t, x, y)} \right| = \left| \frac{\partial(x_1, x_2)}{\partial(t, x)} \right| =$$
$$= \begin{vmatrix} (\psi - \phi)^{-1}(x - \phi - x_1\psi_t) & t(\psi - \phi)^{-1} \\ (\psi - \phi)^{-1}(\psi - x - x_2\psi_t + t\psi_t) & -t(\psi - \phi)^{-1} \end{vmatrix}$$
$$= -t(\psi - \phi)^{-1}. \tag{5.12}$$

由于
$$\psi - \phi\big|_{t=0} = 0, \quad \nabla(\psi - \phi)\big|_{t=0} \neq 0,$$
故变换 (5.11) 是一个同胚变换.

在上述变换下方程组 (5.2) 又可变为
$$A\frac{\partial U}{\partial x_1} + B\frac{\partial U}{\partial x_2} + D\frac{\partial U}{\partial y} = 0, \tag{5.13}$$
其中
$$A = \frac{\partial x_1}{\partial t}M_1 + \frac{\partial x_1}{\partial x}N_1 + \frac{\partial x_1}{\partial y}D,$$
$$B = \frac{\partial x_2}{\partial t}M_1 + \frac{\partial x_2}{\partial x}N_1 + \frac{\partial x_2}{\partial y}D.$$

这里的系数 A, B, D 不仅依赖于表示流动参量的函数 U, 还依赖于表示激波位置的函数 ψ 及其导数 $\nabla\psi$.

经上述变换后得到如下的非线性边值问题 (NL):
$$L(U, \psi, \nabla\psi)U = 0, \qquad x_1 > 0, x_2 > 0, \tag{5.14}$$
$$\ell\gamma_1 U = 0, \quad x_1 = 0, \tag{5.15}$$
$$\mathsf{F}(x_1, x_2, \gamma_2 U, \psi, \nabla\psi) = 0, \qquad x_2 = 0, \quad \psi(t,y)\big|_{t=0} = 0. \tag{5.16}$$

在此我们特别指出, 物面边界 $x_1 = 0$ 是特征曲面, 而激波边界 $x_2 = 0$ 是非特征曲面.

5.1.3 非线性边值问题的求解

前面所导出的非线性 Goursat 问题与第三章的问题 (3.41)—(3.43) 很相似, 故可以用类似的方法处理. 由于我们限于考虑局部解的存在性, 故利用双曲型方程扰动传播速度有限的性质, 不妨认为所有变量都是关于 y 为周期的. 证明问题 (NL) 解的存在性的主要步骤为:

(1) 将问题 (5.14)—(5.16) 作线性化, 得到关于 $(\delta U, \delta\psi)$ 的线性化问题
$$L\delta U \triangleq A\frac{\partial \delta U}{\partial x_1} + B\frac{\partial \delta U}{\partial x_2} + D\frac{\partial \delta U}{\partial y} = f \quad x_1 > 0, x_2 > 0, \tag{5.17}$$
$$\ell\gamma_1\delta U = 0, \quad x_1 = 0, \tag{5.18}$$
$$F(x_1, x_2, \gamma_2\delta U, \delta\psi) \triangleq p\frac{\partial \delta\psi}{\partial t} + q\frac{\partial \delta\psi}{\partial y} + h\delta\psi + m\gamma_2\delta U = g, \quad x_2 = 0, \tag{5.19}$$
$$\delta\psi(t,y)\big|_{t=0} = 0. \tag{5.20}$$

(2) 引入带权的 Sobolev 空间. 以 Ω 记区域 $x_1>0, x_2>0$, $\Omega_T=\Omega\cap\{x_1+x_2<T\}$, 以 ω 记区域 $t>0>0$, $\omega_T=\omega\cap\{t<T\}$, $\alpha=(\alpha_1,\alpha_2)=(\alpha_{x_1},\alpha_{x_2})$,

$$L_\lambda^2(\Omega_T)=\{u;\ (x_1+x_2)^{-\lambda}u\in L^2(\Omega_T)\},$$
$$L_\lambda^2(\omega_T)=\{f;\ t^{-\lambda}f\in L^2(\omega_T)\},$$
$$H_\lambda^k(\Omega_T)=\{u;\ \partial^\alpha u\in L_{\lambda-\alpha_1-\alpha_2}^2,\ |\alpha|<k\},$$
$$H_\lambda^k(\omega_T)=\{f;\ \partial^\delta f\in L_{\lambda-\delta_t}^2,\ |\delta|<k,\}.$$

在这些空间中定义相应的范数,

$$\|u\|_{L_\lambda^2(\Omega_T)}=\|(x_1+x_2)^{-\lambda}u\|_{L^2(\Omega_T)},$$

$$\|u\|_{H_\lambda^k(\Omega_T)}=\left(\sum_{|\alpha|\leqslant k}\lambda^{2(k-|\alpha|)}\|\partial^\alpha u\|_{L_{\lambda-\alpha_1-\alpha_2}^2(\Omega_T)}^2\right)^{1/2},$$

$$\|f\|_{L_\lambda^2(\omega_T)}=\|t^{-\lambda}f\|_{L^2(\omega_T)},$$

$$\|f\|_{H_\lambda^k(\omega_T)}=\left(\sum_{|\gamma|\leqslant k}\lambda^{2(k-\gamma_t)}\|\partial^\alpha f\|_{L_{\lambda-\gamma_t}^2(\omega_T)}^2\right)^{1/2},$$

$$\|(u,\psi)\|_{k,\lambda,T}=\{\lambda\|u\|_{H_{\lambda+1/2}^k(\Omega_T)}^2+\|\gamma_2 u\|_{H_\lambda^k(\omega_T)}^2+\|\psi\|_{H_{\lambda+1}^{k+1}(\omega_T)}^2\}^{1/2}.$$

建立线性问题 (5.17)—(5.20) 的解在带权空间中的先验估计

$$\|(\delta U,\delta\psi)\|_{k,\lambda,T}^2\leqslant C\left(\frac{1}{\lambda}\|f\|_{H_{\lambda-1/2}^k(\Omega_T)}^2+\|g\|_{H_\lambda^k(\omega_T)}^2\right). \tag{5.21}$$

(3) 基于已建立的先验估计 (5.21), 利用非线性问题的 Newton 迭代法建立一个近似解的序列 $\{U_n,\psi_n\}$, 并证明它在带权 Sobolev 空间中高阶范数的一致有界性:

$$\|(U_n,\psi_n)\|_{k,\lambda,T}\leqslant CT, \tag{5.22}$$

其中 C 为与 n,T 无关的常数. 进一步可以得到

$$\|(U_{n+2}-U_{n+1},\psi_{n+2}-\psi_{n+1}\|_{k,\lambda,T}\leqslant CT\|(U_{n+1}-U_n,\psi_{n+1}-\psi_n)\|_{k,\lambda,T}, \tag{5.23}$$

即近似解序列 $\{U_n,\psi_n\}$ 关于低阶范数的压缩性. 该近似解序列收敛的极限就是非线性问题 (NL) 的解.

这三个步骤的展开与第三章第 2 节所述相似, 故我们不再重复. 在得到了问题 (NL) 解的存在性后, 自然也就得到了定理 5.1 的结论.

注 5.1 关于高维激波对于光滑曲面反射问题的局部解存在性的证明最早在 [15] 中给出. 但该文中所得到的解的正则性可以改进, 或者说定理的条件可以减弱, 由 [15] 中要求的 $N \geqslant 10$ 减轻为 $N \geqslant 5$ ([16]). 由于物面边界是特征边界, 所以一般来说, 该边界附近解的法向正则性要低于切向正则性. 但利用了流体力学方程组的特殊结构, 就如第三章第 2 节所做的, 方程组的解可以具有与切向正则性同阶的法向正则性. 为了使读者更清楚地了解这一点, 我们就原始的非定常 Euler 方程组 (5.2) 再一次做个简要的说明.

如果 $x = 0$ 是物面边界, 则 $\dfrac{\partial}{\partial x}$ 是关于物面法向的求导运算, 而 $\dfrac{\partial}{\partial y}$, $\dfrac{\partial}{\partial t}$ 是关于物面切向的求导运算. 在物面边界上的边界条件是 $u = 0$, 故物面边界为特征边界. 特征边界与非特征边界的区别就在于在特征边界附近未知函数的法向导数不能用切向导数表出, 所以问题就是如何估计法向导数.

在方程组 (5.2) 中, 将第一式与第三式视为 $\dfrac{\partial p}{\partial x}$ 与 $\dfrac{\partial u}{\partial x}$ 的线性方程组, 其系数行列式为

$$\begin{vmatrix} \rho u & 1 \\ 1 & a^{-2}\rho^{-1}u \end{vmatrix} = \frac{u^2}{a^2} - 1 \neq 0,$$

故 $\dfrac{\partial p}{\partial x}$ 与 $\dfrac{\partial u}{\partial x}$ 可以表示为切向导数的组合. 以下就考虑 $\dfrac{\partial v}{\partial x}$ 与 $\dfrac{\partial s}{\partial x}$ 的表示.

将 (5.2) 第一式关于 y 求导减去第二式关于 x 求导, 可以得到

$$\rho \left(\frac{\partial}{\partial t} + u \frac{\partial}{\partial x} + v \frac{\partial}{\partial y} + (u_x + v_y) \right) \operatorname{rot} \vec{v} = R, \tag{5.24}$$

其中 $R = \dfrac{1}{\rho}(\rho_y p_x - \rho_x p_y)$.

此外, (5.2) 的第四式是

$$\left(\frac{\partial}{\partial t} + u \frac{\partial}{\partial x} + v \frac{\partial}{\partial y} \right) s = 0,$$

将它关于 x 求导, 得到

$$\left(\frac{\partial}{\partial t} + u \frac{\partial}{\partial x} + v \frac{\partial}{\partial y} + u_x \right) s_x - \operatorname{rot} \vec{v}\, s_y + u_y s_y = 0. \tag{5.25}$$

注意到 $\dfrac{\partial}{\partial t} + u\dfrac{\partial}{\partial x} + v\dfrac{\partial}{\partial y}$ 是沿边界切向的导数, 故利用 $t = 0$ 时未知函数的正则性就可以使 $\operatorname{rot} \vec{v}$ 与 s_x 的正则性由未知函数切向导数的同阶正则性表出. 由于 $\operatorname{rot} \vec{v} = \dfrac{\partial u}{\partial y} - \dfrac{\partial v}{\partial x}$ 中 $\dfrac{\partial u}{\partial y}$ 是切向导数, 从而 v 的法向导数正则性也能由未知函数切向导数的同阶正则性表出. 按此做法, 我们就利用了 Euler 方程组的特殊结构避免了物面特征边界上可能产生的正则性损失.

5.2 平面激波被斜坡的正则反射

如果反射激波的物面非光滑,例如有一个凸出的角点,则在角点附近物面就无法通过一个 C^1 的坐标变换变成平面,从而上节中将激波反射问题化成非线性 Goursat 问题的做法就无效了. 由于非光滑的物面多种多样,我们取出最典型的情形加以讨论. 设物面是由两个相交的平面组成且延伸到无穷远构成楔 AOB, 如图 5-2 所示. 还设障碍物表面的两个平面的关于入射平面激波的相对位置是对称的. 于是以 O 为原点, 以角 AOB 的分角线为 x 轴建立坐标系, 设平面激波位置平行于 y 轴, 自左方向右运动. 由于问题的对称性, 我们可只考虑 $y > 0$ 区域中激波的运动. 在 $y > 0$ 区域中障碍物呈现为一个斜坡, 因而平面激波被楔形物体的反射问题与平面激波被斜坡反射问题等价. 它是激波反射研究中一个典型的问题, 本节中将对此进行讨论.

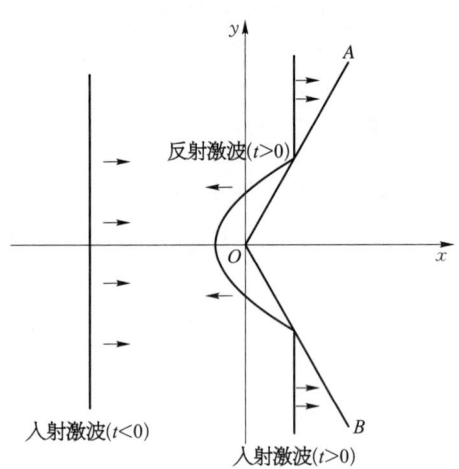

图 5.2 平面激波冲向楔形物体

5.2.1 平面激波被斜坡正则反射问题表述

如前所述, 平面激波被斜坡反射是激波反射中一个典型的问题. 在最简单的正则反射的情形它将导致一个非线性退化椭圆型方程的自由边值问题, 气体动力学中很多其他问题也会导致类似的问题. 就非线性退化椭圆型方程的自由边值问题独立来说, 它在偏微分方程理论研究中也有重要的意义. 下面我们先对平面激波被斜坡反射问题作准确的陈述.

讨论二维空间中的激波反射, 并用二维无黏流的 Euler 方程组来描写气体的运动. 即流动参量在其光滑变化的区域中满足方程 (5.1), 在激波上满足 Rankine-Hugoniot 条件 (5.4), 在物面边界上满足 (5.5). 据本节初所述的对称性, 仅在上半平面讨论就够了. 设斜坡 OA 对于水平线 (x 轴) 的倾角为 θ, OA 的方程为 $y = x\tan\theta$. 有个平面激波从左方冲向斜坡, 该激波与水平线垂直, 其运动速度为 V, 在 $t = 0$ 时刻到达原点. 则从此时刻起在角点 O 附近激波就被反射, 而在远离角点的地方, 激波仍继续前进. 这时反射激波、物面以及对称轴在 (x, y) 平面上构成一个曲边三角形, 它随时间 t 的增长而不断扩大. 这样的反射图像就比第一章中讨论过的平面激波斜反射要显著地复杂. 设在激波前方气体是静止的, 状态为 $U_0 = (u_0, v_0, \rho_0, p_0) = (0, 0, \rho_0, p_0)$, 在入激波后方状态为 $U_1 = (u_1, v_1, \rho_1, p_1)$. 由于激波垂直于 x 轴, 故 $v_1 = 0$, 且 u_1, ρ_1, p_1 可以由 V, ρ_0, p_0 (它们称为问题的原始流动参量) 唯一决定. 我们的问题就是在已知 V, ρ_0, p_0 的条件下确定反射激波的位置 $x = f(t, y)$ 以及波后 (反射激波、物面和对称轴围成的区域中) 的流动参量 $U(t, x, y)$.

由于两个空间变量情形下的激波运动比单个空间变量情形下的激波运动要复杂得多, 为寻求上述激波问题的解可以先作一些简化. 一个重要的简化是讨论等熵无旋流的情形. 虽然由于反射激波可能是弯曲的, 从而在反射激波后的流场中一般会产生非零的旋度, 以致等熵无旋的要求无法保持. 但如果流场中熵或旋度变化不大, 将流场视为等熵无旋的情形仍然可以有较高的近似度. 等熵无旋的假定不仅可以减少方程的个数, 且可避开由于流场中流线集中或出现驻点所导致的困难, 从而可集中注意力于解决由自由边界以及方程变型所导致的困难. 当然, 在完全 Euler 方程组框架下研究激波反射问题更切近实际, 但先获得关于等熵无旋情形的有关结果对以后进一步研究非等熵的情形将会有很大的帮助.

在等熵无旋的假定下, 方程组 (5.2) 的最后一式自然成立. 压力与密度可用函数 $p = p(\rho)$ 表示. 对完全气体 $p = A\rho^\gamma$, 故以后未知函数 U 可仅用三个分量 (u, v, ρ) 表示. 又由于流动无旋可通过 $\nabla\Phi = (u, v)$ 引入速度势 Φ, Bernoulli 关系式 (见第一章 (1.10)) 为

$$\Phi_t + \frac{1}{2}(\Phi_x^2 + \Phi_y^2) + \frac{\gamma}{\gamma-1}\rho^{\gamma-1} = C, \tag{5.26}$$

其中 C 为常数, 它在不同流线上可以选取不同值. 但由于所有流线都来自一个常态区域, 故各流线上的 C 值相同, 并可简单地取为零. 于是有

$$\rho = \left(\frac{\gamma-1}{\gamma}(-\Phi_t - \frac{1}{2}(\Phi_x^2 + \Phi_y^2))\right)^{1/(\gamma-1)}. \tag{5.27}$$

相应地, Euler 方程组可以被以下的位势流方程所代替:

$$(\rho(\nabla\Phi))_t + \sum_{j=1}^{2}(\Phi_{x_j}\rho(\nabla\Phi))_{x_j} = 0, \tag{5.28}$$

其中速度势 Φ 是一个连续函数, 它在函数 $\Phi \in C^1$ 的区域中满足方程 (5.28), 在激波曲面 $S: x = f(t,y)$ 上其一阶导数有间断, 并满足

$$[\rho]f_t - [\rho\Phi_x] + [\rho\Phi_y]f_y = 0, \tag{5.29}$$

Φ 在物面上满足法向速度为零的条件:

$$\Phi_x \nu_x + \Phi_y \nu_y = 0, \tag{5.30}$$

其中 ν 为激波曲面 S 的法向.

平面激波被斜坡反射问题还有一个特点可以用于显著地简化问题. 注意到无黏流的 Euler 方程组, 在时间–空间变量的自相似变换

$$t \mapsto \alpha t,\ x \mapsto \alpha x,\ y \mapsto \alpha y \tag{5.31}$$

下保持形式不变. 此外, 以激波遇到斜坡和地平面的交点的时刻作为 $t = 0$, 则物面边界和边界条件, 以及在 $t = 0$ 时刻的初始条件也在此变换下不变. 因此, 如果 $U(t,x,y)$ 是所讨论的激波反射问题的解, 相应的激波位置为 $x = f(t,y)$, 则 $U(\alpha t, \alpha x, \alpha y)$ 也应是问题的解, 且 $f(\alpha t, \alpha y) = \alpha f(t,y)$. 于是, 我们可以引入变量 $\xi = \dfrac{x}{t}, \eta = \dfrac{y}{t}$, 寻求形式为 $U(t,x,y) = \tilde{U}\left(\dfrac{x}{t}, \dfrac{y}{t}\right) = \tilde{U}(\xi, \eta)$ 的解 (以后为记号简单起见, 也将 $\tilde{U}$ 仍记为 U). 它称为**自相似解**, 或**自模解**, 相应的流动称为**拟定常流**, 其待定的激波位置可用 $\xi = g(\eta)$ ($= f(1,\eta)$) 表示, 它在 (ξ, η) 平面上的位置也不变. 自相似变量的引入, 使得所讨论的问题中自变量的个数减少了一个. 虽然自模解所满足的方程仍然是偏微分方程, 但自变量个数的减少能带来一定的简化. 所以下面我们在研究平面激波被斜坡反射的问题时, 总在自变量为 ξ, η 的坐标系 (也称为自相似坐标系) 中讨论. 当然, 当入射的激波不是平面激波或斜坡的斜率不是常值时, 就不能在自相似坐标系中进行这类讨论了.

在引入自相似变量而使得所讨论的偏微分方程边值问题中自变量个数减少的同时, 也会带来一些新的困难. 例如, 原来的非定常 Euler 方程组总是双曲型方程组, 但下面我们会看到, 在自变量个数减少一个后该方程的类型就可能变化, 它在 (ξ, η) 平面的部分区域中是双曲型而在另一部分区域中是椭圆型, 即所讨论的方程成为一个混合型方程. 此外, 在双曲型方程组的情形, 我们可先讨论在初始时刻附近的局部解, 然后再在此基础上讨论大时间范围的整体解或其他问题, 但是在自相似坐标系中, 由于混合型方程没有扰动有限传播速度的性质, 因此必须讨论整体解. 一般来说, 混合型方程的整体解的确定是一个很具挑战性的问题. 在我们所讨论的特定情形, 在双曲型方程区域中的解能简单地确定, 从而整个问题能化成一个退化椭圆型方程的求解, 但它仍然是一个相当困难的问题.

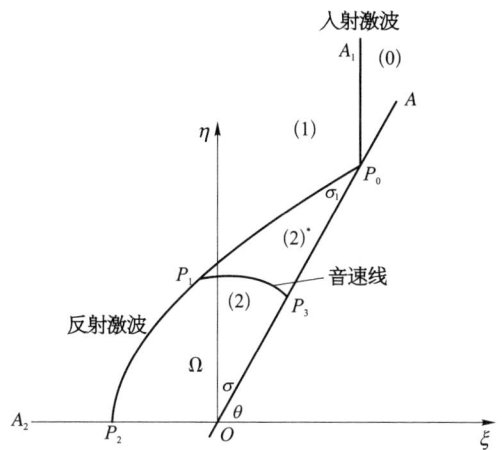

图 5.3 在自相似坐标系中的激波正则反射

以下在自相似坐标系中讨论位势流方程 (见图 5.3). 由于位势的导数是速度, 故位势 Φ 应当是 t,x,y 的一次齐次函数. 它可写成 $\Phi(t,x,y) = t\phi\left(\dfrac{x}{t}, \dfrac{y}{t}\right) = t\phi(\xi,\eta)$, 其中 ϕ 是连续函数, 它的导数在激波上有间断. 容易验证, 在连续可微的区域中由于 $\phi(\xi,\eta)$ 是齐一次函数, 故 (5.28) 化成

$$-\xi\rho_\xi - \eta\rho_\eta + (\rho\phi_\xi)_\xi + (\rho\phi_\eta)_\eta = 0. \tag{5.32}$$

由 ρ 的表达式 (5.27) 易知

$$\rho = \left(\dfrac{\gamma-1}{\gamma}(-\phi + \xi\phi_\xi + \eta\phi_\eta - \dfrac{1}{2}(\phi_\xi^2 + \phi_\eta^2))\right)^{1/(\gamma-1)}, \tag{5.33}$$

且

$$\dfrac{\partial\rho}{\partial u} = -\dfrac{c^2}{\rho}u, \quad \dfrac{\partial\rho}{\partial v} = -\dfrac{c^2}{\rho}v.$$

因此, (5.32) 可以写成

$$(c^2 - (\phi_\xi - \xi)^2)\phi_{\xi\xi} - 2(\phi_\xi - \xi)(\phi_\eta - \eta)\phi_{\xi\eta} + (c^2 - (\phi_\eta - \eta)^2)\phi_{\eta\eta} = 0. \tag{5.34}$$

若 θ 接近于 $\dfrac{\pi}{2}$ (相应地, $\sigma = \dfrac{\pi}{2} - \theta > 0$ 接近于 0), 入射激波能与斜坡相交, 并在交点处产生一个反射激波. 如第一章所指出的, 这时的反射为正则反射. 入射激波与反射激波将物面左边的区域分划成三个子区域 (读者还可以将关于水平面对称的部分加上, 想象入射激波被楔形物面反射时, 它与反射激波将楔形物面左边分成三个子区域的情形). 它们是

(0) A_1P_0A: $V < \xi < \eta\tan\sigma, \ \eta > V/\tan\sigma$;

(1) $A_2P_2P_0A_1:\ \xi<\min(V,g(\eta)),\eta>0$;

(2) $P_2OP_0P_2:\ g(\eta)<\xi<V,\ \eta>0$.

在区域 (0) 中即入射激波前的状态记为 U_0, 在区域 (1) 中即入射激波后的状态记为 U_1, 当激波的运动速度给定为 V 时, 利用已知的 U_0 以及激波运动速度 V 可由 Rankine-Hugoniot 关系式求出 U_1 (见第一章). 在区域 (2) 中的流动参量以及激波位置 $P_2P_1P_0$ 是我们要集中主要精力来寻求的未知量.

如前所述, 在区域 (2) 中的流动参量 U 可通过位势函数 $\phi(\xi,\eta)$ 表示, 在区域 (0) 中的流动参量 U_0 对应的位势为 $\phi_0(\xi,\eta)=0$, 在区域 (1) 中的流动参量 U_1 对应的位势为 $\phi_1(\xi,\eta)=u_1(\xi-V)$. 函数 $\phi(\xi,\eta)$ 在区域 $P_2OP_0P_2$ 内部满足方程 (5.34), 在边界上满足边界条件

$$\phi_\xi-\phi_\eta\tan\sigma=0,\quad 在\ OP_0\ 上, \tag{5.35}$$

$$\phi_\eta=0,\quad 在\ OP_2\ 上, \tag{5.36}$$

$$[\rho(\phi_\xi-\xi)]-[\rho(\phi_\eta-\eta)]g'(\eta)=0,\ \phi(\xi,\eta)=\phi_1(\xi,\eta),\quad 在\ P_0P_2\ 上. \tag{5.37}$$

条件 (5.37) 可以由 (5.29) 导出. 事实上, 当 $\Phi(t,x,y)=t\phi\left(\dfrac{x}{t},\dfrac{y}{t}\right)$, 边界为 $x=tg\left(\dfrac{y}{t}\right)$ 时, (5.29) 给出

$$[\rho](g-\eta g'(\eta))-[\rho\phi_\xi]+[\rho\phi_\eta]g'(\eta)=0,$$

(5.34)—(5.37) 就是我们要求解的边值问题在 (ξ,η) 坐标系中的表现形式. 我们将证明以下定理.

定理 5.2 存在仅依赖于原始资料 ρ_0,V,γ 的常数 $\theta_0\in\left(0,\dfrac{\pi}{2}\right)$, $\alpha\in(0,1)$, 使得对 $\theta\in(0,\theta_0)$ 存在 $g(\eta)\in C^2(0,V\tan\theta)$ 以及定义在 $\Omega_2=\{g(\eta)<\xi<\eta/\tan\theta,\ 0<\eta<V\tan\theta\}$ 上的 $C^{1,\alpha}$ 函数 $\phi(\xi,\eta)$, 它在区域 Ω_2 中满足方程, 在 Ω_2 的边界 OP_0,OP_2 上满足 $\phi_\nu=0$, 在边界 P_0P_2 $(\xi=f(\eta))$ 上满足 $\phi(\xi,\eta)=\phi_1(\xi,\eta)$, 以及激波条件 (5.37). 此外, 当 $\theta\to\dfrac{\pi}{2}$ 时, 解 $\phi(\xi,\eta)$ 在 $W_{loc}^{1,1}$ 中收敛于正反射问题的解.

5.2.2 拟超音速区域中流场的确定

方程 (5.32) 是一个非线性方程, 它在 $(u-\xi)^2+(v-\eta)^2<c^2$ 时, 是椭圆型的, 在 $(u-\xi)^2+(v-\eta)^2>c^2$ 时是双曲型的, 而 $(u-\xi)^2+(v-\eta)^2=c^2$ 就是其变型线. 注意到在 (ξ,η) 平面上一个固定点 (ξ_0,η_0) 对应于空间 (t,x,y) 中直线 $(t,\xi_0 t,\eta_0 t)$. 或可以说对应于 (x,y) 空间中自原点出发以 (ξ_0,η_0) 速度运动的

点，所以 $(u-\xi, v-\eta)$ 是流体质点相对于运动的坐标点的速度，也称为**拟速度**，若 $(u-\xi)^2+(v-\eta)^2 < c^2$ 则称为**拟亚音速**，若 $(u-\xi)^2+(v-\eta)^2 > c^2$ 则称为**拟超音速**。从而方程 (5.7) 在其拟亚音速区域为椭圆型的，在其拟超音速区域为双曲型的。

当 θ 接近于 $\frac{\pi}{2}$ (从而 $\sigma = \frac{\pi}{2} - \theta$ 接近于零) 时，P_0 的坐标 $(V, V\tan\theta)$ 与原点的距离变得很远，而我们所讨论的物理问题中流体速度总是有界的，所以在 P_0 点满足条件 $(u-\xi)^2+(v-\eta)^2 > c^2$。根据双曲型方程的扰动有限传播速度性质，$P_0$ 点附近的流动就不受 O 点处物面奇性的影响。我们知道，问题 (5.34)—(5.37) 可视为速度为 V 的平面激波关于对称楔的绕射。今既然原点以下物面的改变对 P_0 附近的流动不产生影响，就可设想将 $\eta < 0$ 半平面中的楔表面 $\xi = -\eta\tan\sigma$ 改成平面 $\xi = \eta\tan\sigma$，在 P_0 点附近的流动将不会受到影响。这样的改变说明，如果仅限于考察 P_0 点附近的流动，可以将所考察的流动简化地视为平面激波的斜反射，它能用 1.3 中的方法处理，得到反射激波也是平面激波。将反射激波与物面的夹角记为 σ_1，反射激波从 $P_0: \left(V, \dfrac{V}{\tan\sigma}\right)$ 点出发往下，其方程为

$$\xi - V = \left(\eta - \frac{V}{\tan\sigma}\right)\tan(\sigma+\sigma_1). \tag{5.38}$$

反射激波后的状态 $U_2(\xi,\eta)$ 为常状态，流体速度为 (u_2, v_2)，它可以由 (1.59) 决定。

以下确切地写出在 P_0 点附近 $\phi(\xi,\eta)$ 在各区域中的值。由于在入射激波前方流体速度为零，故 $\phi_\xi = \phi_\eta = 0$，从而 ϕ 为常值。由 (5.33) 知这个常数应为 $-\dfrac{\gamma\rho_0^{\gamma-1}}{\gamma-1}$，所以在区域 (0) 中

$$\phi_0(\xi,\eta) = -\frac{\gamma\rho_0^{\gamma-1}}{\gamma-1}.$$

在区域 (1) 中，速度为 $(u_1, 0)$。由位势在 $\xi = V$ 上的连续性知

$$\phi_1 = u_1(\xi - V) - \frac{\gamma\rho_0^{\gamma-1}}{\gamma-1}.$$

在区域 (2) 中，对 P_0 点邻域中位于反射激波后的任意点 (ξ,η)，过此点作水平线与反射激波相交，其交点为

$$(\xi^*, \eta) = \left(V + \left(\eta - \frac{V}{\tan\sigma}\right)\tan(\sigma+\sigma_1), \eta\right),$$

其中 $\tan(\sigma+\sigma_1)$ 为反射激波关于 η 轴的斜率，以下记为 k_σ。所以在 (ξ,η) 点的位势为

$$\phi_2(\xi,\eta) = u_2(\xi-\xi^*) + \phi_1(\xi^*,\eta) = u_2(\xi-V) + (u_1-u_2)\left(\eta - \frac{V}{\tan\sigma}\right)k_\sigma - \frac{\gamma\rho_0^{\gamma-1}}{\gamma-1}. \tag{5.39}$$

显见，$\phi_{2\xi} = u_2, \phi_{2\eta} = v_2$.

当斜坡的倾角 $\theta = \dfrac{\pi}{2}$ 时，物面就正面阻挡着激波的前进，从而激波被斜坡的反射就应退化为平面激波的正反射. 记平面激波被斜坡反射问题中反射激波与水平面的交点为 $(V_{1\sigma}, 0)$，波后的状态为 $(u_{2\sigma}, v_{2\sigma}, \rho_{2\sigma})$. 又记平面激波正反射问题中反射激波速度为 V_1 ($V_1 < 0$)，激波后的状态为 $(0, 0, \rho_{20})$. 则我们有结论：

引理 5.1 当 $\theta \to \dfrac{\pi}{2}$ ($\sigma \to 0$) 时，$V_{1\sigma} \to V_1$，$(u_{2\sigma}, v_{2\sigma}, \rho_{2\sigma}) \to (0, 0, \rho_{20})$.

证明 先写出正反射问题的解. 当入射激波速度是 $V > 0$ 时，激波前状态是 $(0, 0, \rho_0)$，波后状态是 $(u_1, 0, \rho_1)$，于是有

$$(u_1 - V)\rho_1 = -V\rho_0. \tag{5.40}$$

以下用位势来表达流场. 设想没有障碍物，这一入射激波波前的速度为零，故由前面的分析知位势为常数 $-\dfrac{\gamma\rho_0^{\gamma-1}}{\gamma-1}$. 激波后的位势是 $u_1\xi - \dfrac{1}{2}u_1^2 - \dfrac{\gamma\rho_1^{\gamma-1}}{\gamma-1}$，由位势的连续性有

$$u_1 V - \frac{1}{2}u_1^2 - \frac{\gamma\rho_1^{\gamma-1}}{\gamma-1} = -\frac{\gamma\rho_0^{\gamma-1}}{\gamma-1}. \tag{5.41}$$

正反射的反射激波为 $\xi = V_1$ ($V_1 < 0$)，由质量守恒律知

$$(u_1 - V_1)\rho_1 = -V_1\rho_{20}, \tag{5.42}$$

由激波上位势的连续性知

$$u_1 V_1 - \frac{1}{2}u_1^2 - \frac{\gamma\rho_1^{\gamma-1}}{\gamma-1} = -\frac{\gamma\rho_{20}^{\gamma-1}}{\gamma-1}. \tag{5.43}$$

今若将 (5.41) 中 ρ_{20} 的表示式代入 (5.42)，得

$$u_1 V_1 - \left(\frac{1}{2}u_1^2 + \frac{\gamma\rho_1^{\gamma-1}}{\gamma-1}\right) + \frac{\gamma\rho_1^{\gamma-1}}{\gamma-1}\left(1 - \frac{u_1}{V_1}\right)^{\gamma-1} = 0. \tag{5.44}$$

上式左边作为 V_1 的函数在 $V_1 \to -0$ 时为正，在 $V_1 \to -\infty$ 时为负，而它关于 V_1 的导数为

$$u_1 + \gamma\rho_1^{\gamma-1}\left(1 - \frac{u_1}{V_1}\right)^{\gamma-2}\frac{u_1}{V_1^2} > 0,$$

所以将 (5.44) 视为 V_1 的代数方程，它有唯一解 $V_1 < 0$，这个 V_1 就是正反射中激波反射的速度.

现在考虑平面激波对倾角为 θ 的平面的反射，并设 $\sigma = \dfrac{\pi}{2} - \theta$ 很小. 激波与斜坡的交点为 $\left(V, \dfrac{V}{\tan\sigma}\right)$，反射激波的方程为

$$\xi - V = k_\sigma\left(\eta - \frac{V}{\tan\sigma}\right). \tag{5.45}$$

反射激波后的状态记为 $(u_{2\sigma}, v_{2\sigma}, \rho_{2\sigma})$，其对应的位势为

$$u_{2\sigma}\xi + v_{2\sigma}\eta - \frac{\gamma\rho_{2\sigma}^{\gamma-1}}{\gamma-1} - \frac{1}{2}u_{2\sigma}^2 - \frac{1}{2}v_{2\sigma}^2. \tag{5.46}$$

由于在激波上的任意点 (ξ, η)，按两侧流动参量计算的 Bernoulli 常数一致，故有

$$u_1\left(V + k_\sigma\left(\eta - \frac{V}{\tan\sigma}\right)\right) - \frac{\gamma\rho_1^{\gamma-1}}{\gamma-1} - \frac{1}{2}u_1^2$$
$$= u_{2\sigma}\left(V + k_\sigma\left(\eta - \frac{V}{\tan\sigma}\right)\right) + v_{2\sigma}\eta - \frac{\gamma\rho_{2\sigma}^{\gamma-1}}{\gamma-1} - \frac{1}{2}u_{2\sigma}^2 - \frac{1}{2}v_{2\sigma}^2. \tag{5.47}$$

作为 η 的一次多项式，其系数相等，从而可得

$$u_{2\sigma}k_\sigma + v_{2\sigma} = u_1 k_\sigma, \tag{5.48}$$

$$V\left(1 - \frac{k_\sigma}{\tan\sigma}\right)(u_1 - u_{2\sigma}) = \frac{\gamma\rho_1^{\gamma-1}}{\gamma-1} + \frac{1}{2}u_1^2 - \frac{\gamma\rho_{2\sigma}^{\gamma-1}}{\gamma-1} - \frac{1}{2}u_{2\sigma}^2 - \frac{1}{2}v_{2\sigma}^2. \tag{5.49}$$

在反射激波上的 Rankine-Hugoniot 条件为

$$\rho_{2\sigma}(-(u_{2\sigma}-\xi) + (v_{2\sigma}-\eta)k_\sigma) = \rho_1(-(u_1-\xi) - \eta k_\sigma).$$

将 (5.44) 代入得到

$$\left(V + k_\sigma\left(\eta - \frac{V}{\tan\sigma}\right) - \eta k_\sigma\right)(\rho_{2\sigma} - \rho_1) - (u_{2\sigma}\rho_{2\sigma} - u_1\rho_1) + k_\sigma v_{2\sigma}\rho_{2\sigma} = 0,$$

或

$$V_{1\sigma}(\rho_{2\sigma} - \rho_1) - (u_{2\sigma}\rho_{2\sigma} - u_1\rho_1) + k_\sigma v_{2\sigma}\rho_{2\sigma} = 0, \tag{5.50}$$

其中 $V_{1\sigma} = V\left(1 - \dfrac{k_\sigma}{\tan\sigma}\right)$ 是反射激波与 ξ 轴交点的横坐标. 此外，由于在物面上流体速度方向与物面平行，故若反射激波后是常态的话，必有

$$v_{2\sigma}\tan\sigma = u_{2\sigma}. \tag{5.51}$$

将 $k_\sigma = \left(1 - \dfrac{V_{1\sigma}}{V}\right)\tan\sigma$ 代入 (5.48)—(5.51) 可得

$$\begin{cases} (u_{2\sigma} - u_1)\left(1 - \dfrac{V_{1\sigma}}{V}\right)\tan\sigma + v_{2\sigma} = 0, \\ V_{1\sigma}(u_{2\sigma} - u_1) + \dfrac{\gamma\rho_1^{\gamma-1}}{\gamma-1} + \dfrac{1}{2}u_1^2 - \dfrac{\gamma\rho_{2\sigma}^{\gamma-1}}{\gamma-1} - \dfrac{1}{2}u_{2\sigma}^2 - \dfrac{1}{2}v_{2\sigma}^2 = 0, \\ V_{1\sigma}(\rho_{2\sigma} - \rho_1) - (u_{2\sigma}\rho_{2\sigma} - u_1\rho_1) + \left(1 - \dfrac{V_{1\sigma}}{V}\right)v_{2\sigma}\rho_{2\sigma}\tan\sigma = 0, \\ u_{2\sigma} - v_{2\sigma}\tan\sigma = 0. \end{cases} \tag{5.52}$$

将 (5.52) 视为 $u_{2\sigma}, v_{2\sigma}, \rho_{2\sigma}, V_{1\sigma}$ 的非线性代数方程组，在 $\sigma = 0$ 时它就化为 $u_{2\sigma} = v_{2\sigma} = 0$ 以及决定 ρ_{20} 与 V_1 的 (5.42)、(5.43)，从而有解 $(0, 0, \rho_{20}, V_1)$. 而 (5.52) 左边关于 $u_{2\sigma}, v_{2\sigma}, \rho_{2\sigma}, V_{1\sigma}$ 求导的行列式在 $\sigma = 0$ 处的值为

$$J = \begin{bmatrix} 0 & 1 & 0 & 0 \\ V_1 & 0 & \gamma\rho_{20}^{\gamma-2} & 0 \\ -\rho_{20} & 0 & V_1 & \rho_{20} - \rho_1 \\ 1 & 0 & 0 & 0 \end{bmatrix} = -\gamma\rho_1\rho_{20}^{\gamma-2} \neq 0. \quad (5.53)$$

故由隐函数定理知对 $\sigma \neq 0$，(5.51) 可唯一地确定 $u_{2\sigma}, v_{2\sigma}, \rho_{2\sigma}, V_{1\sigma}$，且在 $\sigma \to 0$ 时 $(u_{2\sigma}, v_{2\sigma}, \rho_{2\sigma}, V_{1\sigma}) \to (0, 0, \rho_{20}, V_1)$. 证毕.

引理 5.1 说明当 σ 角很小时，障碍物斜坡引起的激波反射在 P_0 点附近的波后流场是常状态. 它是激波正反射问题解的小扰动. 下面还会看到，在整个区域 Ω_2 中的解都是激波正反射问题解的小扰动.

区域 (2) 中 P_0 附近流场是常状态，但这个常状态区域 (记为 (2)*) 不能延拓到 ξ 轴. 由于实际上平面激波所绕射的楔有顶点 O，且关于 ξ 轴对称，所以反射激波在 $\eta = 0$ 时应当与水平面垂直，流场参数在 $\eta = 0$ 上应满足 $v = \phi_\eta = 0$ 的边界条件. 因此，区域 (2)* 及其边界 (平直的反射激波) 不可能不变地延伸到 ξ 轴. 事实情况是：区域 (2) 中存在一条分界线 P_1P_3 (图 5.3)，使得在区域 $P_0P_1P_3$ 中的流场为常态，而在区域 $P_1P_2OP_3$ 中为流场非常态. 在此分界线上流场应是连续变化的.

如何确定边界 P_1P_3？前已看到，由于区域 $P_0P_1P_3$ 是双曲区域，故第一节中的平面激波斜反射的方法可适用. 这时 $(u,v) = (u_2, v_2)$，而音速 c_2 也可相应地由 Bernoulli 关系式得到. 用 C_2 记以 (u_2, v_2) (它位于斜坡 $\xi = \eta\tan\sigma$ 上) 为圆心，以 c_2 为半径的圆，其方程为 C_2：$(u_2 - \xi)^2 + (v_2 - \eta)^2 = c_2^2$. 在此圆外方程 (5.34) 是双曲型的. 于是，可以将 P_1P_3 取为该圆的圆弧，其中 P_3 的坐标为 $(\xi_3, \eta_3) = (u_2 + c_2\sin\sigma, v_2 + c_2\cos\sigma)$，$P_1$ 的坐标为 (ξ_1, η_1)，它是圆 C_2 与反射激波 (5.44) 的交点. 在圆弧 P_1P_3 上的拟速度为音速，故我们也称它为音速线.

基于上面的分析，我们的问题就集中在求解由曲线 P_1P_2, P_2O, OP_3 与 P_3P_1 即

$$\begin{aligned} &P_1P_2: \xi = g(\eta), & &\text{记为 } \Gamma_{\text{shock}}, \\ &P_2O: \eta = 0, & &\text{记为 } \Gamma_h, \\ &OP_3: \xi = \eta\tan\sigma, & &\text{记为 } \Gamma_w, \\ &P_3P_1: (u_2 - \xi)^2 + (v_2 - \eta)^2 = c_2^2, & &\text{记为 } \Gamma_{\text{sonic}} \end{aligned}$$

所围成的区域 Ω 中的函数 $\phi(\xi, \eta)$.

函数 $\phi(\xi, \eta)$ 在区域 Ω 内部满足方程 (5.34)，在 P_1P_2, P_2O, OP_3 上满足条件 (5.35)—(5.37). 在 P_1P_3 上满足条件 $\phi(\xi, \eta) = \phi_2(\xi, \eta)$. 在 Ω 中拟速度是亚音速的，

P_1P_3 是音速线，所以方程 (5.34) 在区域 Ω 中是退化椭圆型方程．因此，我们最终归结到一个非线性退化椭圆型的不定边界值问题，它就是

$$\begin{cases} (c^2 - (\phi_\xi - \xi)^2)\phi_{\xi\xi} - 2(\phi_\xi - \xi)(\phi_\eta - \eta)\phi_{\xi\eta} + (c^2 - (\phi_\eta - \eta)^2)\phi_{\eta\eta} = 0, & \text{在 } \Omega \text{ 中}, \\ \phi_\xi - \phi_\eta \tan \sigma = 0, & \text{在 } \Gamma_w \text{ 上}, \\ \phi_\eta = 0, & \text{在 } \Gamma_h \text{ 上}, \\ \phi(\xi,\eta) = \phi_2(\xi,\eta), & \text{在 } \Gamma_{\text{sonic}} \text{ 上}, \\ [\rho(\phi_\xi - \xi)] - [\rho(\phi_\eta - \eta)]g'(\eta) = 0, \; \phi(\xi,\eta) = \phi_1(\xi,\eta), & \text{在 } \Gamma_{\text{shock}} \text{ 上}. \end{cases}$$
(5.54)

这里我们得说明，由于非线性方程的类型依赖于它的解，所以前面关于退化椭圆型的判断只是一个预判. 只有在得到解并得知其一定性质后方能肯定该方程的椭圆性，且确定它在边界 P_1P_3 上退化. 非线性方程的这个特性显然增加了以后讨论的难度.

5.2.3 非线性退化椭圆型方程边值问题

本小节中讨论方程 (5.34) 在区域 Ω : $OP_3P_1P_2$ 中的求解，其边界为 Γ_w, Γ_{sonic}, Γ_{shock}, Γ_h，我们将证明下面的结论 (见 [10]).

定理 5.3 存在仅依赖于原始资料 ρ_0, V, γ 的常数 $\theta_0 \in \left(0, \dfrac{\pi}{2}\right)$, $\alpha \in (0,1)$, 使得对 $\theta \in (0, \theta_0)$ 存在 $g(\eta) \in C^2(0, \eta_1)$, 并满足 $g(\eta_1) = \xi_{P_1}$, $g'(\eta_1) = k_\sigma$, $g''(\eta_1) = 0$, 以及定义在由 $OP_3, P_3P_1, P_1P_2, P_2O$ 所围成的区域 Ω 中定义的函数 $\phi(\xi,\eta) \in C^\infty(\Omega) \cap C^{1,\alpha}(\bar{\Omega})$, 它在区域 Ω 中满足方程，在 Ω 的边界 OP_3, OP_2 上满足 $\phi_\nu = 0$, 在边界 P_1P_3 上满足 $\phi(\xi,\eta) = \phi_2(\xi,\eta)$. 在边界 P_1P_2 $(\xi = g(\eta))$ 上满足 $\phi(\xi,\eta) = \phi_1(\xi,\eta)$, 以及激波条件 (5.37). 此外，当 $\theta \to \dfrac{\pi}{2}$ 时，解 $\phi(\xi,\eta)$ 对任意正整数 k, 在 C_{loc}^k 中收敛于正反射问题的解.

基于对双曲区域 (2)* 的分析以及在其中已得到的解 $\phi_2(\xi,\eta)$, 只要证明了定理 5.3, 就自然可推得定理 5.2 的结论.

对于这个椭圆边值问题 (5.54) 有两个地方是需要特别处理的. 一是区域的一部分边界 (激波边界) 是不定边界，它需要在求解过程中与解同时确定. 另一点是方程在另一部分边界 (音速线) 上有退化. 这两点均增加了求解的困难. 对于不定边界的处理与第三、第四章讨论含激波边界的问题相仿，它可先作为一个具有固定边界的问题，然后修正边界. 反复地修正区域内部的解以及区域的边界可构造一个收敛的近似解序列，它的极限就给出自由边界问题的真解. 这里，椭圆边值问题的求解自然是重点，而边界修正的方法也可有多种做法. 本节中将利用位势函数的连续性调整激波边界的位置，即利用 (5.37) 中的第二个条件来确定激波的位置 (也可以利用 (5.37) 中的 R–H 条件来确定激波的位置，但有关的估计以及收敛性

证明都得相应地更改). 这里得说明一点，由于 $\phi(\xi,\eta)$ 是在变动的区域 Ω 上定义的，为能顺利地应用连续性条件，需要将 Ω 中定义的函数延拓到同一区域中. 将直线 $\xi - V = (\eta - V/\tan\sigma)\tan(\sigma + \sigma_1)$ 记为 $\xi = \ell(\eta)$，将由 $\xi = \ell(\eta)$，圆弧 $\widehat{P_1 P_3}$，边界 $\xi = \eta\tan\sigma$ 与 $\eta = 0$ 所围成的区域记为 D，并将 Ω 中的函数延拓为 D 中的函数的延拓算子记为 E，则由定义在变动区域 Ω 中的函数 $\phi(\xi,\eta)$ 可得到一个定义在固定区域 D 上的函数 $E\phi$，它具有与 ϕ 相同的正则性. 例如，若 $\phi \in C^{k,\alpha}(\Omega)$，则 $E\phi \in C^{k,\alpha}(\mathrm{D})$. 延拓算子 E 具体定义以后给出.

我们暂先将这一过程搁在一边，集中注意力于退化边界所带来的困难. 我们知道，对非线性方程的求解很常用的一个方法是作线性化近似并通过一个迭代的过程来求取精确解. 但由于方程 (5.34) 在边界 Γ_{sonic} 上退化，即在此边界上其椭圆性常数为零. 这时常规的线性化近似很容易使方程系数经扰动后不再具有椭圆性. 因此，对于非线性退化椭圆型方程的线性化过程需要有特殊的处理，这也是文献 [10] 的一个关键点.

将 Ω 分成两部分 (见图 5.4):

$$\Omega' = \Omega \cap \{(\xi,\eta); \text{ dist}((\xi,\eta), \Gamma_{\text{sonic}}) < 2\epsilon\},$$

$$\Omega'' = \Omega \cap \{(\xi,\eta); \text{ dist}((\xi,\eta), \Gamma_{\text{sonic}}) > \epsilon\}$$

的叠加，其中 ϵ 是个正小常数，$\epsilon < \dfrac{c_2}{10}$. 于是，$\Omega'$、$\Omega''$ 分别表示邻近于音速线的部分与远离音速线的部分. 然而两者有重叠，以便于以后能将在两部分分别作的线性化处理合并成在整个 Ω 中的线性化. 相应地，记

$$\mathrm{D}' = \mathrm{D} \cap \{(\xi,\eta); \text{ dist}((\xi,\eta), \Gamma_{\text{sonic}}) < 2\epsilon\},$$

$$\mathrm{D}'' = \mathrm{D} \cap \{(\xi,\eta); \text{ dist}((\xi,\eta), \Gamma_{\text{sonic}}) > \epsilon\},$$

则成立 $\Omega' = \Omega \cap \mathrm{D}'$，$\Omega'' = \Omega \cap \mathrm{D}''$.

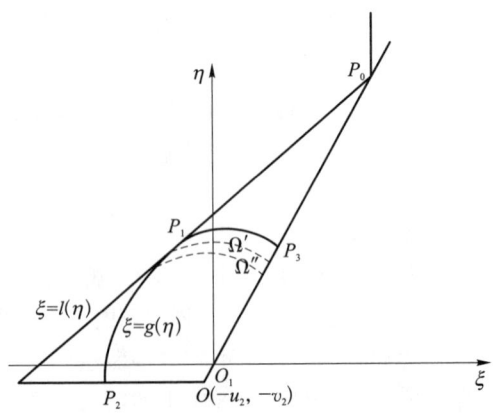

图 5.4　邻近退化边界区域 Ω' 与远离退化边界区域 Ω''

注意到退化边界 Γ_{sonic} 是圆周 $(\xi-u_2)^2+(\eta-v_2)^2=c_2^2$ 的一部分,故引入极坐标能简化该边界的表示以及对边界附近解的性质的讨论. 为此, 我们先将坐标原点移到 (u_2,v_2), 即令 $\tilde{\xi}=\xi-u_2, \tilde{\eta}=\eta-v_2$, 并令 $\psi=\phi-\phi_2$, 则有 $\psi_{\tilde{\xi}}-\tilde{\xi}=\phi_{\xi}-\xi$, $\psi_{\tilde{\eta}}-\tilde{\eta}=\phi_{\eta}-\eta$. 以后为不使记号过于繁复, 仍将 $\tilde{\xi},\tilde{\eta}$ 记为 ξ,η, 从而方程 (5.34) 的形式为

$$(c^2-(\psi_\xi-\xi)^2)\psi_{\xi\xi}-2(\psi_\xi-\xi)(\psi_\eta-\eta)\psi_{\xi\eta}+(c^2-(\psi_\eta-\eta)^2)\psi_{\eta\eta}=0. \quad (5.55)$$

而边界 Γ_{sonic} 上的条件 $\phi=\phi_2$ 变为 $\psi=0$.

在 Ω' 中引入极坐标 (r,θ), 使 $(\xi,\eta)=(r\cos\theta,r\sin\theta)$, 由直接运算, 方程 (5.34) 化成

$$(c^2-(\psi_r-r)^2)\psi_{rr}-\frac{2}{r^2}(\psi_r-r)\psi_\theta\psi_{r\theta}+\frac{1}{r^2}\left(c^2-\frac{1}{r^2}\psi_\theta^2\right)\psi_{\theta\theta}+\frac{c^2}{r}\psi_r+\frac{1}{r^3}(\psi_r-2r)\psi_\theta^2=0, \quad (5.56)$$

其中

$$c^2=(\gamma-1)\left(\frac{\gamma}{\gamma-1}\rho_2^{\gamma-1}-\psi+r\psi-\frac{1}{2}\left(\psi_r^2+\frac{1}{r^2}\psi_\theta^2\right)\right), \quad (5.57)$$

又令

$$x=c_2-r, \quad y=\theta-\frac{\pi}{2}+\sigma, \quad (5.58)$$

则有

$$\Omega'=\left\{(x,y);\ 0<x<2\epsilon, 0<y<\sigma+\arctan\frac{\eta(x)}{g(\eta(x))}+\frac{\pi}{2}\right\}, \quad (5.59)$$

其中 $\xi=g(\eta)$ 是未定边界 P_1P_2 的方程. $\eta(x)$ 是由 $\eta^2+g^2(\eta)=(c_2-x)^2$ 决定的函数.

于是, 在 Ω' 中可以将方程 (5.34) 写成

$$(2x-(\gamma+1)\psi_x+O_1)\psi_{xx}+O_2\psi_{xy}+\left(\frac{1}{c_2}+O_3\right)\psi_{yy}-(1+O_4)\psi_x+O_5\psi_y=0, \quad (5.60)$$

其中

$$O_1(D\psi,\psi,x)=-\frac{x^2}{c_2}+\frac{\gamma+1}{2c_2}(2x-\psi_x)\psi_x-\frac{\gamma-1}{c_2}\left(\psi+\frac{1}{2(c_2-x)^2}\psi_y^2\right),$$

$$O_2(D\psi,\psi,x)=-\frac{2}{c_2(c_2-x)^2}(\psi_x+c_2-x)\psi_y,$$

$$O_3(D\psi,\psi,x)=\frac{1}{c_2(c_2-x)^2}\left(x(2c_2-x)-(\gamma-1)\left(\psi+(c_2-x)\psi_x+\frac{1}{2}\psi_x^2\right)\right.$$
$$\left.-\frac{\gamma+1}{2(c_2-x)^2}\psi_y^2\right), \quad (5.61)$$

$$O_4(D\psi,\psi,x) = \frac{1}{c_2-x}\left(x - \frac{\gamma-1}{c_2}\left(\psi+(c_2-x)\psi_x + \frac{1}{2}\psi_x^2 + \frac{(\gamma+1)\psi_y^2}{2(\gamma-1)(c_2-x)^2}\right)\right),$$

$$O_5(D\psi,\psi,x) = -\frac{2}{c_2(c_2-x)^3}(\psi_x+c_2-x)\psi_y.$$

当 $x,\psi,\nabla\psi$ 都是小量时，对 $O_1,\cdots,O_5$ 有估计

$$|O_1(p,z,x)| \leqslant C(|p|^2+|z|+|x|^2),$$
$$|O_3(p,z,x)|, |O_4(p,z,x)| \leqslant C(|p|+|z|+|x|),$$
$$|O_2(p,z,x)|, |O_5(p,z,x)| \leqslant C(|p|+|x|+1)|p|.$$

如果去掉小项 O_k $(k=1,\cdots,5)$，则方程 (5.34) 即

$$(2x-(\gamma+1)\psi_x)\psi_{xx} + \frac{1}{c_2}\psi_{yy} - \psi_x = 0. \tag{5.62}$$

注 5.1 方程 (5.62) 在 $x>0$ 区域中定义，$x=0$ 为其退化线. (5.62) 可允许有形式为 $\psi=ax^2$ 的正则解. 事实上，将 $\psi=ax^2$ 代入，即知当 $a=\dfrac{1}{2(\gamma+1)}$ 时，ax^2 是 (5.62) 的解. 值得注意的是，若 ψ_{xx} 的系数中没有 $(\gamma+1)\psi_x$ 这一项，方程为线性方程，其解为 $ax^{3/2}$. 同为在 $x=0$ 上退化的椭圆型方程，非线性方程解的正则性竟然可优于相关线性方程解的正则性. [10] 注意到了事实，并将其应用于非线性退化椭圆型方程 (5.34) 的求解.

以下写出边界条件. 在音速线上的边界条件是

$$\psi = 0, \quad 在\ \Gamma_{\text{sonic}}\ 上. \tag{5.63}$$

在物面上的边界条件是

$$(\psi_\nu =)\ \psi_y = 0, \quad 在\ \Gamma_w\ 上. \tag{5.64}$$

在激波上的边界条件为

$$[\rho(\psi_\xi-\xi)] - [\rho(\psi_\eta-\eta)]g'(v_2+\eta) = 0, \quad 在\ \Gamma_{\text{shock}}\ 上, \tag{5.65}$$

其中 $(g',1)$ 为激波的切向，$g' = \dfrac{-v_2-\psi_\eta}{u_1-u_2-\psi_\xi}$，故上式也可以写为

$$[\rho(\psi_\xi-\xi)](u_1-u_2-\psi_\xi) + [\rho(\psi_\eta-\eta)](v_2+\psi_\eta) = 0, \tag{5.66}$$

将上式左边写成 $F(\psi_\xi,\psi_\eta,\psi,u_2,v_2,\xi,\eta)$，由于我们仅讨论 σ 充分小时激波反射问题解的存在性，因此可只关心 F 的主要部分，而不将它的高阶部分详细写出，那

些项在 σ 充分小时均可用 $C\sigma$ 控制，其中 C 是仅与原始流动参量 ρ_0, V, γ 有关的常数 (以后简称这样的常数为自然常数).

将 $F(\psi_\xi, \psi_\eta, \psi, u_2, v_2, \xi, \eta)$ 或其他相应的函数中的 $\psi_\xi, \psi_\eta, \psi$ 用 p_1, p_2, w 记之. 由 (5.33) 知

$$\rho_{p_1} = \frac{\rho}{c^2}(\xi - \psi_\xi), \ \rho_{p_2} = \frac{\rho}{c^2}(\eta - \psi_\eta), \ \rho_w = -\frac{\rho}{c^2}.$$

注意到 $\sigma = 0$ 时反射激波为 $\xi = V_1$, 此时 $V_1 < 0$, 在激波后有 $u_2 = v_2 = 0, \psi_\xi = \psi_\eta = 0, \rho = \rho_2$, 所以

$$F_{p_1}|_{\sigma=0} = \left(-[\rho(\psi_\xi - \xi)] + u_1(\rho_2 + \frac{\rho_2}{c_2^2}\xi(\psi_\xi - \xi))\right)_{\sigma=0} = \rho_2 u_1\left(1 - \frac{V_1^2}{c_2^2}\right),$$

$$F_{p_2}|_{\sigma=0} = ([\rho(\psi_\eta - \eta)] + [\rho(\psi_\xi - \xi)]_{p_2}(u_1 - u_2 - \psi_\xi))_{\sigma=0} = \left(\rho_1 - \rho_2 - \frac{\rho_2 u_1 V_1}{c_2^2}\right)\eta,$$

$$F_w|_{\sigma=0} = \rho_w(\psi_\xi - \xi)(u_1 - u_2 - \psi_\xi) + \rho_w(\psi_\eta - \eta)(v_2 + \psi_\eta) = \frac{\rho_2 V_1 u_1}{c_2^2}.$$

于是激波上的边界条件可写成

$$\rho_2\left(1 - \frac{V_1^2}{c_2^2}\right)\psi_\xi + \left(\frac{\rho_1 - \rho_2}{u_1} - \frac{\rho_2 V_1}{c_2^2}\right)\eta\psi_\eta + \frac{\rho_2 V_1}{c_2^2}\psi + E_1(D\psi, \psi) \cdot D\psi + E_2(D\psi, \psi) \cdot \psi = 0, \tag{5.67}$$

其中 E_1, E_2 满足 $|E_i(p, z)| \leqslant C(|p| + |z| + \sigma)$.

注 5.2 我们注意到由于 $|V_1| < c_2$, 故 (5.67) 中 ψ_ξ 的系数大于零, 这表示线性化后的 (5.67) 是一个斜微商条件. 其斜导数指向区域 Ω 内部, 而由于 ψ 一次项的系数 $\frac{\rho_2 V_1}{c_2^2}$ 为负 ($V_1 < 0$), 故这个斜微商条件是"好"的, 它使得椭圆边值问题的极值原理可用. 更进一步, 当 σ 充分小时 (此时 $\psi, D\psi$ 也相应地小), 斜导数方向与切向的距离保持一致的非零距离, 同时 ψ 前的系数也一致地非负. 简言之, 斜微商条件是"一致好"的.

在变换到极坐标 (x, y) 后, 激波边界条件的形式为

$$a_1\psi_x + a_2\psi_y + a_3\psi + \tilde{E}_1 D\psi + \tilde{E}_2\psi = 0, \tag{5.68}$$

其中

$$a_1 = \rho_2\left(1 - \frac{V_1^2}{c_2^2}\right)\cos\left(y + \frac{\pi}{2} - \sigma\right) + \left(\frac{\rho_1 - \rho_2}{u_1} - \frac{\rho_2 V_1}{c_2^2}\right)(c_2 - x)\sin^2\left(y + \frac{\pi}{2} - \sigma\right),$$

$$a_2 = \rho_2\left(1 - \frac{V_1^2}{c_2^2}\right)\sin\left(y + \frac{\pi}{2} - \sigma\right)\frac{1}{c_2 - x}$$
$$- \left(\frac{\rho_1 - \rho_2}{u_1} - \frac{\rho_2 V_1}{c_2^2}\right)(c_2 - x)\sin\left(y + \frac{\pi}{2} - \sigma\right)\cos\left(y + \frac{\pi}{2} - \sigma\right),$$

$$a_3 = -\frac{\rho_2 V_1}{c_2^2}\psi, \quad |\tilde{E}_1(p,z),\ \tilde{E}_2(p,z)| \leqslant C(|p|+|z|+\sigma).$$

在 Ω'' 中仍用 (ξ,η) 坐标, 故方程的形式仍为 (5.55), 边界条件为

$$\psi_\xi - \psi_\eta \tan\sigma = 0, \qquad 在\ \Gamma_w\ 上, \tag{5.69}$$

$$\psi_\eta = -v_2, \qquad 在\ \Gamma_h\ 上, \tag{5.70}$$

以及在激波上的条件 (5.67).

5.2.4 椭圆截断

前已说过, 方程 (5.34) 是非线性方程, 它所属的类型与未知函数有关. 因此, 我们说它在区域 Ω 中是椭圆型只是一个预测, 为了保证能始终将它作为椭圆型方程处理, 我们对它的系数做 "椭圆截断".

先考察区域 Ω''. 在其中二阶方程 (5.55) 的判别式为 $\Delta = c^2(c^2 - (\psi_\xi - \xi)^2 - (\psi_\eta - \eta)^2)$. 由于 Ω'' 中 $\xi^2 + \eta^2 \leqslant (c_2-\epsilon)^2$, 故当 $|p| \triangleq |(\psi_\xi,\psi_\eta)| \leqslant \epsilon/10$ 时, $\Delta \geqslant c_2^3\epsilon$. 所以, 只要 $\|\psi\|_{C^1}$ 充分小, (5.55) 在 Ω'' 中总是椭圆型的.

在区域 Ω' 中情况就不那么简单. 采用方程 (5.55) 在 (x,y) 坐标中的形式 (5.60), ψ_{xx} 的系数是 $2x - (\gamma+1)\psi_x + O_1$, 如果只知道 $\|\psi\|_{C^1}$ 是小量, 但不知道在 $x \to 0$ 时它作为小量的阶, 则仍不知道 ψ_{xx} 的系数是否为正, 从而方程的椭圆性在迭代过程中无法保证. 因此需要引入一个 "椭圆截断" 的方法, 保证在迭代过程中方程始终是椭圆的.

令 $\zeta_1(s) \in C^\infty$ 是满足以下条件的函数

$$\zeta_1(s) = \begin{cases} s, & 若\ |s| < 4/(3(\gamma+1)), \\ 5\operatorname{sign}(s)/(3(\gamma+1)), & 若\ |s| > 2/(\gamma+1), \end{cases} \tag{5.71}$$

且对 $s \in \mathbb{R}^1$ 有 $\zeta_1(-s) = -\zeta(s), \zeta_1'(s) \geqslant 0$, 又在 $s \geqslant 0$ 时 $\zeta_1''(s) \leqslant 0$. 我们在 Ω' 中用

$$\left(2x - (\gamma+1)x\zeta_1\left(\frac{\psi_x}{x}\right) + O_1\right)\psi_{xx} + O_2\psi_{xy} + \left(\frac{1}{c^2} + O_3\right)\psi_{yy} - (1+O_4)\psi_x + O_5\psi_y = 0 \tag{5.72}$$

代替方程 (5.60). 因为在 Ω' 中 $x > 0$, 故由 ζ_1 的性质可知: 若 $\psi_x < 0$, 则 $2x - (\gamma+1)x\zeta_1\left(\frac{\psi_x}{x}\right) > 2x$; 若 $\psi_x > 0$, 则 $2x - (\gamma+1)x\zeta_1\left(\frac{\psi_x}{x}\right) > 2x - \frac{5}{3}x = \frac{x}{3}$. 所以, 只要 O_i $(i=1,\cdots,5)$ 充分小, 方程 (5.72) 就可以是椭圆型的. 而以后如果我们能证明所得到的 (5.72) 的解 ψ 满足条件 $|\psi_x| \leqslant \dfrac{4}{3(\gamma+1)}x$, 前面所做的截断实际上就不起作用, ψ 也就是 (5.60) 的解.

将方程 (5.55) 写成

$$A_{11}^1 \psi_{\xi\xi} + 2A_{12}^1 \psi_{\xi\eta} + A_{22}^1 \psi_{\eta\eta} = 0,$$

又将 Ω' 中的方程 (5.72) 由逆变换回到 (ξ,η) 平面中的形式记为

$$A_{11}^2 \psi_{\xi\xi} + 2A_{12}^2 \psi_{\xi\eta} + A_{22}^2 \psi_{\eta\eta} = 0.$$

则这两个方程分别在 Ω'', Ω' 中均为椭圆型的. 由于在 Ω' 中对方程做了椭圆截断, 故系数 A_{ij}^1 与 A_{ij}^2 在 $\Omega' \cap \Omega''$ 中有间断, 因此得再通过一个光滑过渡的办法将它们连接好. 引入函数 $\zeta_2(s) \in C^\infty(R)$ 满足

$$\zeta_2(s) = \begin{cases} 0, & s \leqslant \epsilon, \\ 1, & s \geqslant 2\epsilon. \end{cases} \tag{5.73}$$

令

$$A_{ij} = \zeta_2(c_2 - r) A_{ij}^1 + (1 - \zeta_2(c_2 - r)) A_{ij}^2, \tag{5.74}$$

并在 Ω 中统一地讨论方程

$$A_{11} \psi_{\xi\xi} + 2A_{12} \psi_{\xi\eta} + A_{ij} \psi_{\eta\eta} = 0. \tag{5.75}$$

这时, 方程 (5.75) 就是系数光滑且在整个区域 Ω 中为严格的椭圆型方程.

5.2.5 非线性迭代格式

现在对固定区域 Ω 中的方程 (5.75) 的边值问题设计一个非线性迭代过程来求解. 首先我们要确定在迭代过程中每个近似解所在的函数集合. 它是具备一定正则性的函数空间, 并将目标函数 (即所考察问题的解) 的部分性质体现在函数空间的性质中, 从而使我们容易在此集合中寻求所需的目标. 因为非线性方程 (5.75) 是椭圆的, 故我们将选取该函数集合为某个带权的 Hölder 空间. 而由于方程在 $x = 0$ 处退化, 故这个 Hölder 空间在 x 方向与 y 方向应该有不同的度量. 为此, 下面先引入能描述边界上退化性质的带权 Hölder 模.

在 Ω'' 中, 以 X, Y 记区域中的点, 若 $\Sigma \in \partial\Omega''$ 是 Ω'' 的边界, 令

$$\delta_X \triangleq \operatorname{dist}(X, \Sigma),\ \delta_{X,Y} \triangleq \min(\delta_X, \delta_Y),$$

则对 $k \in \mathbf{R}$, $\alpha \in (0,1)$, $m \in \mathbf{N}$, 定义

$$\|u\|_{(m,0,\Omega'')}^{(k,\Sigma)} = \sum_{0 \leqslant |\beta| \leqslant m} \sup_{X \in \Omega''} \left(\delta_X^{\max(|\beta|+k,0)} |D^\beta u(X)| \right),$$

$$[u]_{(m,\alpha,\Omega'')}^{(k,\Sigma)} = \sum_{|\beta|=m} \sup_{X,Y\in\Omega'', X\neq Y} \left(\delta_{X,Y}^{\max(m+\alpha+k,0)} \frac{|D^\beta u(X) - D^\beta u(Y)|}{|X-Y|^\alpha} \right),$$
$$\|u\|_{(m,\alpha,\Omega'')}^{(k,\Sigma)} = \|u\|_{(m,0,\Omega'')}^{(k,\Sigma)} + [u]_{(m,\alpha,\Omega'')}^{(k,\Sigma)}, \tag{5.76}$$

其中 $\beta = (\beta_1, \beta_2)$, $D^\beta = \partial_\xi^{\beta_1} \partial_\eta^{\beta_2}$, 以下我们并以 $C_{(m,\alpha,\Omega'')}^{(k,\Sigma)}$ 记以 $\|u\|_{(m,\alpha,\Omega'')}^{(k,\Sigma)}$ 为模的函数空间.

注 5.3 若 k 是一个负整数, $m \geqslant -k \geqslant 1$, 则 $u \in C_{(m,\alpha,\Omega'')}^{(k,\Sigma)}$ 表示 u 直至边界 Σ 是 $C^{|k|-1,1}$ 函数, 但不是 $C^{|k|}$ 的.

在 Ω' 中, 由于方程是退化椭圆, 故引入含抛物伸缩意义的 Hölder 模. 先引入 Ω' 中 $z = (x,y)$, $z' = (x',y')$ 之间的抛物距离为

$$\delta_\alpha^{(\text{par})}(z,z') \triangleq (|x-x'|^2 + \min(x,x')|y-y'|^2)^{\frac{\alpha}{2}}. \tag{5.77}$$

定义

$$\|u\|_{(2,0,\Omega')}^{(\text{par})} = \sum_{0\leqslant k+\ell \leqslant 2} \sup_{z\in\Omega'} \left(x^{k+\frac{\ell}{2}-2} |\partial_x^k \partial_y^\ell u(z)| \right),$$
$$[u]_{(2,\alpha,\Omega')}^{(\text{par})} = \sum_{k+\ell=2} \sup_{z,z'\in\Omega', z\neq z'} \left(\min(x,x')^{\alpha-\frac{\ell}{2}} \frac{|\partial_x^k \partial_y^\ell u(z) - \partial_x^k \partial_y^\ell u(z')|}{\delta_\alpha^{(\text{par})}(z,z')} \right),$$
$$\|u\|_{(2,\alpha,\Omega')}^{(\text{par})} = \|u\|_{(2,0,\Omega')}^{(\text{par})} + [u]_{(2,\alpha,\Omega')}^{(\text{par})}. \tag{5.78}$$

注 5.4 抛物距离就是为描述解在退化边界的性质而引入的. 在 Ω' 中, 对于以 (x,y) 坐标表示的 "抛物矩形"

$$R_z = R_{(x,y)} = \left\{ (s,t) : |s-x| < \frac{x}{4},\ |t-y| < \frac{\sqrt{x}}{4} \right\} \cap \Omega,$$

也可以表示为

$$Q_1^{(z)} = \left\{ (S,T) \in Q_1 : \left(x + \frac{x}{4}S, y + \frac{\sqrt{x}}{4}T \right) \in \Omega \right\},$$

其中 $Q_1 = (-1,1)^2$. 于是由 u 导出的定义在 $Q_1^{(z)}$ 中的函数 $u^{(z)}(S,T)$ 成立

$$C^{-1} \sup_{z\in\Omega'\cap\{x<3\epsilon/2\}} \|u^{(z)}\|_{C^{2,\alpha}(\overline{Q_1^{(z)}})} \leqslant \|u\|_{2,\alpha,\Omega'}^{(\text{par})} \leqslant C \sup_{z\in\Omega'} \|u^{(z)}\|_{C^{2,\alpha}(\overline{Q_1^{(z)}})}, \tag{5.79}$$

这样就将按抛物距离定义的模与通常的 Hölder 模对应起来, 从而可以将常规的对椭圆型方程的 Hölder 估计方法用于退化椭圆型方程解的估计.

取 $\Sigma_0 = \{\eta = -v_2\}$, 对于 $\sigma, \epsilon > 0$, $M_1, M_2 > 1$, $\alpha \in (0, 1/2)$, 可以定义集合 $\mathsf{K} = \mathsf{K}(\sigma, \epsilon, M_1, M_2)$ 如下:

$$\mathsf{K} \triangleq \{\phi \in C^{1,\alpha}(\bar{\mathsf{D}}) \cap C^2(\mathsf{D}) : \phi \geqslant 0, \|\phi\|_{2,\alpha,\mathsf{D}'}^{(\text{par})} \leqslant M_1, \|\phi\|_{2,\alpha,\mathsf{D}''}^{(-1-\alpha,\Sigma_0)} \leqslant M_2\sigma\}, \tag{5.80}$$

则 K 是凸集，由 $\phi \in \mathsf{K}$ 可推知
$$\|\phi\|_{C^{1,1}(\bar{D}')} \leqslant M_1, \ \|\phi\|_{C^{1,\alpha}(\bar{D}'')} \leqslant M_2\sigma,$$
所以，K 是 $C^{1,\alpha}(\bar{\mathsf{D}})$ 中的有界集，从而又可知它是 $C^{1,\alpha/2}(\bar{\mathsf{D}})$ 中的凸紧集.

在选取集合 K 中常数时，将使得以下的不等式成立.
$$\sigma \max(M_1, M_2) + \epsilon^{1/4} M_1 + \sigma M_2 \epsilon^{-2} \leqslant \hat{C}^{-1}, \tag{5.81}$$
其中 $\hat{C}$ 是充分大的自然常数.

现在来构造迭代过程. 与通常求非线性问题的解相仿，给定元素 $\phi \in \mathsf{K}$，利用 ϕ 构造与 (5.75) 相近似的方程 (如线性化方程) 的边值问题得到解 $\psi \in \mathsf{K}$. 由此建立一个 $\mathsf{K} \mapsto \mathsf{K}$ 的映射 J，进而寻求此映射的不动点. 常规的迭代法是将方程系数 A_{ij} 中的未知函数换成已知的 ϕ，从而得到一个线性边值问题. 然而在现在的情形，由于方程的椭圆性在边界 $x = 0$ 处退化，线性化方程边值问题的解在退化边界附近的正则性较差，而非线性方程有可能给出正则性更好的解 (见注 5.1)，所以暂不将 A_{ij} 中的未知函数全部用 ϕ 替代，而仍保留其主要的非线性特性.

具体做法为，在区域 Ω' 中先用 (x, y) 坐标写出方程 (5.72)，将 $O_i(D\psi, \psi, x)$ 中的 ψ 用 ϕ 替换，而保留 $x\zeta_1\left(\dfrac{\psi_x}{x}\right)$ 中的 ψ_x. 然后回到 (ξ, η) 坐标系中. 将这样所得的系数 A_{ij}^2 记为 $(A_{ij}^2)^{(\phi,\psi)}$. 在 Ω'' 中，将 A_{ij}^1 系数中的未知函数都用 ϕ 代入，记为 $(A_{ij}^1)^{(\phi)}$. 再令
$$A_{ij}^{(\phi,\psi)} = \zeta_2(c_2 - r)(A_{ij}^1)^{(\phi)} + (1 - \zeta_2(c_2 - r))(A_{ij}^2)^{(\phi,\psi)},$$
得到方程
$$N^{(\phi,\psi)}[\psi] \triangleq A_{11}^{(\phi,\psi)} \psi_{\xi\xi} + 2A_{12}^{(\phi,\psi)} \psi_{\xi\eta} + A_{ij}^{(\phi,\psi)} \psi_{\eta\eta} = 0. \tag{5.82}$$

边界条件的线性化比较简单. 在 $\Gamma_{\text{sonic}}, \Gamma_w, \Gamma_h$ 上的条件本身就是线性的，故可保持不变.

$$\psi = 0, \qquad\qquad 在 \ \Gamma_{\text{sonic}} \ 上, \tag{5.83}$$
$$\psi_\xi - \psi_\eta \tan \sigma = 0, \qquad 在 \ \Gamma_w \ 上, \tag{5.84}$$
$$\psi_\eta = -v_2, \qquad\qquad 在 \ \Gamma_h \ 上. \tag{5.85}$$

在 Γ_{shock} 上，将条件 (5.67) 中的 $E_i(D\psi, \psi)$ 用 $E_i(D\phi, \phi)$ 替代，即有
$$M^{(\phi,\psi)}[\psi] \triangleq \rho_2\left(1 - \frac{V_1^2}{c_2^2}\right)\psi_\xi + \left(\frac{\rho_1 - \rho_2}{u_1} - \frac{\rho_2 V_1}{c_2^2}\right)\eta\psi_\eta + \frac{\rho_2 V_1}{c_2^2}\psi$$
$$+ E_1(D\phi, \phi) \cdot D\psi + E_2(D\phi, \phi) \cdot \psi = 0, \quad 在 \ \Gamma_{\text{shock}} \ 上. \tag{5.86}$$

下一步就是先解非线性边值问题 (5.82)—(5.86)，它是保留了原始非线性问题的退化特征的非线性近似.

5.2.6 椭圆正则化

在问题 (5.82)—(5.86) 中求解区域是被暂时固定的，它位于边界 $\xi = g(\eta)$ 的右边，用 $\Omega^+(\phi)$ 记之. 曲边四边形区域的边界仍用 $P_2O, OP_3, P_3P_1, P_1P_2$ 记，其中 P_1P_2 是变动的. 该区域的顶点集为 $\mathrm{P} = \{P_1, P_2, P_3, O\}$. 为求解问题 (5.82)—(5.86)，取 $\delta > 0$ 将方程 (5.82) 正则化为

$$N^{(\phi,\psi)}[\psi] + \delta\Delta\psi = 0, \tag{5.87}$$

边界条件保持不变.

命题 5.1 存在大常数 $\hat{C}, C > 0$，小常数 $\delta_0 > 0$ 使得若常数 $\sigma, \epsilon, M_1, M_2$ 满足 (5.81)，$\phi \in K$，则对每个 $\delta \in (0, \delta_0)$，存在方程 (5.87) 满足边界条件 (5.83)—(5.86) 的解 $\psi \in C_{2,\alpha,\Omega^+(\phi)}^{(-1-\alpha,\mathrm{P})}$，它满足

$$0 \leqslant \psi(\xi,\eta) \leqslant C\sigma, \qquad (\xi,\eta) \in \Omega^+(\phi), \tag{5.88}$$

$$|\psi| \leqslant C\frac{\sigma}{\epsilon}x, \qquad (x,y) \in \Omega', \tag{5.89}$$

$$\|\psi\|_{C_{2,\alpha,\Omega_s^+(\phi)}^{(-1-\alpha,\mathrm{P})}} \leqslant C(s)\sigma, \tag{5.90}$$

其中 $\Omega_s^+ \triangleq \Omega^+(\phi) \cap \{c_2 - r > s\}$.

对于固定的 $\delta > 0$ 方程 (5.87) 在 $\Omega^+(\phi)$ 中为一致椭圆的非线性方程，边界条件 (5.83)—(5.86) 分别为典型的第一、第二与第三类边界条件，所以方程 (5.87) 满足边界条件 (5.83)—(5.86) 的解可以由常规的椭圆边值问题理论得到. 具体来说，对 $\chi \in C^{1,\alpha/2}(\Omega^+(\phi))$，将 χ 代替方程 (5.87) 系数中的 ψ，得到线性椭圆型方程

$$N^{(\phi,\chi)}[\psi] + \delta\Delta\psi = 0, \tag{5.91}$$

以下将先讨论方程 (5.91) 的解 ψ. 当 $\psi = \chi$ 时，它就是 (5.87) 的解.

引理 5.2 若 $\chi \in C^{1,\alpha/2}(\Omega^+(\phi))$，条件 (5.81) 成立，则对 $\delta \leqslant \delta_0$，方程 (5.91) 满足边界条件 (5.83)—(5.86) 的问题存在唯一的解 $\psi \in C_{2,\alpha/2,\Omega^+(\phi)}^{(-1-\alpha,\mathrm{P})}$，且 ψ 满足估计 (5.88)、(5.89).

证明 对固定的 $\delta > 0$，方程 (5.91) 为一致椭圆的线性方程. 由于其系数至少是 C^1 光滑的，故利用椭圆型方程的 Schauder 理论，可得知其存在唯一的 $\overline{C(\Omega^+(\phi))} \cap C^{2,\alpha}(\Omega^+(\phi))$ 解. 仔细分析 ψ 在区域 $\Omega^+(\phi)$ 各个角点附近的性质，可得 $\psi \in C_{2,\alpha/2,\Omega^+(\phi)}^{-1-\alpha}$. 详细证明可参见 [10] (引理 6.8)，这里从略.

以下利用椭圆型方程的极值原理 (或比较原理) 证明 ψ 满足 (5.88)、(5.89). 令 $w(\xi,\eta) = v_2(c_2 - \eta)$, 则它是问题 (5.91)、(5.83)—(5.86) 的上解. 事实上, 容易验证 w 满足方程 (5.91) 与条件 (5.85). 而且

在 Γ_{sonic} 上 $w \geqslant 0$,

在 Γ_w 上, 内法向导数 $\dfrac{\partial w}{\partial \nu} = -v_2 \cos\theta < 0$,

在 Γ_{shock} 上, 将 w 代入 (5.67), 利用 σ 充分小的假定并注意到注 5.2 中指出的事实可得 $Mw < 0$.

所以由极值原理知 $\psi(\xi,\eta) \leqslant w(\xi,\eta)$ 在 $\Omega^+(\phi)$ 中成立.

同样可证 $w \equiv 0$ 是方程 (5.91)、(5.83)—(5.86) 的下解. 故在 $\Omega^+(\phi)$ 上 $\psi \geqslant 0$. 由于 $|v_2| \leqslant C\sigma$, 故有 (5.88) 成立.

为证 (5.89), 在用 (x,y) 坐标表示的区域 $\Omega' = \Omega^+(\phi) \cap \{x < 2\epsilon\}$ 中考察函数 $v = L\sigma x$, 其中 L 是待定的常数, 则可证明 v 是方程 (5.91) 在该区域中的上解. 事实上:

v 在 $x = 0$ 上满足 $v = 0$,

在 $y = 0$ 上满足 $\dfrac{\partial v}{\partial y} = 0$,

在 Γ_{shock} 上将 v 代入 (5.67) 并利用注 5.2 以及 σ 为充分小的假定可得 $Mv < 0$. 于是对 (5.88) 中的常数 C, 取 $L = \dfrac{C}{2\epsilon}$, 则在 $x = 2\epsilon$ 上 $\psi \leqslant v$. 进而由比较原理知 $\psi \leqslant v$ 在 Ω' 中成立. 同理可证 $\psi \geqslant -v$. 故得 (5.89).

(5.90) 的导出参见 [10] (引理 6.9).

记问题 (5.91), (5.83)—(5.86) 的解算子为 $\hat{J}$, 则该线性边值问题解的存在唯一性表明

$$\hat{J}: C^{1,\alpha/2}(\overline{\Omega^+(\phi)}) \mapsto C^{1,\alpha/2}(\overline{\Omega^+(\phi)}) \tag{5.92}$$

能合适地定义: $\hat{J}(\chi) = \psi$. 且由 $C^{(-1-\alpha,\mathbf{P})}_{2,\alpha/2,\Omega^+(\phi)}$ 的性质知 $\hat{J}$ 是一个紧映射.

对任意的 $0 \leqslant \mu \leqslant 1$, 构造边值问题

$$\begin{cases} N^{(\phi,\chi)}[\psi] + \delta\Delta\psi = 0, & \text{在 } \Omega^+(\phi) \text{ 中}, \\ \psi = 0, & \text{在 } \Gamma_{\text{sonic}} \text{ 上}, \\ \psi_\xi - \psi_\eta \tan\sigma = 0, & \text{在 } \Gamma_w \text{ 上}, \\ \psi_\eta = -\mu v_2, & \text{在 } \Gamma_h \text{ 上}, \\ M^{(\phi,\psi)}[\psi] = 0, & \text{在 } \Gamma_{\text{shock}} \text{ 上}. \end{cases} \tag{5.93}$$

将此问题的解记为 $\hat{J}_\mu(\hat{\phi})$, 则 $\hat{J}_\mu$ 是 $C^{1,\alpha/2}(\overline{\Omega^+(\phi)}) \times [0,1]$ 到 $C^{1,\alpha/2}(\overline{\Omega^+(\phi)})$ 的紧映射. $\hat{J}_\mu$ 的不动点就是将 (5.93) 第一式中的 χ 换成 ψ 后的解.

引理 5.3 若 $\chi \in C^{1,\alpha/2}(\overline{\Omega^+(\phi)})$, 条件 (5.81) 成立, 则对 $\delta \leqslant \delta_0$, 映射 $\hat{J}_\mu$ 至多有一个不动点 ψ, 且对这个可能的不动点成立

(1) $\|\psi\|_{C^{1,\alpha}(\overline{\Omega^+(\phi)})} \leqslant C(\delta)$,
(2) ψ 满足 (5.88), (5.89).
(3) $\psi \in C_{2,\alpha,\Omega^+(\phi)}^{(-1-\alpha,\mathbf{P})}$, 又对每个 $s \in \left(0, \dfrac{c_2}{2}\right)$ 成立

$$\|\psi\|_{C_{2,\alpha,\Omega_s^+(\phi)}^{(-1-\alpha,\mathbf{P})}} \leqslant C(s)\sigma, \tag{5.94}$$

其中常数与 μ 无关.

引理的证明可参见 [10].

命题 5.1 的证明 前已说明，$\hat{J}_\mu$ 是 $C^{1,\alpha/2}(\overline{\Omega^+(\phi)}) \times [0,1]$ 到 $C^{1,\alpha/2}(\overline{\Omega^+(\phi)})$ 的紧映射，$\hat{J}_\mu$ 一切可能的不动点在 $C^{1,\alpha/2}(\overline{\Omega^+(\phi)})$ 中的模关于 μ 一致有界. 易见，$\hat{J}_0$ 为零算子，0 是其不动点，又 $\hat{J}_1 = \hat{J}$, 故应用 Leray-Schauder 不动点定理可知 $\hat{J}$ 在 $C^{1,\alpha/2}(\overline{\Omega^+(\phi)})$ 中有不动点. 由此即得命题 5.1.

5.2.7 非线性退化椭圆边值问题解的存在性

在命题 5.1 的基础上，令 $\delta \to 0$, 可以得到如下的结论.

命题 5.2 设常数 $\sigma, \epsilon, M_1, M_2$ 满足 (5.81), 则问题 (5.82)—(5.86) 存在解 $\psi \in C(\overline{\Omega^+(\phi)}) \cap C^1(\overline{\Omega^+(\phi)} \setminus \overline{\Gamma_{\text{sonic}}}) \cap C^2(\Omega^+(\phi))$, 它满足 (5.88)—(5.90).

证明 将命题 5.1 中得到的解记为 ψ_δ, 今考察 $\delta \to 0$ 时 ψ_δ 是否趋于问题 (5.82)—(5.86) 的解. 事实上，由 (5.94) 知，可以选取一个趋于零的序列 $\{\delta_j\}$, 使得在 $\delta_j \to 0$ 时,

(1) 对任意的 $s \in \left(0, \dfrac{c_2}{2}\right)$, 序列 ψ_{δ_j} 中可以选取子序列 (仍记为 $\{\psi_{\delta_j}\}$) 使得在 $\Omega_s^+(\phi) = \Omega^+ \cap \{c_2 - r > s\}$ 中 $\psi_{\delta_j} \to \psi$.

(2) 对任意的紧集 $K \Subset \Omega^+(\phi)$, 序列 ψ_{δ_j} 中可以选取子序列 (仍记为 $\{\psi_{\delta_j}\}$), 使其在 $C^2(K)$ 中收敛, 从而得 $\psi \in C^2(\Omega^+(\phi))$.

又注意到 (5.88)、(5.89) 中的常数仅依赖于原始资料, 故知 ψ_{δ_j} 的极限 $\psi \in C(\overline{\Omega^+(\phi)})$.

在 (5.89)、(5.83)—(5.87) 中取极限, 即得命题 5.2 之结论.

现在我们回到 5.2.4 节中做椭圆截断后所导出的非线性边值问题的求解. 该问题可用前面引入的记号写成

$$\begin{cases} N^{(\psi,\psi)}[\psi] = 0, & \text{在 } \Omega^+(\psi) \text{ 中}, \\ \psi = 0, & \text{在 } \Gamma_{\text{sonic}} \text{ 上}, \\ \psi_\xi - \psi_\eta \tan\sigma = 0, & \text{在 } \Gamma_w \text{ 上}, \\ \psi_\eta = -v_2, & \text{在 } \Gamma_h \text{ 上}, \\ M^{(\psi,\psi)}[\psi] = 0, & \text{在 } \Gamma_{\text{shock}} \text{ 上}, \end{cases} \tag{5.95}$$

问题 (5.95) 的解也可看成问题 (5.82)—(5.86) 的解，其中 $\phi = \psi$. 下面我们将用 Schauder 不动点定理证明该问题解的存在性.

命题 5.3 存在只依赖于原始资料的自然常数 $\hat{C}_0 > 1$，使得对任意的 $\hat{C} \geqslant \hat{C}_0$，存在满足 (5.79) 的 $\sigma_0, \epsilon, M_1, M_2$，使得对 $\sigma < \sigma_0$，就存在问题 (5.82)—(5.86) 的一个解 $\psi \in K(\sigma, \epsilon, M_1, M_2)$，且 $\psi = \phi$. 此外，对任意 $s \in (0, c_2/2)$，解 ψ 还满足 (5.90).

为证明此命题，我们需要以下几个引理.

引理 5.4 (5.82)—(5.86) 的解在 Ω' 中满足

$$0 \leqslant \psi(x, y) \leqslant \frac{3}{5(\gamma+1)} x^2. \tag{5.96}$$

证明 由命题 5.2 知，在 $\Omega^+(\phi)$ 上作为非负函数序列的极限，它也必为非负的. 又作 $w(x,y) = \dfrac{3}{5(\gamma+1)} x^2$，并将 $N^{(\phi,\psi)}[\psi]$ 记为 $N_1[\psi] + N_2[\psi]$，其中

$$N_1[\psi] = \left(2x - (\gamma+1)x\zeta_1\left(\frac{\psi_x}{x}\right)\right)\psi_{xx} + \frac{1}{c_2}\psi_{yy} - \psi_x,$$
$$N_2[\psi] = O_1^\phi \psi_{xx} + O_2^\phi \psi_{xy} + O_3^\phi \psi_{yy} - O_4^\phi \psi_x + O_5^\phi \psi_y.$$

由 $\zeta_1(s)$ 的定义知，$\zeta_1\left(\dfrac{w_x}{x}\right) = \zeta_1\left(\dfrac{6}{5(\gamma+1)}\right) = \dfrac{6}{5(\gamma+1)}$，故

$$N_1[w] = -\frac{6}{25(\gamma+1)} x.$$

由 5.2.3 中关于 O_i 的估计知

$$|N_2[w]| \leqslant C x^{3/2} \leqslant C \epsilon^{1/2} x.$$

因此，当 ϵ 充分小时 $N_1[w] + N_2[w] \leqslant 0$.

考虑边界条件，易见在边界 Γ_w 上法向 ν 平行于 y 轴，故 $w_\nu = w_y = 0 = \psi_\nu$，在边界 Γ_{sonic} 上 $w = 0 = \psi$，在边界 Γ_{shock} 上 $M[w] < 0$. 又 (5.88) 指出 $|\psi| \leqslant C\sigma$，故只要 $C\sigma \leqslant \epsilon^2$ 在 Ω' 的边界 $x = 2\epsilon$ 上就有 $\psi \leqslant w$. 所以当 (5.81) 中的常数 $\hat{C}$ 充分大时，可得到 $C\sigma \leqslant \epsilon^2$，从而知 w 是一个上解. 所以 $\psi \leqslant w$，并由此得 (5.96).

引理 5.5 (5.82)—(5.86) 的解在 Ω' 中满足

$$\|\psi\|_{2,\alpha,\Omega'(\phi)}^{(\text{par})} \leqslant C. \tag{5.97}$$

证明要点 (5.97) 是对于解 ψ 的"抛物模"的估计，抛物模按 (5.78) 定义，它能表达 ψ 在退化线附近解的性质. 在对椭圆型方程的解进行先验估计时，通常在每点取一个小邻域 (例如以该点为中心边长很小的方体)，在其中作出局部估计，再

设法组合从而得到整个区域上的估计. 现在由于 $x=0$ 为退化边界, 故对于靠近边界的点 (x,y), 所取的小邻域应当在 x,y 两个方向有不同的尺度. 它可以取成在 x 方向宽度为 ρx, 在 y 方向宽度为 $\rho\sqrt{x}$ 的矩形. 将这样的矩形放大为常规的方形, 且同时将原退化椭圆型方程转换到该方形上, 就可消除退化, 从而可以应用熟知的椭圆型方程的 Schauder 估计. 这个估计式在原来 (x,y) 坐标系中就对应于抛物模 $\|\psi\|^{(\text{par})}$ 的估计. 详细的运算可参见 [10].

引理 5.6 对每个 $\phi \in \mathsf{K}$, 可以构造延拓算子

$$\mathsf{E}_\phi: C^{1,\alpha}(\overline{\Omega^+(\phi)}) \cap C^{2,\alpha}(\overline{\Omega^+(\phi)} \setminus \overline{\Gamma_{\text{sonic}} \cup \Gamma_h}) \to C^{1,\alpha}(\overline{\mathsf{D}}) \cap C^{2,\alpha}(\mathsf{D}).$$

若 $\psi \in C^{1,\alpha}(\overline{\Omega^+(\phi)}) \cap C^{2,\alpha}(\overline{\Omega^+(\phi)} \setminus \overline{\Gamma_{\text{sonic}} \cup \Gamma_h})$ 是问题 (5.82)—(5.86) 的解, 则 $\mathsf{E}_\phi \psi \geqslant 0$, 且满足

$$\|\mathsf{E}_\phi \psi\|_{2,\alpha,\mathsf{D}'}^{(\text{par})} \leqslant C_1, \tag{5.98}$$

$$\|\mathsf{E}_\phi \psi\|_{2,\alpha,\mathsf{D}''}^{-1-\alpha,\Gamma_h} \leqslant C_2(\epsilon)\sigma. \tag{5.99}$$

证明 如所知, 对于定义在半直线 $s \geqslant 0$ 上的 $C^{2,\alpha}$ 函数 $f(s)$, 可以选取 a_i, 使得

$$\mathsf{E}f(s) = \sum_{i=1}^{3} a_i f\left(-\frac{s}{i}\right), \qquad (s < 0)$$

能将 $f(s)$ 延拓为全直线上的 $C^{2,\alpha}$ 函数, 且成立估计式

$$\|\mathsf{E}f\|_{C^{2,\alpha}} \leqslant 10 \|f\|_{C^{2,\alpha}}. \tag{5.100}$$

事实上, 只要使 a_i 满足

$$\sum_{i=1}^{3} a_i = 1, \sum_{i=1}^{3} i^{-1} a_i = -1, \sum_{i=1}^{3} i^{-2} a_i = 1$$

(于是 $a_1 = 6$, $a_2 = -32$, $a_3 = 27$), 就能达到上述要求. 对于仅在正半轴的原点邻域 $[0,\delta]$ 中有定义的函数, 在将 $f(s)$ 延拓到 $[-\delta,\delta]$ 后, 再乘以一个支集在 $s < -\dfrac{2\delta}{3}$ 时等于零, 在 $s > -\dfrac{\delta}{3}$ 时等于 1 的 C^∞ 函数, 也能将 $f(s)$ 保持正则性延拓到 $(-\infty, 0)$ 中.

对于 $\phi \in \mathsf{K}$, 在 Γ_{shock} 上每一点的局部邻域中将边界展平. 设此时的局部坐标为 (t,s), 其中 t 代表切向坐标, s 代表法向坐标, 以 $\tilde{\psi}(t,s)$ 记 $\psi(\xi,\eta)$ 在此坐标变换下的像, 则可令

$$\mathsf{E}\tilde{\psi}(t,s) = \sum_{i=1}^{3} a_i \tilde{\psi}\left(t, -\frac{s}{i}\right),$$

然后利用上述坐标变换的逆变换就将 ψ 局部地延拓到激波边界的另一侧. 再应用单位分解的技巧, 可以将局部延拓组合, 得到 ψ 在 D 上的延拓 $\mathsf{E}_\phi \psi$.

由于 ψ 是问题 (5.82)—(5.86) 的解, 故满足估计式 (5.88)、(5.97). 利用延拓算子的表示不难导出估计式 (5.98)、(5.99). 详见 [10] (引理 7.5).

命题 5.3 的证明

取 $\hat{C} > 1$ 充分大, 使之满足命题 5.2 和引理 5.6 的要求. 取 $M_1 = 2C_1$, $\epsilon = \dfrac{1}{10(\hat{C}M_1)^4}$, $M_2 = \max(M_1, C_2(\epsilon))$ 以及 $\sigma_0 = \dfrac{\epsilon^2}{10 M_2 \hat{C}}$, 则当 $\sigma \in (0, \sigma_0)$ 时, 常数 $\sigma, \epsilon, M_1, M_2$ 满足 (5.81). 于是可定义 $\mathsf{K} \to \mathsf{K}$ 的映射 J:

$$\phi \mapsto J(\phi) = \mathsf{E}_\phi \psi.$$

仍记 $\mathsf{E}_\phi \psi$ 为 ψ, 由前面常数的选择以及诸引理的结论可知 $\psi \in \mathsf{K}$. 因为 K 是 $C^{1,\alpha/2}(\overline{\mathsf{D}})$ 中的凸紧集, J 是 $C^{1,\alpha/2}(\overline{\mathsf{D}})$ 中的连续映射, 故由 Schauder 不动点定理知 J 在 $C^{1,\alpha/2}(\overline{\mathsf{D}})$ 中有不动点, 而这个不动点就是问题 (5.95) 的解.

注意到 (5.95) 中的方程与 (5.55) 只差一个椭圆截断. 以下需做的工作就是去掉这个截断.

设 ψ 为问题 (5.95) 的解, 将 $\Omega^+(\phi)$ 简记为 Ω^+, 记 $\Omega_s^+ = \Omega^+ \cap \{x \leqslant s\}$, 我们来证明 $\Omega' = \Omega_{2\epsilon}$ 中 $|\psi_x| \leqslant \dfrac{4}{3(\gamma+1)} x$. 注意到 $\psi \in \mathsf{K}$ 满足 (5.95) 时, 方程的系数为 $C^{1,\alpha}(\Omega^+)$, 由椭圆型方程的内正则性定理可知 $\psi \in C^{3,\alpha}(\Omega^+)$, 从而以下可以用极值原理来估计 ψ_x.

引理 5.7 若 (5.81) 中的常数 $\hat{C}$ 充分大, 则问题 (5.95) 的解在 Ω' 中满足估计

$$\psi_x \leqslant \frac{4}{3(\gamma+1)} x. \tag{5.101}$$

证明 记 $A = \dfrac{4}{3(\gamma+1)}$, 令 $v(x,y) = Ax - \psi_x$, 则

$$v \in C^{0,1}(\overline{\Omega'}) \cap C^1(\overline{\Omega'} \setminus \{x=0\}) \cap C^2(\Omega').$$

由于 $\psi \in \mathsf{K}$, 故在 Ω' 中 $|\psi_x| \leqslant M_1 x$, 从而

$$v = 0, \qquad 在\ \partial \Omega' \cap \{x = 0\}\ 上. \tag{5.102}$$

在 Γ_{shock} 上, 由 $\psi \in \mathsf{K}$ 可知 $|\psi| \leqslant M_1 x^2$, $|\psi_y| \leqslant M_1 x^{3/2}$. 于是从条件 $M^{(\psi,\psi)}[\psi] = 0$ 知

$$|\psi_x| \leqslant C(|\psi_y| + |\psi|) \leqslant 2CM_1 x^{3/2},$$

从而在 $\Gamma_{\text{shock}} \cap \{0 < x < 2\epsilon\}$ 上 $|\psi_x| \leqslant Ax$. 于是

$$v \geqslant 0, \qquad 在 \ \Gamma_{\text{shock}} \cap \{0 < x < 2\epsilon\} \ 上. \tag{5.103}$$

在 Γ_w 上有 $\psi_y = 0$, 由此可得 $\psi_{xy} = 0$ 以及

$$v_y = 0, \qquad 在 \ \Gamma_w \cap \{0 < x < 2\epsilon\} \ 上. \tag{5.104}$$

又当 $x = 2\epsilon$ 时, 可由 $|\psi_x| \leqslant M_2\sigma < A\epsilon$ 推得

$$v \geqslant 0, \qquad 在 \ \{x = 2\epsilon\} \ 上. \tag{5.105}$$

由于 $\psi \in C^3(\Omega)$, 故可以对方程 $N^{(\psi,\psi)}[\psi] = 0$ 求导, 得到 v 在 Ω' 中满足方程

$$N^{(\psi,\psi)}[v] + b_1 v_x B_2 v = -A((\gamma+1)A - 1) + E(x,y),$$

其中

$$E(x,y) = \psi_{xx}\partial_x \hat{O}_1 + \psi_{xy}\partial_x \hat{O}_2 + \psi_{yy}\partial_x \hat{O}_3 - \psi_{xx}\hat{O}_4 - \psi_x \partial_x \hat{O}_4 + \psi_{xy}\hat{O}_5 + \psi_y \partial_x \hat{O}_5,$$

而 $\hat{O}_i(x,y) = O_i(D\psi(x,y), x, y)$, 它即 (5.60) 中给出的扰动项. 利用对 $O_k(D\psi(x,y), x, y)$ 的估计可知

$$|E(x,y)| \leqslant CM_1^2 x(1 + M_1 x) \leqslant \frac{C_1}{\hat{C}},$$

故在 $\hat{C}$ 充分大的情况下有

$$N^{(\psi,\psi)}[v] + b_1 v_x B_2 v = -A((\gamma+1)A - 1) + E(x,y), \tag{5.106}$$

此不等式左边仍为一椭圆算子作用于 v. 于是在 Ω 内部及其边界上应用极值原理可得知 $v \geqslant 0$ 在 Ω' 中成立, 此即 (5.101).

引理 5.8 若 (5.81) 中的常数 $\hat{C}$ 充分大, 则问题 (5.95) 的解在 Ω' 中满足估计

$$\psi_x \geqslant -\frac{4}{3(\gamma+1)}x. \tag{5.107}$$

证明 我们先证明在 Ω^+ 上成立 $\psi_\eta \leqslant 0$. 记 $w = \psi_\eta$, 则由 $\psi \in K$ 以及椭圆型方程的内正则性定理知

$$w \in C^{0,\alpha}(\overline{\Omega'}) \cap C^1(\overline{\Omega^+} \setminus \overline{\Gamma_{\text{sonic}} \cup \Gamma_h}) \cap C^2(\Omega^+).$$

将方程 $N^{(\psi,\psi)}[\psi] = 0$ 关于 η 求导, 并利用 ψ 所满足的偏微分方程将 $\psi_{\xi\xi}$ 用 $-\frac{1}{A_{11}}(2A_{12}\psi_{\xi\eta} + A_{22}\psi_{\eta\eta})$ 代替, 可得到

$$N^{(\psi,\psi)}[w] + d_1 w_\xi + d_2 w_\eta + d_0 w = 0. \tag{5.108}$$

它仍然是 w 所满足的椭圆型方程, 故对它可应用极值原理.

考察在 Ω 诸边界上 w 应满足的边界条件.

在 $\eta = -v_2$ 上,
$$w = -v_2 < 0. \tag{5.109}$$

在 Γ_{sonic} 上,
$$w = 0. \tag{5.110}$$

在 Γ_w 上有 $-\cos\sigma\psi_\xi + \sin\sigma\psi_\eta = 0$, 对它沿边界切向求导, 其切向为 $(\sin\sigma, \cos\sigma)$, 即有

$$-\sin\sigma\cos\sigma\psi_{\xi\xi} + (\sin^2\sigma - \cos^2\sigma)\psi_{\xi\eta} + \cos\sigma\sin\sigma\psi_{\eta\eta} = 0,$$

再从 ψ 所满足的方程 $A_{11}\psi_{\xi\xi} + 2A_{12}\psi_{\xi\eta} + A_{22}\psi_{\eta\eta} = 0$ 解出 $\psi_{\xi\xi}$, 得到

$$\sin\sigma\cos\sigma\left(\frac{2A_{12}\psi_{\xi\eta} + A_{22}\psi_{\eta\eta}}{A_{11}}\right) + (\sin^2\sigma - \cos^2\sigma)\psi_{\xi\eta} + \cos\sigma\sin\sigma\psi_{\eta\eta} = 0,$$

从而在 Γ_w 上成立

$$\left(-\cos 2\sigma + \frac{A_{12}}{A_{11}}\sin 2\sigma\right)w_\xi + \frac{\sin 2\sigma}{2}\left(1 + \frac{A_{22}}{A_{11}}\right)w_\eta = 0, \tag{5.111}$$

当 σ 充分小时, 等式右边是关于 w 的非切向导数.

最后, 在 Γ_{shock} 上, 将 $M^{(\psi,\psi)}[\psi] = 0$ 沿激波切向求导, 仍利用方程将 $\psi_{\xi\xi}$ 用 $-\frac{1}{A_{11}}(2A_{12}\psi_{\xi\eta} + A_{22}\psi_{\eta\eta})$ 代替, 可得

$$e_1 w_\xi + e_2 w_\eta = 0, \tag{5.112}$$

其中 e_1, e_2 的具体表达式从略. 我们注意到, 由于 $M^{(\psi,\psi)}[\psi] = 0$ 中对 ψ 的求导方向为非切向的, 而激波切向近似于 $(0,1)$, 由此容易得到在 (5.112) 中的求导方向 (e_1, e_2) 也是非切向的.

结合 w 满足的方程 (5.108) 以及在 Ω^+ 边界上满足的边界条件 (5.109)—(5.112), 由极值原理可知 $\psi_\eta = w \leqslant 0$.

有了在整个区域 Ω 中的 $\psi_\eta \leqslant 0$, 再利用 Ω' 上 $(\xi, \eta) \to (x, y)$ 的坐标变换, 有

$$\psi_\eta = -\sin\theta\psi_x + \frac{\cos\theta}{r}\psi_y.$$

由于 $\sin\theta > 0$, $\cot\theta$ 有界, 故

$$\psi_x = -\frac{1}{\sin\theta}\psi_\eta + \frac{\cot\theta}{r}\psi_y \geqslant \frac{\cot\theta}{r}\psi_y \geqslant -C|\psi_y|.$$

再由 $\psi \in \mathsf{K}$ 知 $|\psi_y| \leqslant M_1 x^{3/2}$, 所以在 $\hat{C}$ 充分大时在 Ω' 中 $\psi_x \geqslant -\frac{4}{3(\gamma+1)}x$.

定理 5.3 的证明

由椭圆截断中引入的函数 $\zeta_1(s)$ 的性质知, 当 ψ 满足性质 $\left|\dfrac{\psi_x}{x}\right| \leqslant \dfrac{4}{3(\gamma+1)}$ 时, $x\zeta\left(\dfrac{\psi_x}{x}\right) = \psi_x$, 椭圆截断不起作用. 于是方程 $N^{(\psi,\psi)} = 0$ 与方程 (5.55) 恒同. 令 $\phi(\xi,\eta) = \phi_2(\xi,\eta) + \psi(\xi,\eta)$, 我们就得到了问题 (5.54) 的解.

$\phi \in C^{1,\alpha}(\bar{\Omega})$ 的性质可以从 $\psi \in \mathsf{D}$ 推得. 又由椭圆型方程的内正则性定理可知 $\phi \in C^\infty(\Omega)$.

$g(\eta)$ 的性质可以从

$$g'(\eta) = \frac{[\rho(\phi_\xi - \xi)]}{[\rho(\phi_\eta - \eta)]}$$

得到. 注意到在 σ 很小时 $\phi_\eta \sim 0$, 故上式的分母 $\geqslant c_0(\rho_0, V, \gamma) > 0$, 从而由 $\psi \in C^{2,\alpha}(\overline{\Omega^+} \setminus \overline{\Gamma_{\text{sonic}} \cup \Gamma_h})$ 知在 $(0,\eta_1)$ 上 $g(\eta) \in C^2$.

为讨论 $g(\eta)$ 在 η_1 点的性质, 利用 Ω' 的边界上 ψ 满足的条件 $M^{(\psi,\psi)}[\psi] = 0$ (见 (5.67)), 将它沿激波求导可以得

$$b_{11}\psi_{xx} + b_{12}\psi_{xy} + b_{22}\psi_{yy} + b_1\psi_x + b_2\psi_y = 0, \qquad (5.113)$$

其中 ψ_{xx} 的系数 $b_{11} \geqslant c_0(\rho_0, V, \gamma) > 0$, 且

$$|b_{12}, b_{22}, b_1, b_2| \leqslant C.$$

由 $\psi \in \mathsf{K}$ 推得 $|\psi_{xy}| \leqslant M_1 x^{1/2}$, $|\psi_{yy}| \leqslant M_1 x$, $|D_{x,y}\psi| \leqslant M_1 x$, 故有

$$|\psi_{xx}| \leqslant C(|\psi_{xy}| + |\psi_{yy}| + |D_{x,y}\psi|) \leqslant CM_1 x^{1/2}.$$

因此, 在 $x \to 0$ 时 $\nabla^2\psi \to 0$, 从而 $\lim_{\eta \to 0} g''(\eta) = 0$. 由此得到 $g''(\eta)$ 在 $\eta = \eta_1$ 处存在且连续.

由于 ψ_η 在 $\eta = -v_2$ 时均为零, 故由越过激波后切向速度不变的性质知该激波在 $\eta = -v_2$ 处必为正激波, 即 $g'(\eta) = 0$. 将 ϕ 满足的 (5.37) 关于 η 求导, 将 (5.36) 关于 ξ 求导, 再利用方程可得 $\nabla^2\phi$ 有界连续. 再由 (5.37) 得到在 $\eta = 0$ 处 $g(\eta)$ 也是二次连续可微的.

现在剩下的就是说明 $\sigma \to 0$ 时解的极限性态. 如命题 5.3 所述, 对于给定的资料, 有常数 $\hat{C}$ 以及满足 (5.81) 的常数 $\delta_0, \epsilon, M_1, M_2$, 使得对一切 $\sigma < \sigma_0$ 有解 ψ 满足 (5.93). 将对应于给定的参量 σ 所得到的解以及各个相应的流场参量均加上下标 σ, 在 5.2.2 中已证明 $\phi_{2\sigma} \to \phi_{20}, (\rho_{2\sigma}, u_{2\sigma}, v_{2\sigma}) \to (\rho_{20}, u_{20}, v_{20})$. 于是边界 $(P_1P_3)_\sigma \to (P_1P_3)_0$, 交点 $P_{2\sigma} \to P_{20}$, $P_{3\sigma} \to P_{30}$. 由 $\|g_\sigma(\eta)\|_{C^2}$ 的一致有界性可选取子列 $g_i(\eta)$, 它在 $C^{1,\beta}$ (β 为 $(0,1)$ 中任意数) 中收敛于 $g_0(\eta)$. 再由子列的任意

性与极限的唯一性知 $\sigma \to 0$ 时 $g_\sigma(\eta) \to g_0(\eta)$ 在 $C^{1,\beta}$ 中成立. 由 $\|\phi_\sigma\|_{C^{1,\alpha}(\Omega_\sigma^+)}$ 的一致有界性可知对一切 $\alpha' < \alpha$ 有 ϕ_σ 在 $C^{1,\alpha}(\overline{\Omega} \setminus \Gamma_{\text{sonic}})$ 中收敛.

利用椭圆型方程的 Schauder 估计易知, 对 Ω_0 的任意紧集 D 以及任意正整数 k, 函数 $\phi_\sigma(\xi,\eta)$ 在 $C^k(D)$ 中收敛于 $\phi_0(\xi,\eta)$.

最后由边界 $(P_1P_3)_\sigma, (P_1P_2)_\sigma$ 的收敛性以及函数 $\phi_{2\sigma}, \phi_\sigma$ 的收敛性, 利用控制收敛定理可知 $\phi_\sigma(\xi,\eta)$ 在 $W^{1,1}_{\text{loc}}$ 中收敛于正反射问题的解.

注 5.5 定理 5.3 的整个证明由好几个迭代与取极限过程组成. 先后考察了方程 $N^{(\phi,\chi)}[\psi]+\delta\Delta\psi = 0$ (见 (5.91)), $N^{(\phi,\psi)}[\psi]+\delta\Delta\psi = 0$ (见 (5.87)), $N^{(\phi,\psi)}[\psi] = 0$ (见 (5.82)), $N^{(\psi,\psi)}[\psi] = 0$ (见 (5.95)). 这里引入的非线性迭代技巧是文献 ([10]) 中特别设计的. 由于非线性退化椭圆型方程在其他问题中也常会出现, 故这样的非线性迭代技巧可望有更广泛的应用.

注 5.6 定理 5.2、定理 5.3 的证明中都要求 σ 充分小, 即要求斜坡是几乎与物面垂直的. 所以整个反射的图像是正反射的小扰动. 当 σ 不是很小时, 就需要应用其他的技巧, 如 Leray-Schauder 不动点定理、拓扑度理论等, 见 [32]. 在相关的论文 [11]、[4] 中作者们对激波的斜坡反射等问题有进一步的讨论.

5.3 平面激波被斜坡的 Mach 反射

5.3.1 问题的陈述

我们继续讨论一个平面激波冲向斜坡引起的反射. 当斜坡与激波面的夹角 σ 较大时, 虽然描写流体运动的方程与激波条件仍如 (5.1) 和 (5.4) 所示, 但由于激波与反射壁面夹角的变化, 前面讨论过的正则反射将不可能出现, 从而使激波反射时形成的非线性波结构完全改变.

如 5.2.1 所述, 由于方程与边界条件在自相似变换下不变, 我们仍可以在自相似坐标 $\xi = x/t, \eta = y/t$ 下讨论这种情形下的激波反射问题. 在 (ξ,η) 平面上, 以速度 V 运动的激波显示为与 η 轴距离为 V 的直线. 当 σ 超过临界角而使正则反射不可能发生时, 代之以发生的反射现象是 Mach 反射. 正如第一章中所指出的, 入射激波与反射激波不能相交在物面上, 它们的交点与物面有一段距离, 而由一个 Mach 杆将这个交点与物面相连. 整个激波结构在 (ξ,η) 平面上固定不变, 在 (x,y) 物理平面上表现的波结构图像随时间 t 的增长而保持相似的形状而扩张.

物理实验可显示出 Mach 反射的图像. 在激波被斜坡反射的问题中, 当斜坡与激波面的夹角 σ 较大时所产生的激波反射图像如图 5.5 所示. 其中 OA 为给定的斜坡, OB 为水平面, PA_1 为入射激波, PQ 为反射激波, PP_0 为 Mach 杆, P 为这三者的交点, 称为三叉交点. 入射激波与斜坡的夹角为 σ. 在三叉交点的后方还

有一段接触间断线 (或称滑行线) PP_1. 与 5.2 相仿, 在区域 (0) : AP_0PA_1 与区域 (1) : $BQPA_1$ 中, 流动状态是已知的, 而三叉交点的位置 P、反射激波位置 PQ、Mach 杆位置 PP_0、接触间断位置 PP_1 以及区域 (2) : OP_0PQO 中流动参量都是待求的.

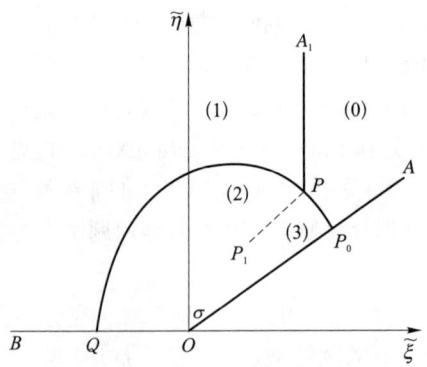

图 5.5 在自相似坐标系中的激波 Mach 反射

要得到这个 Mach 反射问题在整个区域 OP_0PQO 中的解 (包括非线性波的位置的确定) 相当困难. 至今尚无整体存在性的结果. 本节中也只介绍一个关于局部波结构稳定性的结果. 这个结果指出对于激波被斜坡反射不定常问题来说, 在三叉交点附近有稳定的 Mach 结构 (三个激波与一个接触间断汇聚在一点的结构), 这一结论与实验中观察到的现象吻合.

下面我们具体介绍 Mach 结构稳定性的证明. 令 $\tilde{\xi} = x/t, \tilde{\eta} = y/t$, 在自相似坐标 $(\tilde{\xi}, \tilde{\eta})$ 中 Euler 方程组的形式为

$$\begin{cases} \dfrac{\partial(\rho(u-\tilde{\xi}))}{\partial \tilde{\xi}} + \dfrac{\partial(\rho(v-\tilde{\eta}))}{\partial \tilde{\eta}} + 2\rho = 0, \\ \dfrac{\partial}{\partial \tilde{\xi}}(p + \rho u(u-\tilde{\xi})) + \dfrac{\partial}{\partial \tilde{\eta}}(\rho u(v-\tilde{\eta})) + 2\rho u = 0, \\ \dfrac{\partial}{\partial \tilde{\xi}}(\rho v(u-\tilde{\xi})) + \dfrac{\partial}{\partial \tilde{\eta}}(p + \rho v(v-\tilde{\eta})) + 2\rho v = 0, \\ \dfrac{\partial}{\partial \tilde{\xi}}(\rho(u-\tilde{\xi})E + pu) + \dfrac{\partial}{\partial \tilde{\eta}}(\rho(v-\tilde{\eta})E + pv) + 2\rho E = 0, \end{cases} \quad (5.114)$$

若 $\tilde{\eta} = \psi(\tilde{\xi})$ 为激波, 其上的激波条件为

$$\begin{bmatrix} \rho(u-\tilde{\xi}) \\ p + \rho u(u-\tilde{\xi}) \\ \rho v(u-\tilde{\xi}) \\ \rho E(u-\tilde{\xi}) + pu \end{bmatrix} \psi_{\tilde{\xi}} - \begin{bmatrix} \rho(v-\tilde{\eta}) \\ \rho u(v-\tilde{\eta}) \\ p + \rho v(v-\tilde{\eta}) \\ \rho E(v-\tilde{\eta}) + pv \end{bmatrix} = 0. \quad (5.115)$$

如果引入拟速度 $U = u - \tilde{\xi}$, $V = v - \tilde{\eta}$, 则 (5.114) 可以写成

$$\begin{pmatrix} \rho U & & 1 & \\ & \rho U & & \\ 1 & & a^{-2}\rho^{-1}U & \\ & & & U \end{pmatrix} \frac{\partial}{\partial \tilde{\xi}} \begin{pmatrix} U \\ V \\ p \\ s \end{pmatrix}$$

$$+ \begin{pmatrix} \rho V & & & \\ & \rho V & 1 & \\ & 1 & a^{-2}\rho^{-1}V & \\ & & & V \end{pmatrix} \frac{\partial}{\partial \tilde{\eta}} \begin{pmatrix} U \\ V \\ p \\ s \end{pmatrix} + \begin{pmatrix} \rho U \\ \rho V \\ 2 \\ 0 \end{pmatrix} = 0. \quad (5.116)$$

相应地, 其激波条件可写为

$$\begin{bmatrix} \rho U \\ p + \rho U^2 \\ \rho UV \\ \rho \tilde{E} U + pU \end{bmatrix} \psi_{\tilde{\xi}} - \begin{bmatrix} \rho V \\ \rho UV \\ p + \rho V^2 \\ \rho \tilde{E} V + pV \end{bmatrix} = 0, \quad (5.117)$$

其中 $\tilde{E} = e + \dfrac{1}{2}(U^2 + V^2)$.

我们在第四章中已经对定常激波反射中出现的 Mach 结构稳定性做了较详细的分析. 其基本思路对于这里将讨论的拟定常问题也是适用的. 以下将主要对两者不同之处做较详细的说明, 而对于相同之处则简略地说明之.

观察图 5.5, 由于在自相似坐标系中的固定图形实质上代表着在 (t, x, y) 物理空间中不断膨胀的图形, 故区域 (0) 中的流体穿过入射激波 PA_1 与 Mach 杆 PP_0, 分别到达区域 (1) 与 (3) 中, 在区域 (1) 中的流体还可再穿过反射激波 PQ 进入区域 (2). 区域 (2) 与区域 (3) 中的流体被一个接触间断线分离. 目前, 人们还不清楚这个间断线是如何发展或如何消失的. 由于我们只考察 Mach 结构的局部稳定性, 故可只在 P 点邻域中进行讨论. 物理实验指出在 P 点邻域这个接触间断线是清晰地存在的, 本节中在三叉点邻域中所做的数学分析也与实验结果吻合, 所以对于这样的接触间断线的出现可认定是合理的. 与定常 Mach 结构相仿, 根据在反射激波后 (即区域 (2) 中) 流动速度为超音速还是亚音速, Mach 结构可分为 E-H 型与 E-E 型两种, 本节中主要讨论 E-E 型的 Mach 结构.

注 5.6 当区域 (2) 中的流速出现超音速时, Mach 反射的整体图像可能比图 5.5 中所示更复杂. 如重 Mach 反射 (double Mach reflection)、转移 Mach 反射 (transitional Mach reflection) 等, 详见 [5]. 相比于此, 图 5.5 所示的反射图像称为简单 Mach 反射.

5.3.2 平坦 Mach 结构的扰动

Mach 结构的稳定性就是要研究当上游流场被扰动时，非线性波的结构与相应的流场如何相应地变化. 为此，我们先考虑过 P 点的平坦 Mach 结构，它也是由三个激波与一个接触间断构成，而且在每个由非线性波相夹的区域中流场取常值. 这个平坦 Mach 结构就是在 P 点的无穷小邻域中的流动状态.

以 (u, v, p, ρ) 记流动参量. 设在区域 (i) 中的流动参量为 (u_i, v_i, p_i, ρ_i) ($i = 0, 1, 2, 3$). 三叉激波交点 P 的坐标为 $(\tilde{\xi}_0, \tilde{\eta}_0)$. 入射激波前方流体为静止，故 $u_0 = v_0 = 0$. 入射激波速度为 $V = \tilde{\xi}_0$，由 p_0, ρ_0 与 V 的值就可决定 (u_1, v_1, p_1, ρ_1).

为确保有 Mach 激波反射出现，这些量应当满足：

(1) $V > c_0$，它表明激波前方流体对于激波的相对速度是超音速的.

(2) $\left(\dfrac{V}{\tan\sigma}\right)^2 + (V-u_1)^2 < c_1^2$，它说明在 $\left(V, \dfrac{V}{\tan\sigma}\right)$ 点不可能出现正则反射.

若 $P(\tilde{\xi}_0, \tilde{\eta}_0)$ 为三叉激波的交点，则 $\tilde{\xi}_0 = V$. 在入射激波上的 P 点来看，前方来流的相对速度为 $(-\tilde{\xi}_0, -\tilde{\eta}_0)$，将坐标轴调整到该速度的方向，记 $q_0 = (\tilde{\xi}_0^2 + \tilde{\eta}_0^2)^{1/2}$，则来流相对速度为 $(q_0, 0)$. 以 (θ, p) 分别记速度越过激波的转角与波后压强，则 (θ, p) 位于一个以 $(q_0, 0)$ 为尖点的激波极线上. 由于拟定常流的激波关系式 (5.117) 与定常流的激波关系式 (2.1) 一致，故显示拟定常流的 Mach 结构的激波极线图与第四章中的图 4.1、图 4.2 实际上是一样的. 第二章中关于激波极线的分析对这里讨论的拟定常流也是适用的.

易见，当入射激波上的 P 点的纵坐标 $\tilde{\eta}_0$ 增加时，q_0 增加，激波后的相对速度 $q_1 = ((u_1 - \tilde{\xi}_0)^2 + \tilde{\eta}_0^2)^{1/2}$ 也增加. 当 q_1 是超音速时，$(\tilde{\xi}_0, \tilde{\eta}_0)$ 点就有可能成为三叉激波的交点. 该点与斜坡的距离称为 Mach 杆的高度. 如何确定 Mach 反射中 Mach 杆的高度也是至今未解决的问题，它属于整体解问题的一部分. 我们下面只在 P 点为三叉激波点的假定下，指出这个 Mach 结构在扰动下是稳定的. 也就是要研究当平坦 Mach 结构中来流被扰动时，非线性波的结构与相应流场将如何变化.

将坐标原点移到 P 点 (重新记为 O')，并将坐标 $(\tilde{\xi}, \tilde{\eta})$ 变换为 (ξ, η)，使原来坐标系中的相对速度 $(-\tilde{\xi}_0, -\tilde{\eta}_0)$ 方向与 ξ 方向一致. 以 (S_1, S_2, S_3, D) 记 (ξ, η) 坐标系中在 Mach 结构附近的入射激波、反射激波、Mach 杆以及滑行线的位置. 它们的方程分别为 $S_i : \eta = \psi_i(\xi), (i = 1, 2, 3)$ 与 $D : \eta = \psi_4(\xi)$. 相应的未扰动非线性波为 $S_i^0 : \eta = \psi_i^0 \xi$，$D^0 : \eta = \psi_4^0 \xi$. 诸非线性波所夹区域以 $\Omega_i (1 \leqslant i \leqslant 4)$ 记之 (见图 5.6). 在 Ω_i 中的流动参量记为 $\mathbf{U}_i = (U_i, V_i, p_i, s_i)$，它们对应的未扰动量为 $\mathbf{U}_i^0 = (U_i^0, V_i^0, p_i^0, s_i^0)$. 我们将限于在以 O' 为心，以某个 $R > 0$ 为半径的圆 C_R 中讨论 ψ_i 与 $\mathbf{U}_i$ 的变化.

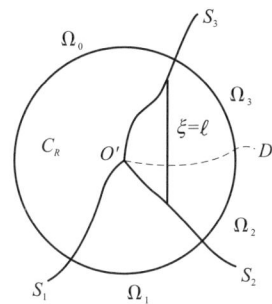

图 5.6 平坦 Mach 结构的扰动

为说明来流被扰动时产生的效应, 先来刻画来流与入射激波的扰动. 记

$$L_\epsilon = \{\psi_1(\xi): \psi_1(0) = 0, \psi'(0) = \psi_1^0, \|\psi_1(\xi) - \psi_1^0 \xi\|_{C^{2,\alpha_0}(-R,0)} < \epsilon\},$$
$$N_\epsilon = \{\mathbf{U}_0(\xi,\eta):\ \mathbf{U}_0(0,0) = \mathbf{U}_0^0, \|\mathbf{U}_0 - \mathbf{U}_0^0\|_{C^{2,\alpha_0}(\Omega_0)} < \epsilon\},$$

其中 $\alpha_0 \in (0,1)$, ϵ 为小量. 它用来衡量初始资料被扰动的大小.

如同第四章中对定常流的 Mach 结构的讨论一样, 在 O' 点的下游要加一个限制条件. 取 $\ell > 0$, 使 $\ell|\psi_i^0| < R' < R$ ($i = 2,3$), 则直线 $\xi = \ell$ 与 S_2, S_3 构成的曲边三角形区域就位于 C_R 内. 我们将在 $\xi = \ell$ 上给出压力控制条件 (对于 E–E 型 Mach 结构, 其控制条件给在直线 $\xi = \ell$ 的区间 $(\psi_2(\ell), \psi_3(\ell))$ 上, 对于 E–H 型 Mach 结构, 其控制条件则只能给出在直线 $\xi = \ell$ 的区间 $(\psi_4(\ell), \psi_3(\ell))$ 上. 就 E–E 型 Mach 结构而言, 我们要证明的 Mach 结构稳定性的结论可以表述为:

定理 5.4 设 $(\mathbf{U}_0^0, S_1^0, \mathbf{U}_1^0, S_2^0, \mathbf{U}_2^0, D^0, \mathbf{U}_3^0, S_3^0)$ 在 C_R 中构成一个满足条件 (1)、(2) 的平坦 Mach 结构, $\mathbf{U}_0 \in N_\epsilon, \psi_1(\xi) \in L_\epsilon$, 则存在 $R_1 \in (0, R)$, $\ell < R_1$, 以及 C_{R_1} 中的 Mach 结构 $(\mathbf{U}_0, S_1, \mathbf{U}_1, S_2, \mathbf{U}_2, D, \mathbf{U}_3, S_3)$, 它在区域内满足 Euler 方程组, 在 S_1, S_2, S_3, D 上满足 Rankine-Hugoniot 条件, 在 $\xi = \ell$ 上满足压力控制条件, 且

$$\psi_i = 0, \psi_i'(0) = \psi_i^0, \|\psi_i(\xi) - \psi_i^0 \xi\|_{C^{2,\alpha}(0,\ell)} < \epsilon_1,\ i = 2,3,4,$$
$$\mathbf{U}_1(0,0) = \mathbf{U}_1^0, \|\mathbf{U}_1 - \mathbf{U}_1^0\|_{C^{2,\alpha}(\Omega_1 \cap C_{R_1})} < \epsilon_1,$$
$$\mathbf{U}_i(0,0) = \mathbf{U}_i^0, \|\mathbf{U}_i - \mathbf{U}_i^0\|_{C^{1,\alpha}(\Omega_{i\ell})} < \epsilon_1,\ i = 2,3,$$

其中 $\alpha \in (0, \alpha_0)$, $\Omega_{i\ell} = \Omega_i \cap \{\xi < \ell\}$, 而且当 $\epsilon \to 0$ 时 ϵ_1 趋于零.

因为在作为背景解的平坦 Mach 结构中, (U_1^0, V_1^0) 也是超音速, 故其小扰动也是超音速的. 在 Ω_1 中解 $\mathbf{U}_1$ 的存在性可以由拟线性双曲型方程组的局部解理论得到. 所以证明命题 5.4 就化为证明以下的边值问题:

$$(FB): \begin{cases} \text{Euler 方程组 (5.116)}, & \text{在 } \Omega_{2\ell} \cup \Omega_{3\ell} \text{ 中}, \\ \text{Rankine-Hugoniot 条件 (5.117)}, & \text{在 } S_2, S_3 \text{ 上}, \\ p, V/U \text{ 连续}, & \text{在 } D \text{ 上}, \\ p = p_2^0, & \text{在 } \{\xi = \ell\} \text{ 上} \end{cases} \tag{5.118}$$

的可解性. 也即证明

定理 5.4 设 $(\mathbf{U}_0^0, S_1^0, \mathbf{U}_1^0, S_2^0, \mathbf{U}_2^0, D^0, \mathbf{U}_3^0, S_3^0)$ 在 C_R 中构成一个满足条件 (1)、(2) 的平坦 Mach 结构, 设 $\mathbf{U}_i \in C^{2+\alpha_0}(\Omega_i)$ $(i = 0, 1)$, 且满足

$$\|\mathbf{U}_i - \mathbf{U}_i^0\|_{C^{2,\alpha_0}(\Omega_i)} < \epsilon, \ i = 0, 1, \tag{5.119}$$

则存在 $\ell < R$、定义在 $(0, \ell)$ 上的 $\psi_i(\xi)$ $(i = 2, 3, 4)$ 与定义在

$$\Omega_{i\ell} = \{0 < \xi < \ell, \ (-1)^i \psi_i(\xi) < (-1)^i \eta < (-1)^i \psi_4(\xi)\},$$

上的 $\mathbf{U}_i(\xi, \eta)$ $(i = 2, 3)$, 满足问题 (FB) 中的方程与边界条件, 且

$$\psi_i = 0, \psi_i'(0) = \psi_i^0, \ \|\psi_i(\xi) - \psi_i^0 \xi\|_{C^{2,\alpha}(0,\ell)} < \epsilon_1, \ i = 2, 3, 4, \tag{5.120}$$

$$\mathbf{U}_i(0, 0) = \mathbf{U}_i^0, \ \|\mathbf{U}_i - \mathbf{U}_i^0\|_{C^{1,\alpha}(\Omega_{i\ell})} < \epsilon_1, \ i = 2, 3, \tag{5.121}$$

其中 $\alpha \in (0, \alpha_0]$, $\Omega_{i\ell} = \Omega_i \cap \{\xi < \ell\}$, 而且当 $\epsilon \to 0$ 时 ϵ_1 趋于零.

5.3.3 证明的主要步骤

如前面所说的, 因为在拟定常 Mach 结构稳定性的证明中与定常流的情形有很多相似之处, 故我们将指出两者不同之处, 而对于相似之处尽量避免重复.

步骤 1: 广义 Lagrange 变换

在第四章证明定理 4.1 时, 先引入一个 Lagrange 变换将所有流线拉平. 能引入这个变换的依据是表达质量守恒律的方程 $\frac{\partial(\rho u)}{\partial x} + \frac{\partial(\rho v)}{\partial y} = 0$. 在拟定常流的情况, 表达质量守恒律的方程为 $\frac{\partial(\rho U)}{\partial \xi} + \frac{\partial(\rho V)}{\partial \eta} + 2\rho = 0$. 因此, 我们要引入一个积分因子 μ, 它满足

$$\left(U \frac{\partial}{\partial \xi} + V \frac{\partial}{\partial \eta} \right) \mu - 2\mu = 0, \tag{5.122}$$

其初始条件可取为在激波上 $\mu = 1$. 于是, 可以导入变量 x, y (它当然不同于原来的物理空间的坐标, 我们只是不希望出现太多不习惯的英文字母, 从而仍采用习惯

的自变量记号), 使得

$$\begin{cases} \dfrac{\partial x}{\partial \xi} = 1, & \dfrac{\partial x}{\partial \eta} = 0, \\ \dfrac{\partial y}{\partial \xi} = -\mu\rho V, & \dfrac{\partial y}{\partial \eta} = \mu\rho U, \\ x(\xi_0, \eta_0) = 0, & y(\xi_0, \eta_0) = 0. \end{cases} \tag{5.123}$$

由于 μ 满足方程 (5.122), 则函数 $x(\xi, \eta), y(\xi, \eta)$ 可定义. 事实上, 由 (5.122) 知

$$\frac{\partial}{\partial \xi}(\mu\rho U) = -\frac{\partial}{\partial \eta}(\mu\rho V).$$

故可以定义变换

$$T: \quad x = \xi, \quad y = \int_{(\xi_0, \eta_0)}^{(\xi, \eta)} -\mu\rho V \mathrm{d}\xi + \mu\rho U \mathrm{d}\eta, \tag{5.124}$$

它满足 (5.123). 又由 (5.123) 可知

$$\begin{cases} \dfrac{\partial \xi}{\partial x} = 1, & \dfrac{\partial \xi}{\partial y} = 0, \\ \dfrac{\partial \eta}{\partial x} = \dfrac{V}{U}, & \dfrac{\partial \eta}{\partial y} = \dfrac{1}{\mu\rho U}, \end{cases} \tag{5.125}$$

以及

$$\frac{\partial}{\partial \xi} = \frac{\partial}{\partial x} - \mu\rho V \frac{\partial}{\partial y}, \quad \frac{\partial}{\partial \eta} = \mu\rho U \frac{\partial}{\partial y}, \tag{5.126}$$

$$U\frac{\partial}{\partial \xi} + V\frac{\partial}{\partial \eta} = U\frac{\partial}{\partial x}.$$

变换 $T: (\xi, \eta) \mapsto (x, y)$ 称为广义 Lagrange 变换, 在此变换下连续性方程成为

$$\frac{\partial}{\partial x}\left(\frac{1}{\mu\rho U}\right) = \frac{\partial}{\partial y}\left(\frac{V}{U}\right). \tag{5.127}$$

动量方程化为

$$\rho U \frac{\partial U}{\partial x} + \frac{\partial p}{\partial x} - \mu\rho V \frac{\partial p}{\partial y} + \rho U = 0, \tag{5.128}$$

$$\frac{1}{\mu}\frac{\partial V}{\partial x} + \frac{\partial p}{\partial y} + \frac{1}{\mu}\frac{V}{U} = 0. \tag{5.129}$$

注意到 $U\dfrac{\partial}{\partial x} = U\dfrac{\partial}{\partial \xi} + V\dfrac{\partial}{\partial \eta}$, 利用 (5.122) 可得

$$\frac{1}{\mu}\frac{\partial U}{\partial x} = \frac{\partial}{\partial x}\left(\frac{U}{\mu}\right) - U\frac{\partial}{\partial x}\left(\frac{1}{\mu}\right) = \frac{\partial}{\partial x}\left(\frac{U}{\mu}\right) + \frac{2}{\mu},$$

$$\frac{1}{\mu}\frac{\partial V}{\partial x} = \frac{\partial}{\partial x}\left(\frac{V}{\mu}\right) + \frac{V}{U}\cdot\frac{2}{\mu},$$

则动量方程可写为守恒律形式

$$\frac{\partial}{\partial x}\left(\frac{U}{\mu} + \frac{p}{\mu\rho U}\right) - \frac{\partial}{\partial y}\left(\frac{pV}{U}\right) + \frac{3}{\mu} = 0, \tag{5.130}$$

$$\frac{\partial}{\partial x}\left(\frac{V}{\mu}\right) + \frac{\partial p}{\partial y} + \frac{3}{\mu}\cdot\frac{V}{U} = 0. \tag{5.131}$$

能量守恒方程可化成

$$\frac{\partial}{\partial x}\left(\tilde{E} + \frac{p}{\rho}\right) + \frac{\rho}{U}(U^2 + V^2) = 0. \tag{5.132}$$

此外，方程 (5.122) 可写成

$$U\frac{\partial}{\partial x}\mu - 2\mu = 0. \tag{5.133}$$

激波 $\eta = \psi(\xi)$ 的映像为 $y = \chi(x)$，其上的 Rankine-Hugoniot 条件为

$$\begin{cases} \left[\dfrac{1}{\rho U}\right]\dfrac{\chi'}{\mu} = -\left[\dfrac{V}{U}\right], \\ \left[\dfrac{1}{\rho U}(p + \rho U^2)\right]\dfrac{\chi'}{\mu} = -\left[\dfrac{pV}{U}\right], \\ [V]\dfrac{\chi'}{\mu} = [p], \\ \left[\tilde{E} + \dfrac{p}{\rho}\right] = 0. \end{cases} \tag{5.134}$$

消去 (5.134) 中的 χ' 可得

$$\begin{cases} [p]\left[U + \dfrac{p}{\rho U}\right] = -[V]\left[\dfrac{pV}{U}\right], \\ [p]\left[\dfrac{1}{\rho U}\right] = -[V]\left[\dfrac{V}{U}\right], \\ \left[e + \dfrac{1}{2}(U^2 + V^2) + \dfrac{p}{\rho}\right] = 0. \end{cases} \tag{5.135}$$

于是，以 Γ_2, Γ_3 记 S_2, S_3 的像，以 Γ_D, Γ_L 记 D, L 的像，则 Γ_D 与 x 轴相重，Γ_L 为与 x 轴垂直的直线。又以 ω_2, ω_3 记 Ω_{2L}, Ω_{3L} 的像，则可得到在 (x,y) 平面上的边值问题

$$(FB)_1: \begin{cases} \text{Euler 方程组 (5.127)(5.130)—(5.133)，在 } \omega_2 \cup \omega_3 \text{ 中,} \\ \text{Rankine-Hugoniot 条件 (5.134) 和 } \mu = 1, \text{ 在 } \Gamma_2, \Gamma_3 \text{ 上,} \\ p, V/U \text{ 在 } \Gamma_D \text{ 上连续,} \\ p = p_0, \text{ 在 } \Gamma_L \text{ 上.} \end{cases} \tag{5.136}$$

与第四章中的定常问题相比，这里要求解的方程组中除了原来的 Euler 方程组外多了一个决定积分因子 μ 的方程.

步骤 2：化为具固定边界的边值问题

这一步与定常情形相似. 将自由边界问题分拆为固定边界问题以及修正边界的常微分方程的初值问题. 令

$$K_\zeta = \{(\chi_2(x), \chi_3(x)) \in C^{2,\alpha}(0,\ell);\ \chi_i(0) = 0, \chi_i'(0) = \chi_i^0,$$
$$\|\chi_i(x)\|_{C^{2,\alpha}(0,\ell)} \leqslant \zeta; i = 2, 3\}, \quad (5.137)$$

其中 $\chi_i^0 = -\dfrac{[V/U]}{[1/\rho U]}(0,0)$ 是平坦激波结构中相应的激波 Γ_i^0 的斜率. 对 $(\chi_2, \chi_3) \in K_\zeta$，记 $\omega_2 = \{0 > y > \chi_2(x), 0 < x < \ell\}$，$\omega_3 = \{0 < y < \chi_3(x), 0 < x < \ell\}$，$\omega = \{\chi_2(x) < y < \chi_3(x), 0 < x < \ell\}$，可以给出在 ω 上的边值问题.

$$(NL): \begin{cases} \text{方程组 } (5.127), (5.130)\text{—}(5.133), \text{ 在 } \omega_2 \cup \omega_3 \text{ 上,} \\ G^a \triangleq [p]\left[\dfrac{1}{\rho U}\right] + [WU][W] = 0, \text{ 在 } \Gamma_2, \Gamma_3 \text{ 上,} \\ G^b \triangleq [p]\left[U + \dfrac{p}{\rho U}\right] + [WU][pW] = 0, \text{ 在 } \Gamma_2, \Gamma_3 \text{ 上,} \\ G^c \triangleq \left[\tilde{E} + \dfrac{p}{\rho}\right] = 0, \text{ 在 } \Gamma_2, \Gamma_3 \text{ 上,} \\ \mu = 1, \quad \text{在 } \Gamma_2, \Gamma_3 \text{ 上,} \\ p,\ V/U,\ \text{在 } \Gamma_D \text{ 上连续,} \\ p = p_0,\ \text{在 } \Gamma_L \text{ 上.} \end{cases} \quad (5.138)$$

当问题 (NL) 的解 **U** 得到后，就用下面常微分方程的初值问题

$$\begin{cases} \dfrac{\mathrm{d}\Xi_i}{\mathrm{d}x} = -\dfrac{\left[\dfrac{V}{U}\right]}{\left[\dfrac{1}{\rho U}\right]} \text{ 在 } \Gamma_i \text{ 上,} \\ \Xi_i(0) = 0, \end{cases} \quad i = 2, 3 \quad (5.139)$$

修改激波位置.

当 $\theta(P_0) < \theta(P_{2,3}) < \theta(P_1)$ 时，D 与 S_2 或 S_3 夹角小于 $\dfrac{\pi}{2}$. 故 (5.139) 的分母 $\left[\dfrac{1}{\rho U}\right]$ 非零，从而 $(\chi_2(x), \chi_3(x)) \mapsto (\Xi_2(x), \Xi_3(x))$ 定义了从 K_ζ 到 K_ζ 的一个映射 π. 只要这个映射有不动点，就能得到自由边值问题 $(FB)_1$ 的解.

步骤 3：方程组的解耦

(5.138) 中的方程组在 $U^2+V^2>c^2$ 时是纯双曲型的，在 $U^2+V^2<c^2$ 时是椭圆 – 双曲复合型的. 本节讨论 E-E 型 Mach 结构的稳定性，在反射激波后的流场中不出现 $U^2+V^2>c^2$ 的情形，故在 ω_2,ω_3 中方程组都是椭圆 – 双曲复合型的. 为了求解这样方程组的边值问题，我们先将方程组解耦，即将它的椭圆部分与双曲部分分离. 将 (5.138) 中的微分方程组写成

$$\mathbf{A}\frac{\partial}{\partial x}\mathbf{U}+\mathbf{B}\frac{\partial}{\partial y}\mathbf{U}+\mathbf{D}=0, \tag{5.140}$$

其中

$$\mathbf{A}=\begin{pmatrix} U & & \frac{1}{\rho} & & \\ & U & & & \\ \frac{1}{\rho} & & \frac{U}{c^2\rho^2} & & \\ & & & 1 & \\ & & & & U \end{pmatrix}, \mathbf{B}=\begin{pmatrix} & & -\mu V & & \\ & & \mu U & & \\ -\mu V & \mu U & 0 & & \\ & & & 0 & \\ & & & & 0 \end{pmatrix}, \mathbf{D}=\begin{pmatrix} U \\ V \\ \frac{2}{\rho} \\ 0 \\ -2 \end{pmatrix}.$$

这个方程组与定常情形的 Euler 方程组相比，多了最后一个方程，也多了零阶项. 由于最后一个方程与其他几个方程分离，故对 (5.141) 的解耦过程与定常情形差别不大. 方程组 (5.141) 的特征多项式是

$$\det(\lambda A - B) = 0.$$

它有三个特征根为零，另两个特征根为

$$\lambda_\pm = \frac{\mu c^2 \rho V \pm \sqrt{c^4\rho^2\mu^2V^2 + \mu^2 c^2\rho^2(U^2+V^2)(U^2-c^2)}}{U^2-c^2}$$
$$= \frac{\mu c^2\rho V \pm \mu c\rho U\sqrt{U^2+V^2-c^2}}{U^2-c^2}.$$

在拟亚音速区域中 $\lambda_\pm$ 为复根. 记 $\lambda_\pm = \lambda_R \pm i\lambda_I$，其中

$$\lambda_R = \frac{\mu c^2 \rho V}{U^2-c^2}, \quad \lambda_I = \frac{\mu a\rho U\sqrt{c^2-U^2-V^2}}{U^2-c^2}.$$

记矩阵 $\lambda_\pm A - B$ 的左特征向量为

$$\ell_\pm = \left(\frac{1}{U}\left(-\frac{\lambda_\pm}{\rho}-\mu V\right), \mu, \lambda_\pm, 0, 0\right).$$

对应于零特征值的特征向量为 $\ell_3 = (U,V,0,0,0)$, $\ell_4 = (0,0,0,1,0)$ 以及 $\ell_5 = (0,0,0,0,1)$.

将 $\ell_\pm$ 乘以方程组得到

$$\ell_\pm \mathbf{A}\left(\frac{\partial}{\partial \xi}+\lambda_\pm \frac{\partial}{\partial \eta}\right)\mathbf{U} \pm \ell_\pm \mathbf{D} = 0. \tag{5.141}$$

将其实部与虚部分离，可得

$$-VD_R U + UD_R V - \frac{\mu}{c\rho}\sqrt{c^2-U^2-V^2}D_I p + \frac{\lambda_R}{\rho} = 0, \tag{5.142}$$

$$-VD_I U + UD_I V + \frac{\mu}{c\rho}\sqrt{c^2-U^2-V^2}D_R p + \frac{\lambda_I}{\rho} = 0, \tag{5.143}$$

其中 $D_R = \frac{\partial}{\partial x}+\lambda_R\frac{\partial}{\partial y}, D_I = \lambda_I\frac{\partial}{\partial y}$. 记 $W = \frac{V}{U}$, 即有

$$\begin{cases} D_R W - eD_I p + \dfrac{\lambda_R}{\rho U^2} = 0, \\ D_I W + eD_R p + \dfrac{\lambda_I}{\rho U^2} = 0, \end{cases} \tag{5.144}$$

其中 $e = \frac{\mu}{c\rho U^2}\sqrt{c^2-U^2-V^2}$. 此外将 ℓ_3, ℓ_4 和 ℓ_5 乘以 (5.138), 得到

$$U\frac{\partial U}{\partial x}+V\frac{\partial V}{\partial x}+\frac{1}{\rho}\frac{\partial p}{\partial x}+\frac{U^2+V^2}{U} = 0, \tag{5.145}$$

$$\frac{\partial s}{\partial x} = 0, \tag{5.146}$$

$$U\frac{\partial \mu}{\partial x} - 2\mu = 0. \tag{5.147}$$

对于完全气体，(5.146) 可以用

$$\frac{\partial p}{\partial x}-\frac{\gamma p}{\rho}\frac{\partial \rho}{\partial x} = 0 \tag{5.148}$$

代替. 于是问题 (NL) 可以写成

$$\begin{cases} D_R W - eD_I p + \dfrac{\lambda_R}{\rho U^2} = 0, \\ D_I W + eD_R p + \dfrac{\lambda_I}{\rho U^2} = 0, \\ \dfrac{\partial U}{\partial x}+d_W\dfrac{\partial W}{\partial x}+d_p\dfrac{\partial p}{\partial x}+1 = 0, \\ \dfrac{\partial p}{\partial x}-\dfrac{\gamma p}{\rho}\dfrac{\partial \rho}{\partial x} = 0, \\ U\dfrac{\partial \mu}{\partial x} - 2\mu = 0, \end{cases} \tag{5.149}$$

其中 $d_W = \dfrac{U^2 W}{U + UW^2}, d_p = \dfrac{1}{\rho(U + UW^2)}$.

步骤 4：线性问题及其估计

下一步就是将问题 (NL) 线性化，记

$$\Sigma_\delta = \{\mathbf{U} \in L^2(\omega); \ p, W, \mu \in H^1(\omega), \mathbf{U}_i = \mathbf{U}|_{\omega_i} \in C^{1,\alpha}, \mathbf{U}_i(0,0) = \mathbf{U}_i^0, \ (i = 2, 3),$$
$$\sum_{i=2,3} \|\mathbf{U}_i - \mathbf{U}_i^0\|_{C^{1,\alpha}(\bar{\omega}_i)} \leqslant \delta\}. \tag{5.150}$$

记 $H_1 = \dfrac{\lambda_R}{\rho U^2}, H_2 = \dfrac{\lambda_I}{\rho U^2}$. 对任意的 $\mathbf{U} \in \Sigma_\delta$，可以将 (5.149) 线性化，得到

$$\begin{cases} D_R \delta W - e D_I \delta p + H_{1\mathbf{U}} \delta \mathbf{U} = f_1, \\ D_I \delta W + e D_R \delta p + H_{2\mathbf{U}} \delta \mathbf{U} = f_2, \\ \dfrac{\partial \delta U}{\partial x} + d_w \dfrac{\partial \delta W}{\partial x} + d_p \dfrac{\partial \delta p}{\partial x} = f_3, \\ \dfrac{\partial \delta p}{\partial x} - \dfrac{\gamma p}{\rho} \dfrac{\partial \delta \rho}{\delta x} = f_4, \\ U \dfrac{\partial \delta \mu}{\partial x} - 2 \delta \mu = f_5, \end{cases} \tag{5.151}$$

其中 $H_{i\mathbf{U}}$ 是 H_i 关于 $\mathbf{U}$ 的 Frechet 导数.

在 $\Gamma_{2,3}$ 上的边界条件 $G^a = 0, G^b = 0, G^c = 0$ 的线性化为

$$\begin{cases} \alpha^a \delta U + \beta^a \delta W + \gamma^a \delta p + \theta^a \delta \rho = g^a, \\ \alpha^b \delta U + \beta^b \delta W + \gamma^b \delta p + \theta^b \delta \rho = g^b, \\ \alpha^c \delta U + \beta^c \delta W + \gamma^c \delta p + \theta^c \delta \rho = g^c, \end{cases} \tag{5.152}$$

其中 $\alpha^\sharp, \beta^\sharp, \gamma^\sharp, \theta^\sharp$ 是 $G^\sharp$ ($\sharp = a, b, c$) 的 Frechet 导数的分量：

$$\alpha^a = -[p]\dfrac{1}{\rho U^2} + [W]W, \qquad \beta^a = [WU] + [W]U,$$

$$\gamma^a = \left[\dfrac{1}{\rho U}\right], \qquad \theta^a = -[p]\dfrac{1}{\rho^2 U},$$

$$\alpha^b = [p]\left(1 - \dfrac{p}{\rho U^2}\right) + [pW]W, \qquad \beta^b = [WU]p + U[pW],$$

$$\gamma^b = \left[U + \dfrac{p}{\rho U}\right] + [p]\left(\dfrac{1}{\rho U} + [WU]W\right), \qquad \theta^b = -[p]\dfrac{p}{\rho^2 U},$$

$$\alpha^c = U + W^2 U, \qquad \beta^c = WU^2,$$

$$\gamma^c = \dfrac{\gamma}{\gamma - 1}\dfrac{1}{\rho}, \qquad \theta^c = -\dfrac{\gamma}{\gamma - 1}\dfrac{p}{\rho^2}.$$

令 $\mathbf{M} = \begin{pmatrix} \alpha^a & \beta^a & \theta^a \\ \alpha^b & \beta^b & \theta^b \\ \alpha^c & \beta^c & \theta^c \end{pmatrix}$, 在 $W = 0$ 时有

$$\mathbf{M} \sim \begin{pmatrix} -\dfrac{[p]}{\rho U^2} & [WU] + [W]U & -[p]\dfrac{1}{\rho^2 U} \\ [p]\left(1 - \dfrac{p}{\rho U^2}\right) & [WU]p + U[pW] & -[p]\dfrac{p}{\rho^2 U} \\ U & 0 & -\dfrac{\gamma}{\gamma - 1}\dfrac{p}{\rho^2} \end{pmatrix}$$

$$\sim \begin{pmatrix} -\dfrac{[p]}{\rho U^2} & [WU] + [W]U & -[p]\dfrac{1}{\rho^2 U} \\ [p] & U[pW] - [W]Up & 0 \\ U & 0 & -\dfrac{\gamma}{\gamma - 1}\dfrac{p}{\rho^2} \end{pmatrix}$$

$$\sim \begin{pmatrix} -\dfrac{[p]}{\rho U^2} & -W_-(U + U_-) & -[p]\dfrac{1}{\rho^2 U} \\ [p] & [p]UW_- & 0 \\ U & 0 & -\dfrac{\gamma}{\gamma - 1}\dfrac{p}{\rho^2} \end{pmatrix}$$

$$\sim \begin{pmatrix} -\dfrac{[p]}{\rho U^2} & -(U + U_-) & -[p] \\ 1 & U & 0 \\ 1 & 0 & -\dfrac{\gamma}{\gamma - 1}p \end{pmatrix}. \tag{5.153}$$

由于 (5.153) 最后矩阵的行列式为

$$\begin{vmatrix} -\dfrac{\rho U(U - U_-)}{\rho U^2} & -(U + U_-) & -[p] \\ 1 & U & 0 \\ 1 & 0 & -\dfrac{\gamma}{\gamma - 1}p \end{vmatrix}$$

$$= -\dfrac{\gamma}{\gamma - 1}p \cdot 2U + [p]U$$

$$= U\left(-\dfrac{\gamma + 1}{\gamma - 1}p - p_-\right) < 0.$$

故 M 在 $W = 0$ 时是非异矩阵, 从而由连续性知在 W 充分小时它也是非异的. 所以 (5.152) 可以写成

$$\begin{cases} \delta W + \tau_W \delta p = g_W, \\ \delta U + \tau_U \delta p = g_U, \\ \delta \rho + \tau_\rho \delta p = g_\rho. \end{cases} \quad (5.154)$$

于是，(5.141) 的线性化问题为

$$(L): \begin{cases} \text{方程组 (5.151)}, \text{在} \omega_2 \cup \omega_3 \text{中}, \\ \text{边界条件 (5.152) 和 } \delta \mu = 0, \text{在} \Gamma_i \ (i=2,3) \text{上}, \\ \delta p, \delta W, \text{在} \Gamma_D \text{上连续}, \\ \delta p = 0, \text{在} \Gamma_L \text{上}. \end{cases} \quad (5.155)$$

依据方程组 (5.152) 的椭圆与双曲两部分，可以将问题 (L) 分拆为椭圆边值问题与双曲初边值问题两个子问题：

$$(L_e): \begin{cases} D_R \delta W - e D_I \delta p + H_{1\mathbf{U}} \delta \mathbf{U} = f_1, \text{在} \ \omega_2 \cup \omega_3 \text{中}, \\ D_I \delta W + e D_R \delta p + H_{2\mathbf{U}} \delta \mathbf{U} = f_2, \text{在} \ \omega_2 \cup \omega_3 \text{中}, \\ \delta W + \tau_{W_i} \delta p = g_{W_i}, \quad \text{在} \ \Gamma_i \ (i=2,3) \text{上}, \\ \delta p, \delta W, \quad \text{在} \Gamma_D \text{上连续}. \\ \delta p = 0, \quad \text{在} \Gamma_L \text{上}. \end{cases} \quad (5.156)$$

$$(L_h): \begin{cases} \dfrac{\partial}{\partial x} \delta U + d_W \dfrac{\partial}{\partial x} \delta W + d_p \dfrac{\partial}{\partial x} \delta p = f_3, \text{在} \omega_2 \cup \omega_3 \text{中}, \\ \dfrac{\partial}{\partial x} \delta p - \dfrac{\gamma p}{\rho} \dfrac{\partial}{\partial x} \delta \rho = f_4, \text{在} \ \omega_2 \cup \omega_3 \text{中}, \\ U \dfrac{\partial}{\partial x} \delta \mu - 2 \delta \mu = f_5, \text{在} \omega_2 \cup \omega_3 \text{中}, \\ \delta U + \tau_{U_i} \delta p = g_{U_i}, \text{在} \ \Gamma_i \ (i=2,3) \text{上}, \\ \delta \rho + \tau_{\rho_i} \delta p = g_{\rho_i}, \text{在} \ \Gamma_i \ (i=2,3) \text{上}, \\ \delta \mu = 0, \text{在} \ \Gamma_i \ (i=2,3) \text{上}. \end{cases} \quad (5.157)$$

在上、下半平面中分别引进坐标变换

$$\pi: \hat{x} = x, \hat{y} = \begin{cases} -\dfrac{y}{\chi_2(x)}, & \text{若} \ y < 0, \\ \dfrac{y}{\chi_3(x)}, & \text{若} \ y > 0, \end{cases} \quad (5.158)$$

将 ω_2, ω_3 在此变换下的像记为 $\omega_\pm$，将 Γ_2, Γ_3 在此变换下的像记为 $\Gamma_\pm$，且为记号简

单起见仍记 $\hat{x},\hat{y}$ 为 x,y，并保留 (5.156) 中的算子符号不变，则问题 (L_e) 变为

$$(L_e^1): \begin{cases} D_R\delta W - eD_I\delta p + H_{1\mathbf{U}}\delta\mathbf{U} = f_1, & \text{在 } \omega_\pm \text{ 中,} \\ D_I\delta W + eD_R\delta p + H_{2\mathbf{U}}\delta\mathbf{U} = f_2, & \text{在 } \omega_\pm \text{ 中,} \\ \delta W + \tau_{W_\pm}\delta p = g_{W_\pm}, & \text{在 } \Gamma_\pm \text{ 上,} \\ \delta p, \delta W, & \text{在}\Gamma_D \text{ 上连续.} \\ \delta p = 0, & \text{在 } \Gamma_L \text{ 上.} \end{cases} \quad (5.159)$$

对于问题 (L_e^1)，可以建立以下的 Sobolev 模估计.

引理 5.9 设 $(\mathbf{U}_0,\mathbf{U}_1)$ 在 $(\mathbf{U}_0^0,\mathbf{U}_1^0)$ 的 ϵ-邻域中，$(\chi_2(x),\chi_3(x))\in K_\zeta$，$(\mathbf{U}_2,\mathbf{U}_3)\in \Sigma_\delta$. 设 $(\delta p,\delta W)\in H^1(\omega)$ 是 (5.154) 的解，$f_{1,2}\in L^2(\omega)$，$g_{W_\pm}\in H^{\frac{1}{2}}(\Gamma_\pm)$，则

$$\|\delta p\|_{H^1(\omega)}^2 + \|\delta W\|_{H^1(\omega)}^2 \leqslant C\left(\sum_{i=1,2}\|f_i\|_{L^2(\omega)}^2 + \sum_{\pm}\|g_{W_i}\|_{H^{\frac{1}{2}}(\Gamma_\pm)}^2\right), \quad (5.160)$$

其中 C 不依赖于 ϵ,ζ,δ.

引理 5.10 在引理 5.9 的假定下，又设 $f_{1,2}|_{\omega_\pm}\in H^1(\omega_\pm)$，$g_{W_\pm}\in H^{\frac{3}{2}}(\Gamma_\pm)$，则

$$\|\delta p\|_{H^2(\omega_\pm)}^2 + \|\delta W\|_{H^2(\omega_\pm)}^2 \leqslant C\sum_{+,-}(\|f_{1,2}\|_{H^1(\omega_\pm)}^2 + \|g_{W_\pm}\|_{H^{\frac{3}{2}}(\Gamma_\pm)}^2), \quad (5.161)$$

其中 C 不依赖于 ϵ,ζ,δ.

于是由先验估计可推得问题 (L_e^1) 解的存在性.

引理 5.11 设 $(\mathbf{U}_0,\mathbf{U}_1)\in N_\epsilon$，$(S_2,S_3)\in K_\zeta$，$(\mathbf{U}_2,\mathbf{U}_3)\in \Sigma_\delta$，其中 ϵ,η,δ 充分小，$f_1,f_2\in L^2(\omega)$，$g_{W_\pm}\in H^{\frac{1}{2}}(\Gamma_\pm)$，则问题 (L_e) 在 ω 中有 $H^1(\omega)$ 解 $(\delta p,\delta W)$，它在 ω_i 中属于 $H^2(\omega_i)$，且估计式 (5.160)、(5.161) 成立.

与第四章中讨论的定常情形一样，利用对含角点区域的椭圆边值问题的估计可以建立椭圆区域中问题 (5.156) 的 Hölder 模估计.

引理 5.12 在引理 5.11 的假定下，又设 $f_1,f_2\in C^\alpha(\bar{\omega}_i)$，$g_{W_i}\in C^{1,\alpha}(\Gamma_i)$，则 (L_e) 有解 $(\delta p,\delta W)\in C^0(\bar{\omega})\cap C^{1,\alpha}(\bar{\omega}_i)$，并满足

$$\|(\delta p,\delta W)\|_{C^{1,\alpha}(\bar{\omega}_i)} \leqslant C\sum_{i=2,3}(\|f_{1,2}\|_{C^\alpha(\bar{\omega}_i)} + \|g_{W_i}\|_{C^{1,\alpha}(\Gamma_i)}). \quad (5.162)$$

其中 C 不依赖于 ϵ,ζ,δ.

与子问题 L_h 的求解相结合，可以得到

引理 5.13 在引理 5.11 的假定下，又设 $f_{1,2}\in C^\alpha(\bar{\omega}_i)$，$f_{3,4,5}\in C^{1,\alpha}(\bar{\omega}_i)$，$g_{W_i}, g_{U_i}, g_{\rho_i}\in C^{1,\alpha}(\Gamma_i)$，其中 $i=2,3$，则线性问题 (L) 有解 $\delta\mathbf{U}\in H^1(\omega)\cap$

$C^{1,\alpha}(\bar{\omega}_{2,3})$. 它满足估计

$$\|\delta \mathbf{U}\|_{C^{1,\alpha}(\bar{\omega}_{2,3})} \leqslant C \sum_{i=2,3} \Bigg(\sum_{j=1,2} \|f_j\|_{C^\alpha(\bar{\omega}_i)} + \sum_{j=3,4,5} \|f_j\|_{C^{1,\alpha}(\bar{\omega}_i)}$$
$$+ \|(g_{W_i}, g_{U_i}, g_{\rho_i}\|_{C^{1,\alpha}(\Gamma_i)}) \Bigg), \tag{5.163}$$

其中 C 不依赖于 ϵ, ζ, δ.

以上诸估计式的导出与第四章中定常情形下相关估计式的建立类似,详细推导也可见 [20].

步骤 5: 通过逼近序列得到非线性问题的解

有了线性化问题的可解性与解的估计,就可以构造非线性问题 (NL) 的近似解序列. 令

$$\mathbf{U}^{(0)} = \mathbf{U}_r^0 = \begin{cases} \mathbf{U}_2^0, & \text{在 } \omega_2 \text{ 中}, \\ \mathbf{U}_3^0, & \text{在 } \omega_3 \text{ 中}. \end{cases} \tag{5.164}$$

取 $\delta\mathbf{U}^{(0)} = 0$, 在 $\mathbf{U}^{(n)}$ 确定后, $\delta\mathbf{U}^{(n+1)}$ 按下式定义:

$$L^{(n)} : \begin{cases} D_R^{(n)} \delta W^{(n+1)} - e^{(n)} D_I^{(n)} \delta p^{(n+1)} + H_{1\mathbf{U}}^{(n)} \delta\mathbf{U}^{(n+1)} = -H_1^{(n)} + H_{1\mathbf{U}}^{(n)} \delta\mathbf{U}^{(n)}, \\ D_I^{(n)} \delta W^{(n+1)} + e^{(n)} D_R^{(n)} \delta p^{(n+1)} + H_{2\mathbf{U}}^{(n)} \delta\mathbf{U}^{(n+1)} = -H_2^{(n)} + H_{2\mathbf{U}}^{(n)} \delta\mathbf{U}^{(n)}, \\ \dfrac{\partial}{\partial x} \delta U^{(n+1)} + \mathrm{d}_W^{(n)} \dfrac{\partial}{\partial x} \delta W^{(n+1)} + \mathrm{d}_p^{(n)} \dfrac{\partial}{\partial x} \delta p^{(n+1)} = 0, \\ \dfrac{\partial}{\partial x} \delta p^{(n+1)} - \left(\dfrac{\gamma p}{\rho}\right)^{(n)} \dfrac{\partial}{\partial x} \delta \rho^{(n+1)} = 0, \\ U^{(n)} \dfrac{\partial}{\partial x} \delta \mu^{(n+1)} - 2\mu^{(n+1)} = 0, \\ (G_{\mathbf{U}}^\sharp)^{(n)} \delta\mathbf{U}^{(n+1)} = -G^\sharp(\mathbf{U}_\ell, \mathbf{U}^{(n)}) + (G_{\mathbf{U}}^\sharp)^{(n)} \delta\mathbf{U}^{(n)} \text{ 在 } \Gamma_{2,3} \text{ 上 } (\sharp = a, b, c), \\ \delta \mu^{(n+1)} = 0, \quad \text{在 } \Gamma_{2,3} \text{ 上}, \\ \delta p^{(n+1)}, \delta W^{(n+1)} \text{ 在 } \Gamma_D \text{ 上连续}, \\ \delta p^{(n+1)} = 0, \quad \text{在 } \Gamma_L \text{ 上}. \end{cases}$$
$$\tag{5.165}$$

再令 $\mathbf{U}^{(n+1)} = \mathbf{U}^{(0)} + \delta\mathbf{U}^{(n+1)}$, 由此归纳地建立了近似解序列 $\{\mathbf{U}^{(n)}\}$, 进一步可证明这个近似解序列在 $C^{1,\alpha}$ 空间中是紧的. 从而得知此序列收敛 (或可选取它的子序列收敛), 而收敛的极限为 (NL) 的解. 这一过程在本书中已多次讲到, 这里也不再重复.

5.3.4 定理 5.4 的证明

由 (NL) 的解以及它的估计可进一步证明自由边值问题 $(FB)_1$ 与 (FB) 解的存在性. 如前所述, 自由边值问题 $(FB)_1$ 的求解可分拆为固定边值问题 (5.138) 与修正边界 (5.139) 的交替迭代过程, 与第四章中的讨论相仿, 可以证明这一迭代过程是收敛的, 于是自由边值问题 $(FB)_1$ 可解.

由 (5.127) 可知, 由问题 $(FB)_1$ 的解 $\mathbf{U}$ 所作出的微分 $\dfrac{V}{U}\mathrm{d}x + \dfrac{1}{\mu\rho U}\mathrm{d}y$ 是全微分. 于是, 变换

$$\xi = x, \quad \eta = \int_{(0,0)}^{(x,y)} \frac{V}{U}\mathrm{d}x + \frac{1}{\mu\rho U}\mathrm{d}y \tag{5.166}$$

可合理地定义. 它就是在 5.3.2 中定义的变换 T 的逆变换. 此后, 容易验证 $T^{-1}\mathbf{U}$ 满足方程 (5.114) 及相关的边界条件. 故得自由边值问题 (FB) 的解. 定理 5.4 中的估计也容易通过直接计算得出.

于是我得到了定理 5.4 中所述的平坦 Mach 结构在扰动下的稳定性.

注 5.7 还可进一步证明在一定条件下 E–H 型 Mach 结构的稳定性. 与定常情形下的讨论相仿, 对 E–H 型 Mach 结构稳定性的讨论将导致一个混合型方程的边值问题. 由于我们对混合型方程的了解不够充分, 最终所得到的稳定性的结果要弱一些, 详见 [25].

第六章
进一步研究的问题

前面几章介绍了迄今应用偏微分方程理论于激波反射问题分析研究已获得的若干结果. 这些结果还是很初步的, 有很多问题期待有更完整的结果, 或者至今知之甚少, 有待新的突破. 下面我们将列出一些待研究的颇具挑战性的问题, 并指出其可能遇到的困难. 希望能引起读者的兴趣, 更希望以后在这些问题的研究上能获得进展, 使问题转变为成果.

6.1 完全 Euler 方程组的讨论

在本书各章中多数是以完全 Euler 方程组为描述气体运动的基本方程组展开讨论的. 但是在第五章讨论激波被斜坡的反射时采用了位势流方程来描述气体运动 (参见 [10]、[11]). 位势流方程是在无旋等熵的假定下导出的, 如果将该方程换成完全 Euler 方程组, 即同时将流体的旋度变化考虑在内, 能否也得到类似的在自相似坐标系中整体解的存在性呢?

我们指出这样做会遇到的一个困难. 如第五章第 3 节中所指出的, 含两个空间变量的完全 Euler 方程组在自相似坐标系中可以解耦为一个二阶椭圆型方程与一组双曲型方程, 后者所含的微分算子就是沿流线切向的求导算子 $L = (u-\xi)\frac{\partial}{\partial \xi} + (v-\eta)\frac{\partial}{\partial \eta}$. 在 $(\xi,\eta) = (u,v)$ 处这个微分算子的系数全部退化为零, 这一点称为**驻点**, 算子 L 在该点出现奇性. 相应地, 流场在该驻点也可能出现奇性. 在激波被斜坡的正则反射问题中, 在反射激波与物面围成的区域中必定有一点的拟速度为零. 即使最终能证明流场在该点并无实质的奇性, 在论证过程中流场出现奇性的可能性也会对建立先验估计等事实带来一定的困难. 所以在完全 Euler 方程组的框架下讨论激波被斜坡正则反射的问题还是迄今未解决的问题之一.

6.2 三维空间中的激波反射

现实的激波运动与反射都是在三维的物理空间中发生的. 在所考虑的问题具有一定的对称性时, 可以省略一些变量, 从而简化为一个空间变量的情形 (如第三章第 1 节中的讨论) 或两个空间变量的情形 (如第四章与第五章中的讨论). 我们当然希望这些讨论能适用于更一般的情形, 然而这种推进往往是不平凡的. 在第三章中我们看到, 对两个自变量情形下关于激波正则反射的讨论与对三个自变量情形关于激波正则反射的讨论在方法上有很大的不同, 前者由于自变量个数为 2, 可以用沿特征线积分的方法处理, 而后者则不能, 从而需要用到更多的数学工具.

在第四章与第五章中的讨论都是在两个自变量的情形下进行的. 将这些结果推进到含三个自变量的情形会遇到新的困难. 例如, 我们可以列举一下几个问题.

6.2.1 平面激波被弯曲斜坡的反射

在第五章第 2 节中介绍的平面激波被斜坡的正则反射问题利用了方程与边界条件在自相似变换下不变的特性可以仅讨论方程的自模解, 从而将三个自变量 (t, x, y) 减少为两个自变量 $(\xi = x/t, \eta/t)$. 但如果考虑平面激波被弯曲斜坡反射的情形, 由于边界在自相似变换 $t \mapsto \alpha t, x \mapsto \alpha x, y \mapsto \alpha y$ 下会发生改变, 所以问题不存在自相似解.

如果以弯曲斜坡在原点的切平面作为原点附近平面斜坡的近似位置, 则第五章第 2 节中所获得的自相似解也可以作为一个近似解. 而平面激波对弯曲斜坡的反射就是该激波对近似平面斜坡的反射的扰动. 同时平面激波对切平面斜坡反射所得到的流场就可以作为扰动问题的背景解. 原始问题是在 (t, x, y) 空间中的一个非线性问题, 它定义在一个由激波面与固壁边界包围的锥状曲面中. 利用 5.2 中方法可以利用这个背景解建立相应的线性化问题, 然后需证明所建立的线性化问题解的存在性以及相应的估计, 建立非线性迭代并证明迭代过程的收敛性. 由此最终导致在原点邻域中局部精确解的存在性. 由于此时所导出的线性化问题定义在一个含奇性的锥状区域中, 证明其解的存在性与建立合适的估计需要细致的分析与艰苦的努力. 我们预测, 在 3.2 中引入的区域二进分解与伸缩的方法将会有所帮助.

6.2.2 平面激波被圆锥体的反射

利用方程与边界条件在自相似变换下不变的特性, 通过仅讨论方程的自模解的方法, 可减少所讨论问题中自变量的个数, 从而使问题得到简化. 这样的想法可以应用于更多的问题. 例如, 可应用于讨论一个运动的平面激波被圆锥体的反射. 取一个较简单的情形, 仍在位势流的框架下考察与圆锥面的轴相垂直的平面激波冲向该圆锥所产生的激波反射. 此时, 利用对称性可以在柱坐标系中来讨论该激波反射问题. 由柱对称性知可以用含三个未知量 (t,z,r) 描写所考察的运动. 同样由于方程与边界条件在自相似变换下不变, 故可以将自变量减少为两个 ($\xi = z/t, \eta = r/t$). 但即使讨论在圆锥的顶角接近于 $\pi/2$ 的假定下的激波正则反射问题时, 也很快会遇到新的问题.

三维空间中的位势流方程形式为

$$\rho_t + \sum_{i=1}^{3}(\rho\phi_{x_i})_{x_i} = 0, \tag{6.1}$$

若取柱坐标系, 使

$$z = x_1, \ r = (x_2^2 + x_3^2)^{1/2}, \ \theta = \arctan\left(\frac{x_3}{x_2}\right),$$

则 (6.1) 可化为

$$\rho_t + (\rho\phi_z)_z + (\rho\phi_r)_r + \frac{\rho\phi_r}{r} = 0. \tag{6.2}$$

很明显, 常状态 ($(\rho, \vec{u})$ 均为常值) 不是轴对称的. 而若 ϕ 取为 (t,r,z) 的线性函数, 则不满足方程 (6.2). 所以, 在反射波后的流场, 即使在反射点附近也不再是拟常态. 相应地, 反射激波也不会是平面. 虽然由对称性可知反射激波面仍应具有旋转对称的性质, 但一般也不会是圆锥面.

这就是说, 反射波后的流场不能仅靠 Rankine-Hugoniot 条件所表达的代数方程确定, 必须通过偏微分方程的边值问题求解. 容易断定, 在反射激波后的反射点附近区域中所考察的方程仍为双曲型的. 但与 5.2 的情形不同, 我们只知道这个双曲型方程边值问题的局部解存在, 而这个解能否一直延拓到音速线 (在那里方程的双曲性已出现退化, 成为退化双曲型方程) 尚待证明. 仅就对一个非线性退化双曲型方程的边值问题, 如何获得直到退化线 (该退化线还依赖于解, 从而是事先未知的) 的解就是一个相当困难的问题, 至今未见到可应用于流体问题的结果. 至于如何将解延拓过音速线与退化椭圆型方程的解相衔接, 还需了解在退化双曲区域中解的性质, 特别是在退化线附近的正则性. 再则, 在确定音速线的位置以及音速线上的流场参量后, 所进一步考察的退化椭圆型方程在对称轴上有奇性, 它也将是需要特殊处理的问题之一.

由此可见, 要将 5.2 中的结论推进到平面激波被圆锥面反射的情形不是平凡的. 而如果考虑平面激波被非对称的锥形曲面的反射就更困难了.

6.2.3 三维空间中的 Mach 结构稳定性

将本书第四章与第五章中关于 Mach 结构稳定性的讨论推进到 3 个空间变量的情形也远不是简单的推广, 此时必定会遇到新的困难. 在两个空间变量的情形,完全 Euler 方程组可通过解耦分解成一个二阶方程 (双曲或椭圆, 视超音速或亚音速而定) 与几个一阶方程的耦合. 但这里所采用的分解方法不适用于 3 个空间变量的情形, 需要引入新的方法. 关于定常流完全 Euler 方程组在三维空间的亚音速区域中的解耦可参见 [21], 但在应用此方法于 Mach 结构稳定性的讨论时, Mach 结构中三叉交点的出现可能会带来一些新的困难.

更大的困难还在于接触间断的稳定性. 我们知道, 在 Mach 结构稳定性的讨论中在反射激波与 Mach 杆后方有一个接触间断. 在二维空间中这个接触间断是一条曲线, 它可以通过 Lagrange 变换 (或广义的 Lagrange 变换) 被拉直. 在三维空间中这个接触间断就是一个曲面, 它不仅不能简单地被拉平, 而且本身就有不稳定性, 见 [3]、[30] 等. 特别需注意的是, 在研究单个接触间断面的稳定性时, 为保证接触间断面稳定, 对切向速度的间断需添加附加条件, 而这个条件在 Mach 结构稳定性的讨论中恰难以满足. 于是, 如何说明在整个 Mach 结构中出现的接触间断面也是稳定的就必须寻找促使其稳定的新的因素, 这个困难也是实质性的.

6.3 大扰动与整体解

6.3.1 大扰动问题

在前面几章讨论的问题多数都属于常态问题的小扰动. 就是说, 首先根据方程与激波条件可以知道存在一个常态解. 事实上, 以欧氏坐标写出的 Euler 方程组中每一项均含未知函数的导数, 故常值函数必满足方程. 当激波为平面激波时, 激波条件也成为一组代数方程. 所以如常态解存在的话, 它可以用代数方程获得. 在考虑小扰动问题时, 例如来流的流场参量或边界条件有小扰动, 则可期望扰动问题的解也是未扰动问题解的小扰动. 这时, 未扰动问题的解往往可以作为背景解, 它是扰动问题的近似解, 在构造近似解序列时, 它可取为第一项. 以此为基础, 找到一个好的线性化方法以及相应的非线性迭代格式来逐渐改进近似解的近似程度, 最终可获得扰动问题的精确解. 可是在大扰动问题的情形, 没有背景解可利用, 线性化的处理常难以奏效. 这时非线性问题的求解就得采用更一般的非线性方法, 如不动点定理、拓扑度理论等.

以第五章第 2 节讨论的激波被斜坡正则反射的问题为例, 在定理 5.3 中要求斜坡与水平面的夹角近于直角. 也就是将激波被斜坡反射的问题视为正反射问题的小扰动, 将斜坡与垂直面的夹角 σ 视为小参量, 得到了拟定常问题解的存在性. 当 σ 非充分小时, 就属于大扰动的情形. [11]、[32]、[36] 的作者均研究了大扰动的情形. 文献 [11] 利用 Leray 拓扑度理论证明: 即使取消了 σ 充分小的假定, 只要问题中自然参量的配置使 Mach 反射不会出现, 则仍能证明正则反射解的存在性.

6.3.2 整体解问题

除了平面激波被斜坡正则反射的问题外, 在第三章到第五章中讨论的问题多数都仅得到了在反射点附近的局部解, 人们自然关心是否能得到全局的整体解. 在研究整体解问题常常要比研究局部解问题考虑更多的因素. 举例如下.

整体解与小扰动的联系

在有背景解且已证明了局部解的存在性的情况下, 整体解的存在性通常与扰动的整体分布与衰减有关. 例如在正则反射问题中当来流不仅是常态流动的小扰动, 而且扰动在无穷远处以一定的速率衰减直至消失, 或物面是平面的小扰动, 且到无穷远处时以一定的速率趋于平坦, 则有可能建立在大的空间范围或全空间中解的估计, 并可期望获得正则反射问题的整体解.

定常 Mach 反射中的下游条件之影响

在本书第四章、第五章中分析了 Mach 结构的稳定性, 这个分析是在三叉交点的局部邻域中进行的. 然而 Mach 反射存在性的研究必定是整体解的研究. 因为对于 Mach 反射问题来说, 虽然有时从实际需要出发可暂不考虑无穷远处的流场是怎样的, 但确定 Mach 反射的三叉交点以及 Mach 杆的位置对于描述该 Mach 反射则是不可缺少的. 由于 Mach 杆在激波反射问题中一般总是有有限的长度不能被取得任意地小, 所以 Mach 反射问题在物理空间中总是一个在有界区域中的整体解的问题. 在第四章与第五章中讨论 Mach 结构的稳定性时可只局限于讨论三叉交点邻域中的流场, 并未涉及 Mach 杆的长度. 这在证明 Mach 反射存在性等问题的研究中是不够的.

以第四章中讨论的定常 Mach 反射为例, 图 4.1 显示了一个在风洞中产生 Mach 反射的实验, 一个恒定的超音速气流冲向一个具尖前缘的楔产生一个平面激波, 此激波在遇到风洞壁面时由于激波面与避免夹角较大而产生 Mach 反射. 显然, 楔的长度必定是有限的, 楔的长度与风洞后方的条件对 Mach 反射中出现的诸激波的形成与位置都有影响. 因此对 Mach 反射整体解问题本身给出一个合适的提法 (包括边界条件) 本身就不是简单的.

[26] 中讨论了一个特殊的激波 Mach 反射的整体解问题. 在图 4.1 所示的产生 Mach 反射的实验中, 若已知有一个平坦的 Mach 反射结构, 保留这个结构中在下游添加的压力控制条件, 对该平坦 Mach 反射作小扰动, 可以得到该扰动问题的整体解. 但是, 这个整体解的存在范围还只是将 Mach 杆包含于其中, 并未延伸到全空间. 更一般地, Mach 反射问题的整体解并不一定是一个已知平坦 Mach 反射的扰动, 下游的压力控制条件最好也能改为更易于实施的条件, 它显然与楔形物体与风洞管道形状等条件有关. 为获得这类问题的整体解还必须避免区域内部奇性的产生.

区域内部奇性的产生

由于非线性双曲型方程 (组) 的光滑解在发展过程中会从内部产生新的奇性. 所以在激波反射问题中, 如果要研究整体分片光滑解, 除了考察入射激波与反射激波以外, 还必须关注在区域内新的奇性是否会产生, 或如何产生与发展. 例如讨论一个平面激波被一个固定凸曲面的反射, 则除了入射激波与主反射激波外还需考虑是否会产生其他激波等问题. 所以激波反射问题的整体解的研究将以非线性双曲守恒律方程组整体光滑解的研究为基础, 后者的成果一般都能在激波反射问题中得到一些新的应用.

激波被斜坡反射而产生的 Mach 反射

一个十分典型的问题是在自相似坐标系中激波被斜坡反射而产生 Mach 反射问题解的整体存在性. 即在入射平面激波与斜坡面的夹角 σ 较大时, 能否严格地证明如图 5.5 所示的 Mach 反射问题解的存在性, 图 5.5 所示的图像至今还只是依据实验结果描绘的, 由于这个问题中所含自然参量只有斜坡的角度、入射平面激波的速度以及入射激波前方的气体状态 (气体是静止的, 压力与密度给定), 它无需如定常 Mach 反射问题研究中需对下游的条件做附加的限制, 因此问题的典型意义更大. 但这里存在的困难是很多的, 它首先是一个大扰动问题, 没有背景解可提供. 而且三叉激波交点的位置以及 Mach 杆的高度是未知的. 又由实验的图像可见激波后的接触间断线在延伸一段后消失, 从数学分析角度如何描述接触间断线的发展与消失也是个完全未知的问题. 因此, 这个问题很有挑战性, 即使在一些补充假设下能获得一些突破也是十分令人期盼的.

关于大时间范围的整体解

前面所说的整体解的整体性都是关于空间而言的. 另一种整体解的含义是关于时间的整体解. 在含时间变量的非线性双曲型方程组的各类问题中, 由于奇性会从光滑解内部产生, 整体解的存在性以及它的渐近性态一直是众人关注的焦点之一. 尽管数十年来关于整体解存在性的研究已获得很大进展, 但基本上仅限于单个空间变量的情形, 尚缺少关于多个空间变量非线性双曲型方程组的整体弱解的结果. 而当已知有一定强度的激波出现时研究在大时间范围弱解存在性的难度更高.

6.4 不同激波反射结构的转换

如本书第一章中所说到的, 在三维空间中一个运动的球面激波遇到一个障碍平面而被该平面反射时, 开始激波面与物面的夹角很小, 激波反射的模式为正则反射, 而随着时间的推移, 激波与物面的交角渐增, 终究会导致 Mach 反射的出现, 恰如第一章中图 1.1 至图 1.3 所示. 在 5.1 中所讨论的平面激波冲撞上一个圆柱曲面时 (在取两个空间变数的情形, 即一个以运动直线表示的激波冲撞上一个以圆周表示的物面) 所出现的情形是类似的, 也会遇到正则反射结构转变为 Mach 反射结构的结构转换.

在定常激波反射研究中也有类似的问题. 如图 4.1 中所示可以通过超音速流对楔形物体的绕流生成一个平面激波来研究激波被固定壁面的反射. 如逐渐地改变楔形物体表面与来流的夹角, 则对应的入射激波方向以及入射激波与物面的交角也随之改变, 其反射模式应该从正则反射变化为 Mach 反射. 但这个转变是如何发生的? 是连续地转变还是突变? Mach 反射结构中的 Mach 杆是突然产生并达到一定高度, 还是从零高度开始连续地增长的? 这些不仅需要我们对 Mach 反射的整体解结构有清晰的了解, 还得了解 Mach 结构对参量的连续依赖性.

再则, 激波极线分析指出, 在某些流场参量的组合下, 既有可能产生正则反射, 也有可能产生 Mach 反射. 例如根据图 2.7 所示, 在表示速度方向与压强关系的 (θ, p) 激波极线图上的每一点 (配以相应的速度) 都表示了一个可能的流动状态. 如果 $P_-(0, p_-)$ 点表示上游的流动状态, 在以这一点为自交点的激波极线圈 γ_{P_-} 上的点 $P_0(\theta_0, p_0)$ 表示入射激波后的流动状态, 则可以利用以 P_0 为自交点的激波极线圈 γ_{P_0} 与 p 轴的交点 P_1, 构建一个由 P_-, P_0, P_1 三点代表的状态所组成的正则反射结构, 也可以利用 γ_{P_-} 与 γ_{P_0} 的交点 Q 构建一个 Mach 反射结构 (如图 2.9 所示). 使这两种不同激波结构都可能 (仅从激波极线来分析是可能的) 的参量 (θ, p) 所在的区域称为**双解区**. 在 [5]、[31] 中都有一定篇幅提出了出现双解区的可能. 一个自然的问题是在实际流动中, 正则反射结构与 Mach 反射结构究竟哪个反射结构会真实出现? 什么是正则反射转换成 Mach 反射 (或相反方向的转换) 的准则? [5] 对此给出了若干个准则, 但并未在偏微分方程的层次做分析研究. [33] 对这个问题进行了分析的讨论, 提出了作者对转换准则的见解.

在 [5] 中还指出, 实验表明在双解区中有**滞后** (hysteresis) 现象的出现, 即究竟哪种反射结构会真实出现不仅与当时的入射激波相关的参量以及周围的边界条件有关, 还与到达这一状态的历史过程有关. 这自然使得正则反射与 Mach 反射之间的转换研究更加复杂. 当然它也是未来很值得研究的一个问题.

参考文献

[1] Agmon S, Douglis A, Nirenberg L. *Estimates near the boundary for solutions of elliptic partial differential equations satisfying general boundary value conditions I*. Comm Pure Appl Math, 1959, 12: 623–727.

[2] Agmon S, Douglis A, Nirenberg L. *Estimates near the boundary for solutions of elliptic partial differential equations satisfying general boundary value conditions II*. Comm Pure Appl Math, 1964, 17: 35–92.

[3] Artola M, Majda A. *Nonlinear development of instabilities in supersonic vortex sheets*. Physica D 1987, 28: 253–281.

[4] Bae M, Chen G-Q, Feldman M. *Regularity of solutions to regular shock reflection for potential flow*. Invent Math, 2009, 175: 505–543.

[5] Ben-Dor G. *Shock Waves Reflection Phenomena (second edition)*. Berlin, Heiderberg, New York: Springer-Verlag, 2007.

[6] Canic S, Keyfitz B L, Lieberman G M. *A proof of existence of perturbed steady transonic shocks via a free boundary problem*. Comm Pure Appl Math, 2000, 53: 1–28.

[7] Canic S, Keyfitz B L, Kim E H. *A free boundary problem for a quasilinear degenerate elliptic equation: Regular reflection of weak shocks*. Comm Pure Appl Math, 2002, 55: 71–92.

[8] Chen G-Q, Chen J, Feldman M. *Transonic flows with shocks past curved wedges for the full Euler equations*. Discrete Contin Dyn Syst, 2016, 36: 4179–4211.

[9] Chen G-Q, Fang B X. *Stability of transonic shocks in steady supersonic flow past multidimensional wedges*. Adv Math, 2017, 314: 493–539.

[10] Chen G-Q, Feldman M. *Global solution to shock reflection by large-angle wedges for potential flow*. Ann Math, 2010, 171: 1067–1182.

[11] Chen G-Q, Feldman M. *Mathematics of Shock Reflection-Diffraction and von*

Neumann's Conjectures. Princeton and Oxford. Princeton University Press, 2016.

[12] Chen G-Q, Wang D H. *The Cauchy problem for the Euler equations for compressible fluids.* North-Holland, Elsevier, Amsterdam, Handook of Mathematical Dynamics: 2002, 421–543.

[13] Chen S X. *On the initial-boundary value problems for the quasilinear symmetric hyperbolic system with characteristic boundary.* Chin Ann Math, 3A. 1982: 223–232.

[14] Chen S X. *A class of Goursat problem of hyperbolic system.* Jour of PDEs, 1988, 1: 87–96.

[15] Chen S X. *On reflection of multidimensional shock front.* Jour Diff Eqs, 1989, 80: 199–236.

[16] Chen S X. *Smoothness of shock front solutions for system of conservation laws.* Lecture Notes in Math, 1306: 1990, 38–60. New York/Berlin: Springer-Verlag.

[17] Chen S X. *Existence of local solution to supersonic flow around a three dimensional wing.* Adv Appl Math, 1992, 13: 273–304.

[18] Chen S X. *Linear approximation of shock reflection at a large angle.* Comm PDE, 1996, 21: 1103–1114.

[19] Chen S X. *Stability of a Mach Configuration.* Comm Pure Appl Math, 2006, 59: 1–33.

[20] Chen S X. *Mach configuration in pseudo-stationary compressible flow.* Jour Amer Math Soc, 2008, 21: 63–100.

[21] Chen S X. *Transonic shocks in 3-d compressible flow passing a duct with a general section for Euler systems.* Trans Amer Math Soc, 2008, 360: 5265–5289.

[22] Chen S X. *Study on Mach reflection and Mach configuration.* Proceedings in Applied Mathematics, Hyperbolic Problems: Theory, Numerics and Applications, American Mathematical Society, 2009, 67: 53–71.

[23] Chen S X. *Study of multidimensional systems of conservation laws: problems, difficulties and progress.* Proceedings of the International Congress Mathematicians. 2010, 3: 1884–1900.

[24] Chen S X. *E-H type Mach configuration and its stability.* Comm Math Phys,

2012, 315: 563–602.

[25] Chen S X. *Stability of E-H Mach configuration in pseudo-steady compressible flow.* Frontier in differential geometry, partial differential equations and mathematical physics. World Sci Publ, 2014: 35–47.

[26] Chen S X. *Global existence and stability of a stationary Mach reflection.* Sci China Math, 2015, 58: 11–34.

[27] Chen S X, Fang B X. *Stability of transonic shocks in supersonic flow past a wedge.* Jour Diff Eqs, 2007, 233: 105–135.

[28] Costabel M, Dauge M. *Construction of corner singularities for Agmon-Doglis-Nirenberg elliptic systems.* Math Nache, 1993, 162: 209–237.

[29] Costabel M, Dauge M. *Stable asymptotics for elliptic systems on plane domains with corners.* Comm Partial Differential Equations, 1994, 19: 1677–1726.

[30] Coulombel J F, Secchi P. *Nonlinear compressible vortex sheets in two space dimensions.* Ann Sci Ec Norm Super, 2008, 41: 85–139.

[31] Courant R, Friedrichs K O. *Supersonic Flow and Shock Waves.* New York, Interscience Publishers Inc, 1948.

[32] Elling V. *Regular reflection in self-similar potential flow and the sonic criterion.* Comm Math Anal, 2010, 8: 22–69.

[33] Elling V. *Non-existence of strong regular reflection in self-similar potential flow.* Jour Diff Equ, 2012, 253: 2085–2103.

[34] Elling V. *Counterexamples to the sonic criterion.* Arch Rational Mech Anal, 2009, 194: 987–1010.

[35] Elling V, Liu T P. *The ellipticity principle for self-similar potential flows.* Jour Heperbolic Diff Equ, 2005, 2: 909–917.

[36] Elling V, Liu T P. *Supersonic flow onto a solid wedge.* Comm Pure Appl Math, 2008, 61: 1347–1448.

[37] Fang B X. *Stability of transonic shocks for the full Euler system in supersonic flow past a wedge.* Math Methods Appl Sci, 2006, 29: 1–26.

[38] Gu C-H, Li T-T, Hou Z-Y. *The Cauchy problem of hyperbolic systems with discontinuous initial values I,II,III.* Acta Math Sinica, 1961, 4: 314–323; 1961, 4: 324–327; 1962, 5: 132–143.

[39] Gilberg D, Trudinger N. *Elliptic Partial Differential Equations of Second*

Orders (Second Edition). New York: Springer-Verlag, 1983.

[40] Gristvard P. *Ellptic problems in nonsmooth domains.* Monographs and Studies in Mathematics, 24. London: Pitman, 1987.

[41] Hornung H G. *Regular and Mach reflection of shock waves.* Ann Rev Fluid Mech, 1986, 18: 33–58.

[42] Hornung H G. *On the stability of steady-flow regular and Mach reflection.* Shock Waves, 1997, 7: 123–125.

[43] Kreiss H O. *Initial boundary value problems for hyperbolic systems.* Comm Pure Appl Math, 1970, 23: 277–298.

[44] Lax P D. *Weak solutions of nonlinear hyperbolic equations and their numerical computation.* Comm Pure Appl Math, 1954, 7: 139–193.

[45] Lax P D. *Hyperbolic systems of conservation laws.* Comm Pure Appl Math, 1957, 10: 537–566.

[46] Lax P D. *Hyperbolic systems of conservation laws and the mathematical theory of shock waves.* Conf Board Math Sci, 11. SIAM, 1973.

[47] Li T-T, Yu W-C. *Some existence theorems for quasilinear hyperbolic systems of partial differential equations in two independent variables, I, II.* Scienia Sinica, 1964, 4: 529–550, 551–562.

[48] Li T-T, Yu W-C. *Boundry value problems for quasi-linear hyperbolic systems.* Duke Univ Math Ser, 1985, 5.

[49] Majda A. *The stability of multi-dimensional shock front, The existence of multi-dimensional shock front.* Memoirs Amer Math Soc. 1983: 275–281.

[50] Majda A. *One perspective on open problems in multi-dimensional conservation laws.* IMA Math Appl, 1991, 29: 217–237.

[51] Majda A, Thomann E. *Multi-dimensional shock fronts for second order wave equations.* Comm in PDEs, 1987, 12: 777–828.

[52] Metivier G. *Stability of multi-dimensional weak shocks.* Comm in PDEs, 1990, 15: 983–1028.

[53] Metivier G. *Interaction de deux chocs pour un systeme de deux lois de conservation en dimension deux d'espace.* Trans Amer Math Soc, 1986, 296: 431–479.

[54] Morawetz C S. *Potemtial theory for regular and Mach reflectio of a shock at a wedge.* Comm Pure Appl Math, 1994, 47: 117–237.

[55] von Neumann J. *Oblique reflection of shocks*. PB37079. Washington D C, U S Department Commerce, Office of Technical Services, 1943.

[56] Oleinnik O. *Discontinuous solutions of nonlinear differential equations*. Usp Mat Naus, 1957, 12: 3–73.

[57] Serre D. *Ecoulement de fluides parfaits en deux variables indépendentes de type espace. Réflexion d'un choc plan un dièdre compressif*. Arch Rational Mech Anal, 1995, 132: 15–36.

[58] Serre D. *Shock reflection in gas dynamics*. In: Handbook of Fluid Dynamics, 4. North-Holland, Elesvier, 2005.

[59] Serre D. *Multidimaensional shock interaction for a Chaplygin gas*. Arch Rat Mech Anal, 2009, 191: 539–577.

[60] Smoller J. 1994. *Shock Waves and Reaction-Diffusion Equations*. New York: Springer-Verlag.

[61] Teshukov V M. *Stability of regular shock wave reflection*. J Appl Mech Tech Phys, 1989, 30(2): 189–196.

[62] Yin H C, Zhou C. *On global transonic shocks for the steady supersonic Euler flows past shorp 2-D wedges*. J Diff Equations, 2009, 246: 4466–4496.

索 引

Bernoulli 关系式 (Bernoulli relation) 6, 7, 29, 36-39, 43, 50, 65, 136, 145, 152

Bernoulli 常数 (Bernoulli constant) 28, 151

Dirichlet 问题 (Dirichlet problem) 126

E-E 型 Mach 结构 (Mach configuration of E-E type) 94, 96, 97, 105, 114, 120, 121, 123, 136, 175, 180

E-H 型 Mach 结构 (Mach configuration of E-H type) 93-95, 97, 120, 121, 136, 175, 187

Euler 方程组 (Euler system) 4, 9, 13, 19, 27, 30, 34, 36, 41-44, 47, 52, 76, 98, 137, 143-146, 172, 175, 176, 178-180, 188, 191

Goursat 问题 (Goursat problem) 85, 139, 141, 144

Hugoniot 曲线 (Hugoniot curve) 14, 15, 24-26, 47

Hölder 估计 (Hörder 估计) 111, 160

Keldysh 方程 (Keldysh equation) 126

Lagrange 变换 (Lagrange transformation) 98, 122, 136, 176, 177, 191

Lavrentiev-Bitsadze 方程 (Lavrentiev-Bitsadze equation) 126, 128

Mach 反射 (Mach reflection) 2, 3, 51-54, 93-95, 97, 127, 137, 171-174, 191-194

Mach 杆 (Mach stem) 2, 3, 48, 93, 94, 97, 120, 121, 171-174, 191-194

Mach 激波 (Mach shock) 2, 46, 18, 50, 52, 93, 94, 96, 174

Mach 角 (Mach angle) 30, 31, 47, 56

Mach 结构 (Mach configuration) 2, 43, 48, 51-53, 93-97, 102, 105, 114, 120, 121, 123, 128, 136, 172-176, 180, 187, 190-192, 194

Mach 结构的稳定性 (stability of Mach configuration) 94-97, 114, 120, 121, 136, 174, 180, 187, 192

Mach 数 (Mach number) 30, 38

Newton 迭代法 (Newton iteration) 78, 85, 86, 142

Prandtl 关系式 (Prandtl relation) 15, 29

Rankine-Hugoniot 条件 (Rankine-Hugoniot conditions) 10–13, 16–18, 23, 26, 27, 48, 51, 55, 57, 89, 95, 96, 98, 100, 102, 107, 121, 138, 144, 151, 175, 176, 178, 190

Sobolev 估计 (Sobolev estimate) 108

Sobolev 嵌入定理 (Sobolev embedding theorem) 67, 88

Tricomi 方程 (Tricomi equation) 126

Tricomi 问题 (Tricomi problem) 126-128, 134

B

比容 (specific volume) 4, 13, 48

边界条件 (boundary condition) 4, 22, 23, 52, 58-60, 62, 63, 65, 67, 74, 75, 89, 95, 101, 102, 105-107, 109-111, 114, 115, 117, 125-127, 129-131, 133, 134, 136, 143, 146, 148, 152, 156-158, 161, 162, 165, 169, 171, 176, 182, 184, 187, 189-192, 194

边值问题 (boundary value problem) 1, 54, 57, 58, 63, 66, 73-75, 78, 79, 86, 91, 98, 100-103, 106, 110-113, 116-120, 122, 125-127, 129, 131, 134-137, 140, 141, 144, 146, 148, 153, 157, 159, 161-164, 175, 178-180, 184, 185, 187, 190

C

超音速激波 (supersonic shock) 56, 64, 88

超音速流 (supersonic flow) 23, 55, 56, 60, 89, 120, 121, 194

超音速绕流 (supersonic flow past bodies) 64, 91-93

重 Mach 反射 (double-Mach reflection) 173

D

大扰动问题 (big disturbance problem) 191, 193

动量守恒律 (conservation law of momentum) 10

等熵流 (isentropic flow) 5-7, 16

等熵无旋流 (isentropic irrotational flow) 6-8, 10, 12, 13, 57, 59, 61, 64, 88, 145

定常流 (steady flow) 6-9, 12, 23, 28, 35, 54, 98, 122, 174-176, 191

F

方程组的解耦 (decomposition of system) 180

非定常流 (unsteady flow) 11, 13, 23, 26, 137

分布 (distribution) 192

G

广义函数 (distribution) 12

广义解 (generalized solution) 1

广义 Lagrange 变换 (general Lagrange transformation) 176, 177

广义 Tricomi 问题 (general Tricomi problem) 127, 128, 134

H

焓 (enthalpy) 4, 6, 137

滑行线 (slip line) 51, 52, 172, 174

混合型方程 (mixed type equation) 120, 122, 125-128, 134-136, 146, 187

J

角状区域 (angular domain) 52, 54, 55, 58, 59, 62, 65, 67, 90

简单 Mach 反射 (single Mach reflection) 173

激波 (shock) 1-6, 10, 12-16, 21-66, 74, 84, 88-98, 100, 101, 106, 107,

120-122, 124, 137-140, 144-151, 153, 156-158, 170-174, 176, 178, 179, 188-194

激波反射 (shock reflection) 1-4, 22, 23, 26, 27, 43, 44, 46, 48, 53-55, 57, 59-61, 64-66, 85, 89, 90, 93, 120, 137, 144-146, 150, 152, 156, 171, 188-190, 192, 193

激波反射角 (angle of reflected shock) 2, 3

激波极线 (shock polar) 26, 27, 30-48, 51-55, 60, 63, 65, 84, 88, 91, 93-95, 174, 194

激波极线方程 (shock polar equation) 31, 36, 39, 40, 60

激波极线分析 (shock polar analysis) 27, 88, 194

激波极线圈 (loop of shock polar) 194

激波入射角 (angle of incident shock) 3

接触间断 (contact discontinuity) 3, 12, 50-52, 93-98, 119-122, 124, 172-174, 191, 193

局部解 (local solution) 57-59, 61, 65-67, 139, 141, 143, 146, 175, 190, 192

K

跨音速流 (transonic flow) 195

跨音速激波 (transonic shock) 56, 88, 89, 91, 92

L

临界角 (critical angle) 3, 32, 41, 46, 65, 88, 91, 171

临界音速 (critical sonic speed) 14, 29, 35

N

能量守恒律 (conservation law of energy) 10

拟超音速 (pseudo-supersonic flow) 148, 149

拟定常流 (pseudo-steady flow) 146, 174

拟亚音速 (pseudo-subsonic flow) 149, 180

黏性 (viscosity) 1, 2, 4, 19, 22

P

抛物距离 (parabolic distance) 160

抛物模 (parabolic norm) 165, 166

平面激波被斜坡的 Mach 反射 (Mach reflection of plane shock by ramp) 171

平面激波被斜坡的正则反射 (regular reflection of plane shock by ramp) 144, 189

平面激波的正反射 (normal reflection of plane shock) 23, 24, 150

平面激波的斜反射 (oblique reflection of plane shock) 26, 47, 149

平面激波正则反射 (regular reflection of plane shock) 43

平坦 Mach 结构 (plain Mach configuration) 174-176, 187

Q

强激波反射 (strong shock reflection) 88, 91

R

扰动 (perturbation) 46, 54, 65, 66, 72, 82, 89-91, 93, 95-97, 102, 105-107, 120, 128, 134, 141, 146, 149, 152, 154, 168, 171, 174, 175, 187, 189, 191-193

二进分解 (dyadic decomposition) 71, 73, 74, 189

弱激波反射 (weak shock reflection) 88

弱解 (weak solution) 10, 18, 19, 193

S

三叉激波 (triple shock) 48-51, 93, 96, 174, 193

三叉激波结构 (triple shock configuration) 49, 50

伸缩变换 (dilation) 70, 71, 73, 107

熵 (entropy) 4-8, 10, 12, 13, 15, 16, 18, 19, 21, 22, 35, 42, 43, 57, 59, 61, 62, 64, 88, 138, 145, 188

熵流 (entropy flow) 5-7, 16, 18, 21, 39, 61

熵条件 (entropy condition) 16, 18, 19, 21, 22, 24, 25, 30, 31, 36, 55, 57, 62, 96, 98, 101, 102, 121, 131, 138, 139

双曲型方程组 (hyperbolic system) 9, 56, 58, 67, 98, 146, 175, 193

T

特征 (characteristics) 10, 30, 60, 61, 67, 75, 76, 78, 80, 81, 103, 104, 121, 122, 126, 127, 129, 131, 134, 141, 162, 180, 189

特征边界 (characteristic boundary) 58, 59, 62, 76, 101, 143

特征多项式 (characteristic polynomial) 9, 10, 103, 122, 180

特征方程 (characteristic equation) 56, 57, 139

特征根 (characteristic root) 9, 10, 56, 57, 122, 123, 180

特征矩阵 (characteristic matrix) 9

特征数 (characterizing number) 58, 63, 64

特征值 (eigenvalue) 60, 62, 113, 180

凸函数 (convex function) 18, 20

凸曲线 (convex curve) 31-33, 35, 39-41

凸熵 (convex entropy) 18, 21

拓扑度 (topological degree) 171, 191

椭圆边值问题 (elliptic boundary value problem) 129, 131, 134, 153, 157, 162, 164, 184, 185

椭圆型方程组 (elliptic system) 98

椭圆截断 (elliptic cut) 158, 159, 164, 167, 170

椭圆正则化 (elliptic regularization) 162

W

完全气体 (perfect gas) 5, 7, 14, 19, 28, 50, 123, 145, 181

位势 (potential) 7, 8, 13, 36, 39, 89, 90, 147-151, 153, 189

位势流方程 (potential flow equation) 7, 10, 13, 16, 22, 35, 36, 41-43, 145, 147, 188, 190

无黏流 (inviscid flow) 10, 137, 144, 146

无旋流 (irrotational flow) 6-8, 10, 12, 13, 57, 59, 61, 64, 88, 145

X

小扰动问题 (small disturbance problem) 191

线性化 (linearization) 66, 72, 76, 92, 98, 105, 106, 115, 126, 127, 135, 141, 154, 157, 161, 182, 184, 186, 189, 191

先验估计 (a priori estimate) 72, 73, 101, 142, 165, 185, 188

斜反射 (oblique reflection) 26, 47, 145, 149, 152

Y

压缩映射 (contraction mapping) 81, 87, 118

亚音速流 (subsonic flow) 23, 56, 89, 97, 120, 121

严格双曲型方程组 (strictly hyperbolic system) 9

音速圆 (circle of sonic speed) 32, 33, 41

音速线 (line of sonic speed) 152-154, 156, 190

Z

整体解 (global solution) 23, 52, 146, 174, 188, 191-194

正反射 (normal reflection) 23-25, 46, 148, 150, 152, 153, 171, 191

正压气体 (barotropic gas) 6

正则反射 (regular reflection) 2, 43-46, 48, 53-55, 61, 64, 88, 91-93, 95, 137, 144, 147, 171, 174, 188-194

滞后现象 (hysteresis phenomena) 194

质量守恒律 (conservation law of mass) 4, 10, 11, 21, 38, 98, 150, 176

自模解 (self-similar solution) 146, 189

自相似解 (self-similar solution) 146, 189

自相似坐标 (self-similar coordinates) 146, 147, 171-173, 188, 193

自由边界 (free boundary) 59, 64, 101, 122, 140, 145, 153, 179

自由边值问题 (free boundary problem) 58, 91, 100-102, 117, 119, 122, 136, 144, 179, 187

转移 Mach 反射 (transitional Mach reflection) 173

最小特征数 (minimal characterizing number) 58, 64

驻点 (static point) 145, 188

状态方程 (state equation) 4-6, 24